"十二五""十三五"国家重点图书出版规划项目

新 能 源 发 电 并 网 技 术 丛 书

裴哲义 丁杰 孙荣富 孙勇 万筱钟 等 编著

新能源调度技术
与并网管理

中国水利水电出版社
www.waterpub.com.cn
·北京·

内 容 提 要

本书为《新能源发电并网技术丛书》之一，从电力系统运行的基本概念和新能源发电的特点入手，结合我国电网调度的工作实践，较全面地论述了新能源调度运行和并网管理的基本工作内容和技术要求。全书共分 10 章，包括电力系统运行的基本概念、新能源发电技术、新能源发电并网运行特点及影响、新能源资源监测与发电预测、新能源发电运行信息管理、新能源发电并网管理、新能源发电计划、新能源发电运行控制技术、新能源发电运行评估、新能源与电力市场等。

本书可作为电网企业新能源调度运行和并网管理人员岗位培训教材，也可作为高等院校相关专业学生的学习参考材料。对发电企业运行管理人员和相关领域的研究人员也具有一定的参考价值。

图书在版编目（CIP）数据

新能源调度技术与并网管理 / 裴哲义等编著. -- 北京 : 中国水利水电出版社，2018.12
（新能源发电并网技术丛书）
ISBN 978-7-5170-7267-6

Ⅰ. ①新… Ⅱ. ①裴… Ⅲ. ①电力系统－储能－研究
Ⅳ. ①TM7

中国版本图书馆CIP数据核字(2018)第297674号

书　　名	新能源发电并网技术丛书 **新能源调度技术与并网管理** XIN NENGYUAN DIAODU JISHU YU BINGWANG GUANLI
作　　者	裴哲义　丁　杰　孙荣富　孙　勇　万筱钟　等编著
出版发行	中国水利水电出版社 （北京市海淀区玉渊潭南路 1 号 D 座　100038） 网址：www. waterpub. com. cn E - mail：sales@ waterpub. com. cn 电话：(010) 68367658（营销中心）
经　　售	北京科水图书销售中心（零售） 电话：(010) 88383994、63202643、68545874 全国各地新华书店和相关出版物销售网点
排　　版	中国水利水电出版社微机排版中心
印　　刷	北京瑞斯通印务发展有限公司
规　　格	184mm×260mm　16 开本　17 印张　397 千字
版　　次	2018 年 12 月第 1 版　2018 年 12 月第 1 次印刷
定　　价	**66.00 元**

丛书编委会

主 任　丁 杰

副主任　朱凌志　吴福保

委 员（按姓氏拼音排序）

陈　宁　崔　方　赫卫国　秦筱迪

陶以彬　许晓慧　杨　波　叶季蕾

张军军　周　海　周邺飞

本书编委会

主　　编　裴哲义　丁　杰

副 主 编　孙荣富　孙　勇　万筱钟

参编人员（按姓氏拼音排序）

曹　政	陈卫东	程　林	丁华杰
丁　煌	董　存	郝思鹏	胡超凡
黄　磊	金　鑫	阚建飞	雷　震
李宝聚	李明节	李振元	刘海涛
陆　晓	南桂林	宁文元	施贵荣
施　涛	王会超	王靖然	王　尧
徐海翔	叶荣波	张健康	张　力
张小奇	周　海		

序 XU

随着全球应对气候变化呼声的日益高涨以及能源短缺、能源供应安全形势的日趋严峻，风能、太阳能、生物质能、海洋能等新能源以其清洁、安全、可再生的特点，在各国能源战略中的地位不断提高。其中风能、太阳能相对而言成本较低、技术较成熟、可靠性较高，近年来发展迅猛，并开始在能源供应中发挥重要作用。我国于 2006 年颁布了《中华人民共和国可再生能源法》，政府部门通过特许权招标，制定风电、光伏分区上网电价，出台光伏电价补贴机制等一系列措施，逐步建立了支持新能源开发利用的补贴和政策体系。至此，我国风电进入快速发展阶段，连续 5 年实现增长率超 100%，并于 2012 年 6 月装机容量超过美国，成为世界第一风电大国。截至 2014 年年底，全国光伏发电装机容量达到 2805 万 kW，成为仅次于德国的世界光伏装机第二大国。

根据国家规划，我国风电装机容量 2020 年将达到 2 亿 kW。华北、东北、西北等"三北"地区以及江苏、山东沿海地区的风电主要以大规模集中开发为主，装机规模约占全国风电开发规模的 70%，将建成 9 个千万千瓦级风电基地；中部地区则以分散式开发为主。光伏发电装机容量预计 2020 年将达到 1 亿 kW。与风电开发不同，我国光伏发电呈现"大规模开发，集中远距离输送"与"分散式开发，就地利用"并举的模式，太阳能资源丰富的西北、华北等地区适宜建设大型地面光伏电站，中东部发达地区则以分布式光伏为主，我国新能源在未来一段时间仍将保持快速发展的态势。

然而，在快速发展的同时，我国新能源也遇到了一系列亟待解决的问题，其中新能源的并网问题已经成为社会各界关注的焦点，如新能源并网接入问题、包含大规模新能源的系统安全稳定问题、新能源的消纳问题以及新能源分布式并网带来的配电网技术和管理问题等。

新能源并网技术已经得到了国家、地方、行业、企业以及全社会的广泛关注。自"十一五"以来，国家科技部在新能源并网技术方面设立了多个"973""863"以及科技支撑计划等重大科技项目，行业中诸多企业也在新能源并网技术方面开展了大量研究和实践，在新能源并网技术方面取得了丰硕的成果，有力地促进了新能源发电产业的发展。

中国电力科学研究院作为国家电网公司直属科研单位，在新能源并网等方面主持和参与了多项国家"973""863"以及科技支撑计划和国家电网公司科技项目，开展了大量与生产实践相关的针对性研究，主要涉及新能源并网的建模、仿真、分析、规划等基础理论和方法，新能源并网的实验、检测、评估、验证及装备研制等方面的技术研究和相关标准制定，风电、光伏发电功率预测及资源评估等气象技术研发应用，新能源并网的智能控制和调度运行技术研发应用，分布式电源、微电网以及储能的系统集成及运行控制技术研发应用等。这些研发所形成的科研成果与现场应用，在我国新能源发电产业高速发展中起到了重要的作用。

本次编著的《新能源发电并网技术丛书》内容包括电力系统储能应用技术、风力发电和光伏发电预测技术、光伏发电并网试验检测技术、微电网运行与控制、新能源发电建模与仿真技术、数值天气预报产品在新能源功率预测中的应用技术、光伏发电认证及实证技术、新能源调度技术与并网管理、分布式电源并网运行控制技术、电力电子技术在智能配电网中的应用等多个方面。该丛书是中国电力科学研究院等单位在新能源发电并网领域的探索、实践以及在大量现场应用基础上的总结，是我国首套从多个角度系统化阐述大规模及分布式新能源并网技术研究与实践的著作。希望该丛书的出版，能够吸引更多国内外专家、学者以及有志从事新能源行业的专业人士，进一步深化开展新能源并网技术的研究及应用，为促进我国新能源发电产业的技术进步发挥更大的作用！

中国科学院院士、中国电力科学研究院名誉院长 周孝信

前 言
QIANYAN

　　发展低碳经济，建设生态文明，实现可持续发展已成为人类社会发展的共识。在我国相关政策的指导下，新能源产业得到快速发展，已成为世界上装机容量最多的国家。截至 2017 年年底，我国新能源装机容量达 2.93 亿 kW，占总装机容量的 17%，新能源发电量达 4238 亿 kW·h。这为应对气候变化，实现能源转型起到了积极作用。但随着我国新能源并网规模的不断增大，新能源并网发电对电网安全稳定的影响日益突出，特别是在新能源装机容量占比较高的华北、东北和西北电网，新能源调度运行和并网管理已成为电网调度运行管理的重要工作内容，且日益受到社会各界的关注。

　　新能源调度运行和并网技术涉及电网调度、新能源发电、预报预测、信息采集、自动控制、计划管理等多个学科，本书从电力系统运行和新能源发电技术和特点的基本概念出发，由浅入深、突出重点、实例丰富，力求做到简明、严谨、科学、务实。

　　当前，我国新能源仍处在快速发展过程中，电力体制和市场化改革不断推进，国家相关政策法规逐步完善，大规模高比例新能源接入电网将给电网运行带来新的挑战，随着智能电网、人工智能、互联网等技术的进步，新能源调度运行和并网技术也将不断改进，仍需我们密切关注和深入研究。

　　本书共 10 章，其中第 1 章由施涛、陈卫东和阚建飞编写，第 2 章由施涛、王会超和黄磊编写，第 3 章由万筱钟、叶荣波编写，第 4 章由周海、丁煌编写，第 5 章由孙荣富、徐海翔和金鑫编写，第 6 章由万筱钟、张小奇编写，第 7 章、第 8 章由孙勇、李宝聚编写，第 9 章由王靖然编写，第 10 章由丁华杰编写。在本书编写过程中得到了李明节、陆晓、南桂林、施贵荣、胡超凡、宁文元、董存的相关指导，以及程林、张健康、张力、李振元、曹政、王尧、郝思鹏、刘海涛、雷震等人员的大力协助，全书由裴哲义、丁杰、孙荣富、孙勇和万筱钟主要审稿，裴哲义和丁杰统稿完成。

　　本书在编写过程中参阅了很多已有的工作经验和研究成果，在此对中国电力科学研究院有限公司、国家电网西北分公司、国家电网冀北电力公司、国家电网吉林省电力公司、国家电网江苏省电力公司等单位表示特别感谢。本书在编写过程中听取了顾锦汶、王伟胜和周双喜教授的中肯意见并采纳了相关建议，在此表示衷心感谢！

　　限于作者的学术水平和实践经历，书中难免有不足之处，恳请读者批评指正。

作者

2018 年 11 月

目 录
MULU

第 1 章　电力系统运行的基本概念

电力工业是国民经济的重要组成部分，电能的生产与供应涉及社会生产和生活的各个方面。电力系统是由发电、输电、变电、配电和用电设施以及为保障其正常运行的继电保护、安全自动装置、调度自动化等二次设施构成的统一整体，随着电力工业的发展而逐步形成的。电力系统的安全稳定和优质经济运行不仅涉及系统自身的安全，也与国民经济发展和人民日常生活密切相关。本章阐述了电力系统的基本结构，电力系统运行的特点和要求，电力系统运行的基本工作，电网调度的基本概念和要求，以及电网调度的基本工作。

1.1　电力系统的基本结构

电力系统通常包含发电机、变压器（升压变压器和降压变压器）、电力线路和用户等。发电机把其他形式的能量（包括机械能、太阳能、风能等）转换为电能，升压变压器把低压电能变换为高压电能，电力线路输送高压电能，降压变压器把高压电能变换为低压电能，用户再使用电能。图 1-1 为一个简单电力系统示意图，图 1-2 为一个相对复杂的电力系统示意图。

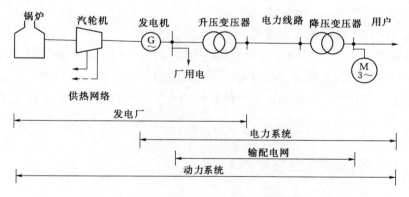

图 1-1　简单电力系统示意图

在图 1-1 所示的简单电力系统中，电力线路和它两边连接的变压器构成输配电网，简称电网，由各种电压等级的输、配电线路以及由它们所联系起来的各类变电设备所组成。电网与连接的发电机和用户构成简单电力系统，电力系统与发电厂的动力部分构成整个动力系统。

就传统的电源而言，其动力部分随电厂类型不同而不同，如图 1-2 所示，主要有

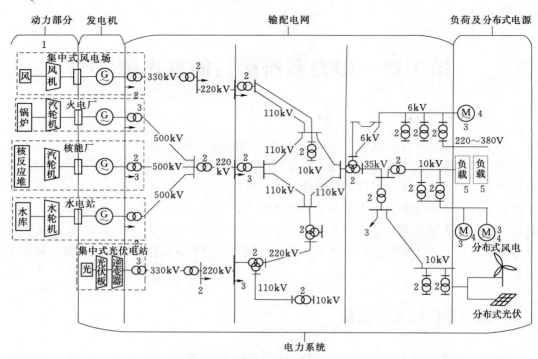

图 1-2　相对复杂的电力系统示意图

1—动力部分；2—变压器；3—负荷；4—电动机；5—低压负载

以下几种：

（1）火力发电厂的锅炉、汽轮机。

（2）水力发电厂的水库、水轮机。

（3）核能发电厂的反应堆、汽轮机。

在新能源发电中，利用较多的是风能和太阳能，还有地热、潮汐能等。风电是风能经风轮转换为机械能，再驱动发电机发电。而光伏发电，没有经过类似于汽轮机、水轮机等动力部分的中间环节，直接利用半导体材料的光生伏特效应而将太阳能直接转换成电能。

1.2　电力系统运行的特点与要求

电力系统运行与国家经济和社会活动密切相关，其最大特点是电能传输速度快、不易大规模存储，且发、输、配、用同时完成。现代电力系统运行需要满足"安全、可靠、经济、绿色"的要求。

1.2.1　电力系统运行的特点

电力系统运行与其他工业系统运行相比，具有以下明显的特点：

1. 与国民经济各部门、各行业和人民生活密切相关

现代工业、农业、国防、交通运输业等都广泛使用电能，此外在人民日常生活中也广泛使用着各种电器，而且各部门的电气化程度越来越高。

2. 过渡过程非常迅速

电能的发、输、配、用都是瞬间完成的，"快"是它的一个突出特点。电能的传输近似于光速，以电磁波的形式传播，传播速度为 30 万 km/s，因此电力系统从一种运行状态过渡到另一种运行状态的过渡过程也非常快。

3. 电能难以大规模储存

电能的生产、输送、分配、消费等实际上是同时进行的，即发电厂任何时刻生产的电能都等于该时刻用电设备消费与输送、分配过程中电能损耗之和。目前虽然对于电能的大规模存储在进行着一系列的研究，但是仍未解决大规模存储的问题。因此，电能难以大规模存储也是电力系统运行的一个突出特点。

1.2.2　电力系统运行的要求

现代电力系统运行具有严格的要求，可简洁概括为"安全、可靠、经济、绿色"。

1. 安全性

电力系统运行的安全性是指电力系统在运行中承受故障扰动（例如突然失去电力系统的元件或短路故障等）的能力。通过两个特点表征：

（1）电力系统能承受住故障扰动引起的暂态过程并过渡到一个可接受的运行工况。

（2）在新的运行工况下，各种约束条件得到满足。

换言之，安全性是指电力系统在发生突发扰动后能不间断地向用户提供电力和电量的能力，可通过安全分析（分为静态安全分析和动态安全分析）进行研究。其中，静态安全分析是假设电力系统从事故前的静态直接转移到事故后的另一静态，不考虑中间的暂态过程，用于检验事故后各种约束条件是否得到满足；动态安全分析是研究电力系统在从事故前的静态过渡到事故后的另一静态暂态过程中保持稳定的能力。

2. 可靠性

电力系统运行的可靠性是指系统对用户连续供电的能力，通常由供电可靠性指标来量度，它不仅反映了电力系统对国民经济电能需求的满足程度，也已成为衡量一个国家经济发达程度的标准之一，是对电力系统运行的基本要求。可靠性不仅包含了电力系统在发生设备故障之后减小故障影响，保持系统稳定的问题，也包含了为防止故障发生，减小故障影响而进行的相关操作，以及电力系统自身检修维护停电作业对用户造成的影响等问题。

3. 经济性

电力系统运行的经济性是指电力系统在供电成本率低或发电能源消耗率及网损率最

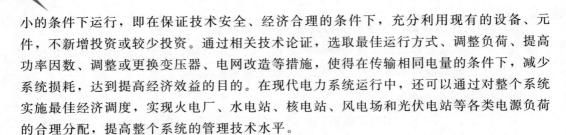

小的条件下运行，即在保证技术安全、经济合理的条件下，充分利用现有的设备、元件，不新增投资或较少投资。通过相关技术论证，选取最佳运行方式、调整负荷、提高功率因数、调整或更换变压器、电网改造等措施，使得在传输相同电量的条件下，减少系统损耗，达到提高经济效益的目的。在现代电力系统运行中，还可以通过对整个系统实施最佳经济调度，实现火电厂、水电站、核电站、风电场和光伏电站等各类电源负荷的合理分配，提高整个系统的管理技术水平。

4. 绿色性

电力系统的绿色性是指通过优化电网运行方式和技术革新等手段，充分利用水能、风能、太阳能、地热能等可再生资源，降低化石资源的消耗，提高清洁电能在终端能源消费中的比重，促使电力生产向低碳高效转变。保障电力系统运行绿色性的根本目的是有效地解决我国能源安全问题，和因过量使用化石能源造成的环境污染问题。

1.3　电力系统运行的基本工作

电力系统运行的基本工作包括调峰、调频、调压和稳定控制等，是保证电力系统的安全、稳定和经济运行的重要手段与措施。

1.3.1　调峰

电力系统调峰是指电网用电负荷高峰或低谷时段，为了保证电力电量的供需平衡，对发电机组进行的有功出力调整，与备用服务并列为电力系统的两大辅助服务。不同的是，备用服务是指电网中电源容量大于负荷需求的部分，保证电力系统在发输配电设备定期检修以及电网发生故障时进行调峰、调频操作，保证对用户的电力供应。

在我国将备用服务与调峰服务分开考虑的运行背景下，备用服务更多的表现为静态的容量特性，调峰服务则表现为动态的调节特性。调峰机组选择的原则为首先选择启停灵活快捷，调节速度快的燃气轮机组、抽水蓄能机组和常规水电机组，然后再选用具有调节能力的燃煤机组和核电机组等。另外，通过需求侧管理机制的引导，将部分柔性负荷列为系统调峰对象，可进一步提高电力系统的调峰能力。不同类型机组的调峰能力如下：

（1）抽水蓄能电厂改发电机状态为电动机状态，调峰能力接近 200%。

（2）水电机组减出力调峰或停机，调峰依最小出力（考虑震动区）接近 100%。

（3）燃油（气）机组减出力，调峰能力在 50% 以上。

（4）燃煤机组减出力、启停调峰、少蒸汽运行、滑参数运行，调峰能力分别为 50%（若投油或加装助燃器可增加至 60%）、100%、100%、40%。

1.3.2　调频

电力系统调频是指为保障电力系统频率稳定而对发电机组有功出力进行的调整，实现发电和用电的能量平衡。电力系统调频主要包括一次调频、二次调频、三次调频。其中一次调频是依靠电力系统运行惯性进行的电力系统频率调节，但只能做到有差调节；二次调频是依靠调频机组进行电力系统频率调节，可做到无差调节；三次调频是指为使负荷分配经济合理，达到运行成本最小的目标，按最优化准则将区域所需的有功功率分配于受控机组的调频方式。

在进行二次调频时，为避免在电网频率调整过程中出现过调或频率长时间不稳定的现象，需要对电网参与二次调频的电厂进行分工和分级调整，即将电网中所有电厂分为主调频厂、辅助调频厂和非调频厂。对于调频厂的选择，一般遵循如下原则：

（1）调频厂应有足够的调整容量和调整范围，以满足电网最大的负荷增、减变量需要。

（2）调频机组具有与负荷变化速度相适应的较快调整速度，以适应电网负荷增、减最快的速度需求。

（3）机组具有实现自动调频的条件。

（4）调整机组的有功功率时，应符合安全和经济运行的原则。

（5）某些中枢点的电压波动不得超出允许范围。

（6）对联合电网，还要考虑由于调频而引起联络线上交换功率的波动是否超过允许范围的问题。

在实际运行时，由于常规机组的发电计划出力根据系统负荷和风电、光伏等新能源发电功率超短期预测结果而定，故在大规模新能源接入条件下，电力系统自动发电控制（automatic generation control，AGC）调节容量需同时考虑负荷预测和新能源发电功率预测偏差造成的系统功率缺额，即净负荷预测误差导致的功率不平衡量。

自动发电控制是电力系统调度自动化的主要内容之一。它利用调度监控计算机、通道、远方终端、执行（分配）装置、发电机组自动化装置等组成的闭环控制系统，监测电力系统的频率，调整发电机出力。自动发电控制着重解决电力系统在运行中的频率调节和负荷分配，以及与相邻电力系统间按计划进行功率交换等问题，其基本功能有负荷频率控制（load frequency control，LFC），经济调度控制（economic dispatch control，EDC），备用容量监视（reserve capacity monitor，RM），AGC 性能监视（automatic generation control performance monitor，AGC PM），联络线偏差控制（tie line bias control，TBC）等。

1.3.3 调压

电力系统调压是指为保障电力系统电压稳定而对电力系统无功出力进行调整，实现无功功率平衡。无功电源的安排应有规划，并留有适当裕度，以保证系统中各中枢点电压在正常和事故后均能满足规定的要求，电网无功补偿遵循分层分区，就地平衡原则。

电压调整有逆调压、恒调压和顺调压三种方式，其中逆调压方式指系统在高峰负荷时通过增大中枢点电压的方式防止负荷点电压过低，系统在低谷负荷时通过降低中枢点电压的方式防止负荷点电压过高；恒调压方式是指在任何负荷下都保持中枢点电压不变；顺调压方式是指在高峰负荷时允许系统中枢点电压稍有降低，在低谷负荷时允许系统中枢点的电压稍有升高。

目前电压调整有发电机调压、变压器调压和无功补偿设备调压三种措施。主要包括以下内容：

（1）调整发电机、调相机无功出力，调整风电场风电机组和光伏电站并网逆变器的无功出力，投切或调整无功补偿设备、交流滤波器等达到无功就地平衡。

（2）对于换流器母线电压控制，一般采用交流滤波器自动投切方式，特殊情况下，可手动投切交流滤波器。

（3）在无功就地平衡前提下，当变压器二次侧母线电压仍偏高或偏低，可以带负荷调整有载调压变压器分接头运行位置。

（4）调整直流输电系统功率或电压。

（5）调整电网接线方式，改变潮流分布。

1.3.4　稳定控制

电力系统稳定是电力系统受到事故扰动后保持稳定运行的能力，电力系统稳定控制是指按照一定的稳定判据，采取相应的控制措施以达到保持电力系统稳定运行的目的，主要包括电力系统小干扰稳定控制、电力系统暂态稳定控制、电力系统次同步振荡抑制、电力系统电压稳定控制，以及电力系统异步运行与再同步等五个方面。

（1）电力系统小干扰稳定控制。实际电力系统中的小干扰常表现为系统的低频振荡，通常是由于系统缺乏足够的阻尼引起，采取增大阻尼措施是提高系统小干扰稳定性的有效方法。常用的方法有利用静态稳定器（power system stabilization，PSS）、静止无功补偿器（static var compensators，SVC）和高压直流（high voltage direct current，HVDC）输电系统等三种方法提高小干扰稳定性。

（2）电力系统暂态稳定控制。电力系统暂态稳定是指电力系统受到大干扰后，各同步机组保持同步运行并过渡到新的或恢复到原来稳定运行方式的能力，通常指保持第一、第二摇摆不失步的功角稳定。暂态稳定控制主要包括快速切除故障、减小输电系统电抗、可调节并联补偿、动态电气控制、投切电抗器断路器的按相操作、汽轮机阀门的快速操作、切除发电机、受控的系统解列和减负荷、快速励磁系统、不连续励磁控制，以及高压直流输电联络线控制等方面的内容。

（3）电力系统次同步振荡抑制。电力系统次同步振荡是指电力系统受到扰动偏移其平衡点后出现的一种运行状态，在这种运行状态下，电网与汽轮发电机组之间在一个或多个低于系统同步频率的频率下进行显著能量交换。电力系统次同步振荡的预防与抑制主要有增加附加设备的控制、改造电力系统和发电机等措施。

（4）电力系统电压稳定控制。电压稳定是指电力系统受到小的或大的扰动后，系统电压能够保持或恢复到允许的范围内，不发生电压失稳的能力。电力系统电压稳定控制主要有投入必要的发电设备、串联电容器、并联电容器、采用静止无功补偿器、较高电压水平运行、低电压甩负荷、采用低功率因数发电机和利用发电机无功过负荷能力等措施。

（5）电力系统异步运行与再同步。电力系统异步运行是指在电力系统中由于发电机组严重故障或错误操作等原因而失去同步时，各同步发电机组之间处于不同步的运行状态。当系统同步运行被破坏时，必须采取措施，以便在尽可能短的时间内消除这种异步运行状态，恢复系统同步运行，这一过程称为再同步。电力系统异步运行与再同步主要包括由失步过渡到稳态异步运行的过程、实现异步运行再同步的必要条件、机组失步下的再同步，以及大型汽轮发电机组失磁异步运行等四个方面的内容。

1.4 电网调度的基本概念和要求

电网调度是指电网调度机构为保障电网安全、优质、经济运行，对电网运行进行的组织、指挥、指导和协调，其基本要求应当符合市场经济和电网运行客观规律的要求。

1.4.1 电网调度的基本概念

电力系统是一个庞大复杂的系统，一般由几十个甚至几百个发电厂、变电站和千万个用电户，通过各种电压等级的电力线路，互相联结而成。与现代大工业生产类似，为实现多工艺、多工序、多工种，以及上下级的相互密切配合，提高劳动生产率，保证产品质量，电力系统生产运行也需要进行统一的组织、指挥、指导和协调，即对电力系统实施统一调度。

然而，电网调度又有它的特殊性。由于电力生产具有发、输、配、用同时完成等特点，电网内各部门是一个紧密联系的，不可分割的整体，在电力生产过程中，每一瞬间都要求平衡稳定和协调一致。

随着电力工业的发展和电网规模的不断扩大，电网调度任务由简单到复杂，由一级调度到多级调度，逐步形成了集中统一的管理体系。作为电网运行管理的一种有效手段，电网调度的主要职责是负责电网内发、输、变、配电设备的运行、操作和事故处理，以保证电网安全稳定运行，向用户可靠供电，以及各类电力生产工作有序进行。我国电网运行控制管理实行"统一调度、分级管理、安全第一、集约高效"原则。

为保证我国大电网安全、优质、经济运行，我国电网运行控制系统中的调度机构设立为国家级电力调度控制中心（简称"国调"）、区域级电力调度控制中心（国家电力调度控制分中心，简称"分中心"）、省级电力调度控制中心（简称"省调"）、地区级电力调度控制中心（简称"地调"）和县级电力调度控制中心（地调电力调度控制分中心，简称"县调"）五个等级，要求下级调度机构必须服从上级调度机构的调度，各级调度机构按照分工在其职能范围内实施调度管理。凡并入电网的各发电、供电、用电单位，

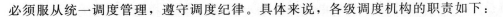

必须服从统一调度管理，遵守调度纪律。具体来说，各级调度机构的职责如下：

（1）国家级调度机构。国家级调度机构是我国电网的最高级调度机构，负责国家电网的统一调度管理，负责跨区域电网联络线和跨区域消纳的大型枢纽电站调度，对全国互联电网调度系统实施专业管理和技术监督，并负责制定全网调度运行的相关政策、标准和制度。

（2）区域级调度机构。区域级调度机构接受国调的调度指挥，负责区域电网的统一调度管理，负责跨省联络线和跨省消纳的大型电站的调度运行，负责对所辖电网实施专业管理和技术监督，负责指挥所辖电网的运行、操作和事故处理，并负责制定区域电网运行的标准和制度。

（3）省级调度机构。省级调度机构接受上级调度指挥，负责省级电网的统一调度管理，负责对所辖电网实施专业管理和技术监督，负责指挥所辖电网的运行、操作和事故处理，并负责制定省级电网运行的标准和制度。

（4）地区级调度机构。地区级调度机构接受上级调度指挥，负责地区电网的统一调度管理，负责对所辖电网实施专业管理和技术监督，负责指挥所辖电网的运行、操作和事故处理。

（5）县级调度机构。县级调度机构接受上级调度指挥，负责所辖电网的统一调度管理，负责指挥所辖电网的运行、操作和事故处理。

电力系统规模的逐步扩大和全国联网的逐步形成，特别是特高压交直流输送通道建设，使得电网物理形态和运行特性均发生显著变化。交直流系统相互耦合，直流送受端系统相互作用，特高压系统与 500kV 电网相互关联等系统特性，使电网运行的一体化特征日益突出，各级调度联系日益密切。为适应电网运行的一体化，保证电网的安全优质经济运行，我国在确保电网安全的基础上，对现有电网调度和设备运行监控，实施集约融合和统一管理，完善相应的工作制度、业务流程、标准体系和技术手段，促进各级调度和设备监控的一体化运行。在原有 5 级调度机构的基础上，实现了国分调（国调和分中心）一体化调度运作、省级调度运行和地县调（地调和县调）一体化调度运作的"三级管控"的运行模式，并对相应调度机构的工作职责和调管范围进行了调整，具体如下：

（1）国调和分中心实施一体化运作后，对国家电网实施统一调度管理，负责 330kV 以上电网调控运行的组织、指挥、指导和协调，直调有关电厂；承担 ±800kV 直流、750kV（重要枢纽站）及以上电压等级变电站运行集中监控、输变电设备状态在线监测与分析业务；负责制定公司电力调度控制方面的规章制度、技术标准及其他规范性文件；负责国家电网的调度控制运行，承担调度运行、设备监控、调度计划、水电及新能源、运行方式、继电保护、自动化、燃料等专业管理职责，协调各局部电网的调度关系；负责统筹协调与电网调度控制相关的通信业务。

（2）省调负责省级电网调控运行，调度管辖省域内 220kV 电网和终端 500(330)kV 系统，直调所辖电厂；承担省域内 ±660kV 及以下直流和 750kV（重要枢纽站除外）、

500kV、330kV 枢纽站变电设备运行集中监控、输变电设备状态在线监测与分析业务；直辖市可将 220kV 变电站纳入市调统一监控；负责贯彻落实公司电力调度控制方面的规章制度、技术标准及其他规范性文件；承担所辖省级电网调度运行、设备监控、调度计划、水电及新能源、运行方式、继电保护、自动化、燃料等各专业管理职责；负责统筹协调与所辖省级电网调度控制相关的通信业务。

（3）地调和县调实施一体化运作后，负责地区电网调控运行，调度管辖 10～110（66）kV 和终端 220kV 系统；承担地域内 35～220kV 和 330kV 终端站变电设备运行集中监控、输变电设备状态在线监测与分析业务；考虑地域差异性，地（县）调 10～35kV 的调控范围可因地制宜调整；负责配网故障研判及抢修协调指挥业务；负责贯彻落实公司电力调度控制方面的规章制度、技术标准及其他规范性文件；承担所辖地区电网调度运行、设备监控、调度计划、水电及新能源、运行方式、继电保护、自动化等各专业管理职责；负责统筹协调与所辖地区电网调度控制相关的通信业务。

1.4.2 电网调度的基本要求

电网调度机构组织、指挥、指导和协调电网运行时，需要符合市场经济和电网运行客观规律的要求。

社会主义市场经济的要求是与我国建立市场经济体制的目标相一致的，其具体要求至少包括以下三个方面：

（1）电网调度工作要依据国家法律和法规进行。

（2）电能作为商品进入市场，以满足社会的用电需要，应遵循价值规律。

（3）按照有关合同或者协议，保证发电、供电、用电等各有关方面的利益，使电力生产、输送、使用各环节直接或间接地纳入市场经济的体系之中。

电网运行的客观规律是指电能生产、输送、使用过程中的内在规律性，它至少包括以下四点内容：

（1）同时性，即电能的生产、输送、使用是同时完成的。

（2）平衡性，即发电和用电任何时候都要平衡，这样才能保证电网的频率和电压在正常范围之内。

（3）电网事故发生突然，发展迅速，波及面大，影响严重。

（4）电网的发展越来越大，技术越来越复杂，而大电网能更合理地利用能源资源，节约投资，调剂余缺，提高电能质量和供电可靠性。

因此，电网运行的客观规律要求电网运行组织严密，技术装置先进可靠，并通过统一调度满足全社会的电力需求，将电网客观存在的优越性变为现实。

1.5 电网调度的基本工作

电网调度的基本工作包括电网运行方式安排、调度计划制定、实时运行控制、水电

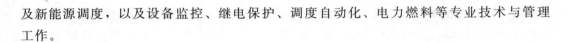

及新能源调度，以及设备监控、继电保护、调度自动化、电力燃料等专业技术与管理工作。

1.5.1　运行方式安排

运行方式是指为达到电网安全、稳定、经济、合理的要求，根据系统主接线的形式，排列出的各种电气设备运行的方法和形式，在每个可行的运行形式中，规定各电网设备及元件的运行状态。电网运行方式安排时须接近和切合实际，但并不要求完全与实际一致，其基本要求与原则如下：

（1）符合国民经济方针、政策的要求，保证电力系统安全、优质、经济运行。

（2）精确负荷预测，合理安排检修和分配发电出力，正确选择各种正常和检修结线方式，充分发挥系统内发供电设备能力，以供应系统负荷需求，满足安全经济运行和电能质量要求。

（3）进行安全分析，及时发现问题，提出反事故措施，使在事故情况下尽可能保证连续供电，或缩小事故范围和减少事故损失。

（4）从发电厂和电力网的特点，以及可能条件出发，确定最佳运行方式。

电网运行方式安排主要包括年度运行方式、夏（冬）季运行方式和临时运行方式三个内容的安排，具体如下：

（1）年度运行方式安排。电网年度运行方式是电网全年生产的指导性文件，应根据电网和电源投产计划、检修计划、发输电计划及电力电量平衡预测，统一确定主网运行限额，统筹制定电网控制策略，协调电网运行、工程建设、大修技改、生产经营等管理工作。年度运行方式包括电网新设备投产计划制定、电网生产需求预测，电网主要设备检修计划制定、年度电网结构分析、短路容量分析、水电厂水库运行方式预测及新能源预测、电网潮流计算、$N-1$静态安全分析、系统稳定分析与安全约束，以及无功电压分析等内容。

（2）夏（冬）季运行方式安排。夏（冬）季运行方式是在年度运行方式基础上，根据夏（冬）季供需形势、基建进度以及系统特性变化等情况，统一组织、滚动校核跨区、跨省及省内重要断面稳定限额，统一制定夏（冬）季电网稳定运行控制要点。夏（冬）季运行方式安排包括全网有功、无功负荷、用电量需求预测，全网发、受、用电力电量平衡方案，新设备投运计划及调度实施方案，各电压监控点的电压曲线及其允许的电压偏差值等内容。

（3）临时运行方式安排。临时运行方式是指在电网特殊保电期、多重检修、系统性试验、配合基建技改等情况时，电网临时采用的运行方式。在安排临时运行方式时，调度机构应按调管范围进行专题安全校核，制定并下达安全稳定措施及运行控制方案。临时运行方式安排包括电网日运行方式的全部内容，特殊时期（含节假日）前、后 1~2 天的日运行方式，以及电网特殊时期（含节假日）的保电预案等内容。

1.5.2　电网调度计划

电网调度计划是指调度机构根据系统负荷预测、新能源发电预测、电网结构、设备特性等因素，提前对所辖电网内发输电设备的发输电功率和运行状态进行的统筹安排。电网调度计划包括发输电计划和设备停电计划。调度机构按照安全运行、供需平衡和最大限度消纳清洁能源的原则，统筹制定年度、月度、日前发输电计划和设备停电计划。

发输电计划按照全网统筹模式制定，即在保障送受端电网电力电量平衡，促进节能减排和清洁能源大范围消纳的原则下，调度机构对所辖电网发输电设备的发输电计划进行提前编制，并进行安全校验。发输电计划按照时间尺度分为年度、月度、日前发输电计划三类，具体的制定内容和相关要求如下：

（1）年度发输电计划必须通过调度机构安全校核。

（2）月度发输电计划由调度机构根据年度发输电计划统筹安排。

（3）日前发输电计划由调度机构根据水电、风电、光伏等优先消纳类机组发电申报计划，综合考虑电网安全约束、发电预测准确率等因素后，将这些优先消纳类机组纳入日前发电平衡，并合理预留调峰、调频资源后，编制的机组发电计划。

设备停电计划是在保障送受端电网电力电量平衡，促进节能减排和清洁能源大范围消纳的原则下，调度机构对所辖电网设备的运行状态进行提前编制，并进行安全校验。设备停电计划按照时间尺度分为年度、月度、日前停电计划三类，具体的制定内容和相关要求如下：

（1）年度停电计划由调度机构在综合考虑电网基建投产、设备检修、基础设施工程、分月电力电量平衡，以及跨区跨省输电计划等因素后，对所辖电网设备运行状态的提前编制。

（2）月度停电计划以年度停电计划为依据进行编制，且须进行风险分析，并制定相应预案。

（3）日前停电计划以月度停电计划为依据进行编制，停电申请须逐级报送，需要上级调控机构审批的项目必须进行安全校核。

1.5.3　实时运行控制

电网实时运行控制是调度机构为保证电网安全稳定运行，对电网开展的实时运行监视、调度倒闸操作、频率调整与联络线功率控制、电压调整与无功控制、异常及事故处理等工作。

电网实时运行监视的工作内容和要求主要包括：

（1）监视影响电网的四类运行信息，即事故、异常、越限、变位信息。

（2）确认系统的运行方式、运行限额；监视有功水平，及时根据负荷情况调整发电出力。

（3）监视系统电压水平，根据负荷情况及时调整系统电压；监视梯级水库水位情况，并根据水文信息合理安排水电机组开机方式。

（4）对网络中重载变电站及关键断面监视，并做好事故预案。

调度倒闸操作的工作内容和要求主要包括：

（1）各级调度机构在电力调度操作业务活动中是上下级关系，下级调度机构应服从上级调控机构的调度。

（2）未经调度机构值班调度员指令，任何人不得操作该调度机构调度管辖范围内的设备。

（3）调度许可设备在操作前应经上级调度机构值班员许可，操作完毕后应及时汇报。

（4）各级调度机构值班员应按照规定发布调度指令，并对其发布的调度指令的正确性负责，接受调度指令的调度系统值班人员必须执行调度指令，并对指令执行的正确性负责。

（5）接受调度指令的调度系统值班人员认为所接受的调度指令不正确或执行调度指令将危及人身、设备及系统安全的，应当立即向下达调度指令的值班调度员提出意见，由其决定该指令的执行或者撤销。

（6）调度系统值班人员接到与上级值班调度员发布的调度指令相矛盾的其他指令时，应立即汇报上级值班调度员，如上级值班调度员重申其调度指令，调度系统值班人员应立即执行。

频率调整与联络线功率控制包括电网频率调整和联络线功率控制两部分内容。电网频率调整参见前文内容，不再赘述。联络线功率控制有恒定频率控制、恒定联络线交换功率控制，以及联络线和频率偏差控制三种控制方法，具体内容如下：

（1）恒定频率控制的目标为维持系统频率恒定，对联络线上的交换功率则不加控制，适用于独立系统或联合系统的主系统。

（2）恒定联络线交换功率控制的目标是维持联络线交换功率的恒定，对系统频率则不加控制，适用于联合系统中的小容量系统。

（3）联络线和频率偏差控制的目标是维持各分区功率增量的就地平衡，既要控制频率又要控制交换功率，为互联电力系统中最常用的方式。

电压调整与无功控制包括电压调整和无功补偿两部分内容。电压调整参见前文内容，不再赘述。无功补偿根据电网情况，遵循分层分区、就地平衡的原则，实施分散就地补偿与变电站集中补偿相结合，电网补偿与用户补偿相结合，以及高压补偿与低压补偿相结合三种补偿方式，满足电力系统降损和调压的需求。

异常及事故处理的工作内容和要求主要包括：

（1）在异常及事故发生后，值班监控人员应本着保人身、保电网、保设备的原则迅速、准确处理。

（2）限制事故发展，消除事故根源，并解除对人身、设备和电网安全的威胁。

（3）用一切可能的方法保持正常设备的运行，以及对重要用户及厂用电的正常供电。

（4）电网解列后要尽快恢复并列运行，尽快恢复对已停电的地区或用户的供电。

（5）调整并恢复正常电网运行方式。

1.5.4 水电及新能源调度

水电及新能源调度包括并网管理、发电计划编制，以及实时调度与计划调整等方面的内容。

新能源场站并网管理是指相关检测机构对新能源场站在并网前，依据相应场站接入电网的技术规定，对相关技术指标进行检测，避免新能源场站并网后对电网安全稳定运行产生威胁。

新能源场站发电计划编制是指调度机构在保证电网和新能源场站安全稳定运行的前提下，遵循合理安排运行方式，优先接纳新能源的原则，根据新能源功率预测、电网运行方式、新能源送出设备检修计划，以及电网网络安全约束等信息，提前编制新能源场站的年度、月度、日前发电计划。

新能源场站实时调度与计划调整是指调度机构在新能源场站超短期预测出力与日前计划出现偏差时，对火电厂、新能源场站出力进行调整。在偏差为正时，即新能源出力大于计划出力时，优先调增新能源场站出力，降低火电机组出力；在偏差为负时，即新能源出力小于计划出力时，修正新能源场站的发电曲线，增加火电机组出力。

水电调度管理与新能源调度管理相类似，不再赘述。

1.5.5 其他工作

1. 设备监控

设备监控是电网运行的重要工作内容之一。设备监控的工作内容和要求是监视影响电网和设备运行的四类信息，即事故、异常、越限、变位信息；确认受控站的运行方式、设备状态、运行限额；负责不需要运维人员到现场的断路器远方遥控操作；协调运行信息的分析判断、现场核实和调度处理。

设备监控分为全面监视、正常监视和特殊监视三类，其中全面监视是指监控人员对所有监控变电站进行全面的巡视检查，主要包括检查变电站设备运行工况和无功电压、检查站用电系统运行工况和检查变电站设备遥测功能情况等内容；正常监视是指监控人员对变电站设备事故、异常、越限、变位信息及设备状态在线监测告警信息进行不间断监视；特殊监视是指在某些特殊情况下，监控人员对变电站设备采取的加强监控措施，主要包括增加监视频度、定期抄录相关数据、对相关设备或变电站进行固定画面监视等措施，并做好事故预防及各项应急准备工作。

2. 继电保护

继电保护是保证电网安全运行的重要措施。继电保护是指当电力系统发生故障或异常工况时，在可能实现的最短时间和最小区域内，自动将故障设备从系统中切除，或发出信号由值班人员消除异常工况根源，以减轻或避免设备的损坏和对相邻地区供电的影响，主要在电力系统故障状态和异常运行状态中起作用。继电保护装置是能反应电力系统中电气元件发生故障或异常运行状态，并动作于断路器跳闸或发出信号的一种自动装置。其基本任务是故障时跳闸，异常运行时发信号。继电保护装置为了完成它的任务，必须在技术上满足选择性、速动性、灵敏性和可靠性四个基本要求。继电保护管理包括继电保护整定计算及定值管理、运行管理、设备管理等内容。

3. 调度自动化

电网调度自动化系统是电网运行的重要支撑手段。调度自动化工作内容包括调度技术支持系统建设、运行维护，厂站系统设备专业管理，自动化设备检测及检修，调度数据网络和二次系统安全防护等。

4. 电力燃料管理

电力燃料管理是电网运行管理的重要工作内容之一。电力燃料管理包括电力燃料协调服务管理和信息统计分析管理。

1.6　本章小结

本章从电力系统的基本结构和电力系统运行的特点出发，对电力系统运行的基本工作、电网调度的基本概念与要求，以及电网调度的基本工作进行了简要的阐述。作为国民经济发展重要支撑的电力工业，电力生产运行不仅要求安全可靠，还要经济绿色。作为电力系统生产的组织、指挥、指导和协调的调度机构，承担着保障电力系统安全优质经济运行的重要任务，负责电网运行方式安排、调度计划制定、实时运行控制、水电及新能源调度，以及设备监控、继电保护、调度自动化、电力燃料管理等技术与专业管理工作。

新能源的快速发展和大规模并网运行，不仅对电力系统调峰、调频、调压和稳定控制等提出了新的要求，也对电网调度运行，特别是新能源的并网和调度运行提出了新的挑战。随着新能源装机规模的不断增大，要不断分析研究高比例新能源接入条件下电网运行的特点，采取有效措施，保障电网的安全稳定。

参 考 文 献

［1］　李庚银. 电力系统分析基础 ［M］. 北京：机械工业出版社，2011.
［2］　吴俊勇. 电力系统基础 ［M］. 北京：清华大学出版社，2008.
［3］　刘振亚. 智能电网知识读本 ［M］. 北京：中国电力出版社，2010.
［4］　刘振亚. 全球能源互联网 ［M］. 北京：中国电力出版社，2015.
［5］　王士政. 电网调度自动化与配电网自动化技术 ［M］. 北京：中国水利水电出版社，2003.

［6］ 姚良忠．间歇式新能源发电及并网运行控制［M］．北京：中国电力出版社，2016.

［7］ 全生明．大规模集中式光伏发电与调度运行［M］．北京：中国电力出版社，2015.

［8］ 国家电网公司．城市电网安全性评价：2011 年版［M］．北京：中国电力出版社，2011.

［9］ 王正风．电网调度运行新技术［M］．2 版．北京：中国电力出版社，2016.

［10］ 袁铁江．现代电力系统洁净经济调度理论与应用［M］．北京：机械工业出版社，2016.

［11］ DL 755—2001　电力系统安全稳定导则［S］．北京：中国电力出版社，2001.

［12］ 蔡洋．电力系统运行管理［M］．北京：水利电力出版社，1995.

［13］ 国家电力调度控制中心．电网调控运行人员实用手册［M］．北京：中国电力出版社，2013.

［14］ 张文勤．电力系统基础［M］．2 版．北京：中国电力出版社，1998.

［15］ 国家电力调度控制中心．大电网在线分析理论及应用［M］．北京：中国电力出版社，2014.

［16］ 国家电力调度控制中心．国家电网公司电网调度控制管理［M］．北京：中国电力出版社，2014.

第2章 新能源发电技术

　　能源是国民经济和社会发展的重要基础，而在众多能源中，电能是目前人类广泛使用的重要能源形式之一。人们发明了很多方法将其他能源转化为电能，目前使用最广泛的仍然是火力发电、水力发电等常规发电方式。本书中所提及的新能源发电技术主要是指利用风能、太阳能等可再生能源进行发电的技术。与常规的火力发电相比，新能源发电不消耗煤、石油、天然气等化石能源，不会产生额外的二氧化碳等温室气体排放，具有清洁、污染少的特点。本章详细介绍了风力发电、光伏发电、光热发电、典型储能等技术的基本类型和工作原理。

2.1　风力发电技术

　　风力发电技术是将风能转化为电能的发电技术，按照风力发电系统构成分为独立发电系统和并网发电系统两种。其中，独立发电系统由风电机组、蓄电池组、充电控制器等组成；并网发电系统由多台风电机组组成，它们之间通过汇流母线，连接到升压变压器后接入电网。相比于独立发电系统，并网风力发电系统适用于大规模新能源开发。此外，在新能源领域中风力发电技术已经比较成熟，经济指标逐渐接近清洁煤发电。

2.1.1　风电机组类型及工作原理

　　风电机组的形式多种多样，按照风轮转轴的位置和方向不同分为水平轴风电机组和垂直轴风电机组，如图 2-1 所示。其中，水平轴风电机组可以按照风力作用原理不同，分为升力型风电机组和阻力型风电机组；按照桨距控制方式不同，分为定桨

(a) 水平轴风电机组　　　　　　　　(b) 垂直轴风电机组

图 2-1　根据转轴方向的风电机组分类

距风电机组和变桨距风电机组；按照发电机类型不同，分为异步风电机组和同步风电机组。

目前，国内外广泛使用的风电机组为升力型、水平轴风电机组，常用的风电机组类型分别采用笼型异步发电机的定桨失速风电机组（简称"笼型异步式"）、双馈异步发电机的变速恒频风电机组（简称"双馈式"）和低速永磁同步发电机的直驱式变速恒频风电机组（简称"直驱式"）。这三种风电机组的优缺点比较见表2-1。其中，在大容量风电机组设计制造中，双馈异步风电机组和直驱式永磁同步风电机组两种变速型风电机组是典型代表。

表2-1 三种风电机组的优缺点对比

风电机组类型	优 点	缺 点
笼型异步式	(1) 结构简单，无需安装滑环等电器装置； (2) 直接与电网相连，可根据电力系统频率由增速机构实现叶片等速旋转	(1) 需要从电网吸收无功功率为其提供励磁电流； (2) 生成感应磁场的过程中励磁电流可能会发生突变，难以保证发电量的恒定
双馈式	(1) 可实现变速恒频； (2) 变流器容量小； (3) 功率灵活可调； (4) 定子直接接电网使得系统具有很强的抗干扰性	由于增速齿轮箱的存在，降低了风电转换效率
直驱式	(1) 没有齿轮箱，系统运行噪声小，机械故障概率小，维护成本低； (2) 发电机转子上没有滑环，运行可靠性好	(1) 由于采用钕铁硼等磁性材料，成本高； (2) 变流器容量与发电机额定容量相同，增加了系统损耗

1. 笼型异步风力发电机

笼型异步风力发电机结构简单，不需要安装滑环等电气装置，其自身有无法维持感应磁场的弊端可通过简单加装可投切电容等无功补偿装置解决。另外，笼型异步发电机汇流少，根据所连接的电力系统频率就可以决定发电机转速，利用增速机构可以使叶片等速旋转。因此，在风力发电发展初期，定桨失速型的笼型异步风力发电机得以普遍使用。其典型恒速恒频笼型异步风力发电机系统工作原理如图2-2所示。

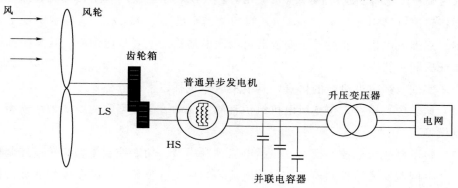

图2-2 恒速恒频笼型异步风力发电机系统工作原理

由于定桨失速风电机组的风轮与轮毂刚性联接，风速的随机性和波动性使风能转换得到的机械转矩频繁变化，特别是风电机组的大型化使得风力发电的机械特性问题变得越来越重要，变桨距控制受到了越来越广泛的关注，这也使得后期投入运行的笼型异步风力发电机多采用变速控制。

笼型异步风力发电机也有显著的缺点，即需要从电网吸收无功功率为其提供励磁电流，但在生成感应磁场的过程中励磁电流可能会发生突变，难以保证发电量的恒定，因此，兆瓦级（特别是 1.5MW 及以上）的大型风电机组已经不使用这类发电机。

2. 双馈异步风力发电机

双馈异步风力发电机由绕线式转子异步发电机和在转子侧的交流励磁变流器组成。发电机向电网输出的功率由直接从定子输出的功率和通过变流器从转子输出的功率两部分组成。基于风电机组的机械速度随风速变化的规律，通过对发电机的控制，使风电机组运行在最佳叶尖速比的状态，使整个运行速度的范围内均有最佳功率系数。双馈异步风力发电机系统的工作原理如图 2-3 所示。

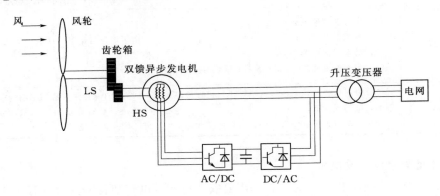

图 2-3 双馈异步风力发电机系统的工作原理

双馈风电机组的发电机部分采用一般的绕线式异步电机，其定子绕组直接与系统相连，转子绕组通过背靠背的变流器与系统相连。转子绕组通过三相电流时形成转速为 n_2 的低速旋转磁场，当发电机转速 n_r 变化时，控制转子电流的频率使两者叠加等同于电网的同步转速 n_1，其中，n_1、n_2、n_r 之间的关系满足 $n_1 = n_r \pm n_2$，这样就实现了变速恒频控制。双馈风电机组通过转子变流器可以向电网输送或者从电网吸收功率，即运行在超同步或次同步状态。

为了实现双馈风电机组的仿真，其模型应该包括以下部分：

（1）风轮仿真模型，包括风电机组仿真的空气动力学模型、两质块轴系模型、桨距角控制模型。

（2）转子侧变流器控制模型，包括电流控制模型、功率控制模型和转速控制模型。

（3）电网侧变流器控制模型，包括电流控制模型、直流电压控制模型和无功控制模型等。

双馈风电机组动态模型连接关系如图2-4所示。

双馈风电机组控制系统的控制目标为控制发电机与电网之间的无功交换功率、控制风电机组发出的有功功率以及追踪风电机组的最优运行点或者在高风速情况下限制风电机组出力。

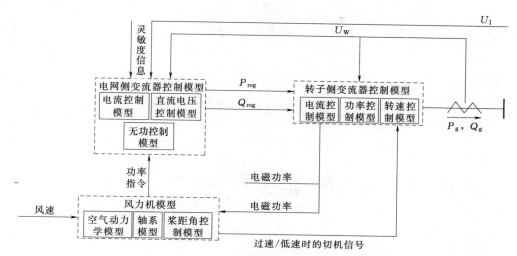

图2-4　双馈风电机组动态模型连接关系

3. 直驱式永磁同步风力发电机

同步风力发电机发电是当今最普遍的发电方式，但同步发电机的转速和电网频率之间是刚性耦合的，如果原动力是随机性和波动性较强的风力，那么变化的风速将给发电机输入变化的能量，这不仅会给风电机组带来高负荷和冲击力，也无法保证风电机组优化运行。

如果在发电机和电网之间使用大功率电力电子变流器，则可实现发电机转速和电网频率之间的解耦。一方面，大功率电力电子变流器的使用，使风电机组可以在不同的速度下运行，并使发电机内部的转矩得以控制，从而减轻传动系统的应力。另一方面，通过对变流器电流的控制，可以控制发电机转矩，从而控制风轮机的转速，使之达到最佳运行状态。

直驱式永磁同步风力发电机组就是同步发电机和大功率电力电子变流器在风力发电领域应用的一种典型形式。在实际运行中，通过控制发电机的电磁转矩能够实现同步发电机的变速运行并减缓传动系统的应力。与双馈异步风力发电机相比，直驱式永磁同步风力发电机组的变流器直接连接在定子上，可以通过变流器控制对其功率因数进行调节，而双馈异步发电机会产生滞后的功率因数需要进行无功补偿，故在相同条件下，同步发电机的调速范围比异步发电机更宽。

与双馈异步风力发电系统结构相似，直驱式永磁同步风力发电机工作原理如图2-5所示。

直驱式永磁同步风电机组的控制系统如图2-6所示。图中虚线框为有功功率控制模块。

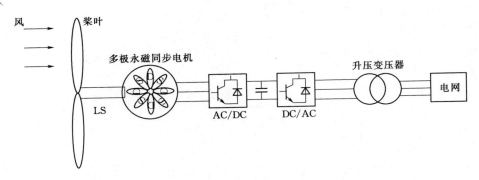

图 2-5　直驱式永磁同步风力发电机工作原理

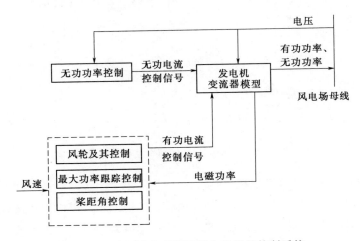

图 2-6　直驱式永磁同步风电机组的控制系统

需要说明的是，正在运行的风电机组中还存在不同于上述三种风力发电机组的其他类型风力发电机组，其结构在本书中不做具体介绍。

2.1.2　风电场电气系统

风电场关键组成设备包括风电机组、变压器、无功补偿装置、场内汇集线路和风电场控制系统等。图 2-7 所示为某大型风电场的典型结构，其中，风电机组机端电压由 690V（或 620V）经风机变压器升压至 35kV，在风电场内形成放射状的 35kV 集电母线网络；再经风电场主变电站升压至 220kV 送到主网。主变压器一般选用可带载调压的变压器，以适应风电场电压波动较大的需要。220kV 变电站高压侧出线与主网连接的母线是风电场与系统的公共连接点（point of common coupling，PCC）。在风电场运行过程中，PCC 点是有功（无功）功率和电压最重要的监控点。

除了在风电机组（笼型异步发电机）装有无功补偿装置之外，在风电场变电站也装有集中的无功补偿（容性和感性）装置，保证 PCC 点电压和功率因数在电网要求的范围之内。每一条 35kV 输电线路上的风电机组台数不等，各段电缆截面不同，各集电线路注入母线的潮流也是不等的。

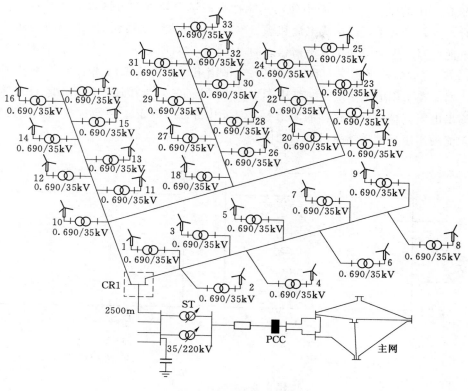

图 2-7 某大型风电场的典型结构

2.2 太阳能光伏发电技术

太阳能光伏发电技术是将太阳光能直接转换为电能的技术，这种技术的关键元件是太阳能光伏电池。太阳电池经过串联后进行封装保护可形成大面积的太阳电池组件，再配合上功率控制器等部件就形成了光伏发电装置。光伏发电较少受地域限制，且具有安全可靠、无噪声、低污染、无需消耗燃料，以及建设周期短等优点。

2.2.1 光伏发电原理

1839 年，法国科学家贝克勒尔（A. E. Becquerel）首先发现了"光生伏特效应"。在 1954 年，第一个实用单晶硅太阳电池在美国贝尔实验室研制成功。自 20 世纪 70 年代中后期开始，太阳电池技术不断完善，成本不断降低，带动了光伏产业的蓬勃发展。

光伏发电原理如图 2-8 所示，其中，PN 结两侧因多数载流子（N^+ 区中的电子和 P 区中的空穴）向对方的扩散而形成宽度很窄的空间电荷区 W，建立自建电场 E_i。它对两边多数载流子是势垒，阻挡其继续向对方扩散，对两边的少数载流子（N^+ 区中的空穴和 P 区中的电子）却有牵引作用，能把它们迅速拉到对方区域。在光伏电池稳定平衡时，少数载流子难以构成电流和输出电能。但当太阳电池受到太阳光子的冲击，在太阳电池内部产生大量处于非平衡状态的电子-空穴对时，其中的光生非平衡少数载流子（即 N^+ 区中的非平衡空穴和 P 区中的非平衡电子）可以被内建电场 E_i 牵引到对方区域，然后在太阳电池中的 PN 结中产生光生电场 E_{pv}，当接通外电路时，即可流出电流，输出电能。当把众多这样的太阳电池单元串并联在一起，便会构成太阳电池组件，在太阳能的作用下输出功率足够大的电能。

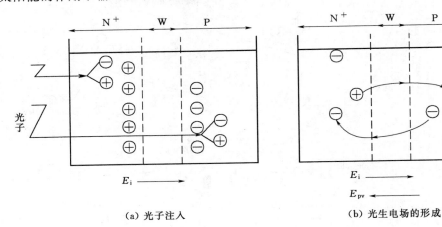

（a）光子注入　　　　　　　（b）光生电场的形成

图 2-8　光伏发电原理

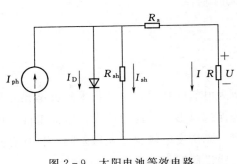

图 2-9　太阳电池等效电路

根据电子学理论，太阳电池的特性可以用一个等效电路来进行描述，如图 2-9 所示。

按照图 2-9 所规定的电流、电压参考方向，可以得出目前普遍使用的太阳电池非线性 I-U 特性方程，即

$$I = I_{ph} - I_D - I_{sh} = I_{ph} - I_0 \left[e^{q(U+IR_s)/(AkT)} - 1 \right] - \frac{U + IR_s}{R_{sh}} \tag{2-1}$$

式中　I_0——反向饱和电流（即在黑暗中通过 P-N 结的少数载流子的空穴电流和电子电流的代数和）；

　　　U——太阳电池的输出端电压；

　　　q——电荷常量；

　　　T——光伏电池的绝对温度；

　　　k——玻尔兹曼常数；

　　　A——二极管曲线因子，取值在 1～2 之间；

　　　R_s——串联等效电阻；

R_{sh}——并联等效电阻；

I_{ph}——光生电流，即太阳能电池光照后产生的一定光电流；

I_D——流经二极管的电流；

I_{sh}——流经并联等效电阻的电流。

式（2-1）是由固体物理学推导出来的太阳电池基本非线性伏安特性解析表达式，能较好地描述太阳电池一般工作状态下的 I-U 特性，已被广泛应用于太阳电池的理论分析中。在特定的太阳光强和温度下，其对应的 I-U 和 P-U 特性如图 2-10 所示，其中 I_{SC} 为短路电流，U_{OC} 为开路电压，I_m 为最大功率点电流，U_m 为最大功率点电压，P_m 为最大功率。I-U 曲线在 U_m 左侧为近似恒流源段，右侧为近似恒压源段。

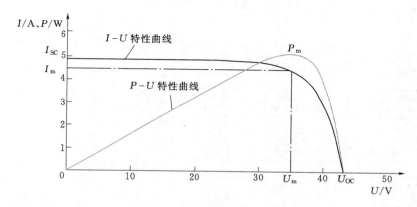

图 2-10　太阳电池 I-U 和 P-U 特性

2.2.2　光伏电站电气系统

典型的光伏发电系统由光伏阵列、逆变器和控制器组成，其中，逆变器将太阳电池所发电能逆变成正弦电流注入电网中，逆变器的典型拓扑结构为电压源型，由电力电子开关器件连接电感构成，调整电力电子桥臂电压，向电网送电。控制器是控制太阳电池最大功率点跟踪，逆变器并网电流波形的装置，一般是由单片机或数字信号处理芯片作为核心器件构成，其功能便是使向电网传送的功率与光伏阵列所发的最大功率电能相平衡。典型的光伏发电并网系统结构图如图 2-11 所示。

由图 2-11 可以看出，逆变器是整个光伏并网发电系统的核心，最大功率跟踪控制器和并网波形控制器均属于逆变器的一部分，所以光伏发电系统的数学模型主要包括太阳电池模型、逆变器并网控制模型和并网保护控制模型三部分。一个发电单元由逆变器及其所连接的太阳能光伏阵列组成，每个单元的容量通常不超过 1.0MW。

对于大型光伏电站，整个系统由若干图 2-11 所示的发电单元组成，并通过升压变压器与大电网相连，其典型结构图如图 2-12 所示。

大型光伏电站由光伏阵列、直流汇集系统（直流汇流箱、直流汇流柜）、逆变器、

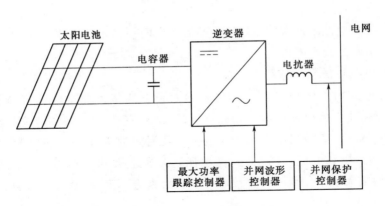

图 2-11　光伏发电并网系统结构图

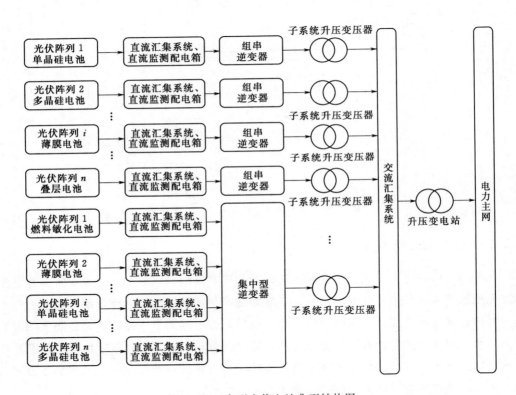

图 2-12　大型光伏电站典型结构图

子系统升压器（升压变压器）、交流汇集系统、升压变压器、综合自动化系统、无功补偿装置等组成。在实际应用中，各光伏电站结构略有不同，一般是简化直流汇集系统及交流系统，全部采用组串逆变器或集中型逆变器，或两者混合使用，部分光伏电站省去了子系统升压器。

大型光伏电站通常由多组组串逆变器单元与集中逆变器单元组成。各单元间并列运行，相互独立运行，可根据运行及检修情况投入部分或全部逆变器单元。

2.3 太阳能热发电技术

太阳能热发电技术是太阳能利用中的另一种形式。它利用大规模阵列抛物或碟形镜面收集太阳热能，通过换热装置提供蒸汽，结合传统汽轮发电机的工艺，从而达到发电的目的。

2.3.1 太阳能热发电原理

1. 太阳能聚光基本原理

太阳能聚光分为反射聚光和折射聚光两种基本形式，具体如下：

（1）反射聚光。采用太阳光反射率高的镜面做成反射镜，将投射到一个镜面或多个镜面的太阳能，聚光到一个点或一条线，提高能流密度，产出高品位热能。

（2）折射聚光。利用光线在不同介质界面处，透射光线传播方向发生改变的原理聚光，需要通过精确计算的曲面，使平行的光线成功地聚光到预定的点。

通过对太阳能聚光，可以用来提高单位面积内太阳辐射能量的辐射密度，从而提高太阳能的转化效率。

聚光装置是利用太阳的直射辐射，经聚光器反射或折射到吸收器上成像。太阳本身是一个表面温度为6000K左右的大火球，尽管太阳距离地球很远，但对地球来说，太阳并非点光源，而是一个球体。因此对地球上任意一点，入射太阳光之间具有一个很小的夹角δ，通常称为太阳张角。

已知太阳直径为$1.39 \times 10^6 \text{km}$，地球与太阳之间的平均距离为$1.5 \times 10^8 \text{km}$，则张角$\delta$的计算公式为

$$\sin\left(\frac{\delta}{2}\right) = \frac{6.95 \times 10^5}{1.5 \times 10^8} = 0.00463, \frac{\delta}{2} = 16' \tag{2-2}$$

也就是说太阳的直射辐射是以$32'$的太阳张角入射到地球表面，这是分析一切聚光器光热性能的一个重要物理量。由于太阳光线具有$32'$的张角，因此太阳聚光装置产生的太阳像是一个有限的尺寸，主要取决于光学系统本身的几何形状和尺寸。聚光装置的聚光效果一般用几何聚光比和能量聚光比来衡量。

2. 储热原理

储热又称蓄热，主要是利用工作介质状态变化过程所具有的显热、潜热效应或化学反应过程的反应热来进行能量储存，按照储存方式的不同，储热技术可分为显热储热、相变储热和化学反应储热。

显热储热是在物质形态不变的情况下，通过加热储蓄介质，使其温度升高而将热量存储下来，即利用材料自身的高热容和热导率通过自身温度的升高来达到储热的目的。

相变储热是利用物质固、液、气三态在相互变化过程中吸收或放出的潜热来进行热量的储存和利用。

化学反应储热是利用可逆化学反应的反应热，以及储能介质在材料和结构上的转变达到储热目的。在热化学正反应过程中，将暂时不用或无法直接利用的热能，转变为化学能收集并储存；在生产需要时，使化学反应逆向进行，将储存的能量放出，使化学能转变为热能而加以利用。

不同储热方式比较见表 2-2。

表 2-2　　　　　　　　　　　不 同 储 热 方 式 比 较

储热方式	储热密度	稳定性	储热期限	系统维护	成本
显热储热	小	好	短期	简易	低
相变储热	大	较好	短期	较复杂	较高
化学反应储热	大	较好	长期	较复杂	较高

3. 太阳热发电原理

太阳热发电的原理与常规火力发电原理相似，它主要利用大规模阵列镜面聚焦采集太阳直射光，通过加热介质，将太阳能转化为热能，然后利用传统的热力循环过程，即形成高温高压水蒸气推动汽轮机工作，达到发电的目的，如图 2-13 所示。太阳能热发电涉及光—热—电之间的转换，包括以下几个过程：光的捕获与转换过程，热量的吸收与传递过程，热量储存与交换过程，热电转换过程。

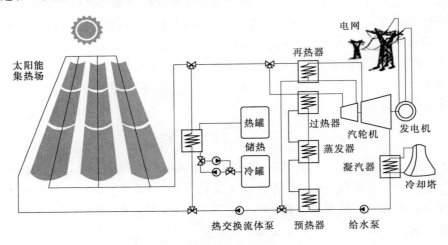

图 2-13　太阳能热发电的基本原理

从理论上讲，采用太阳能热发电技术，可以避免光伏发电中昂贵的晶硅光电转换工艺，大大降低太阳能发电的成本。从两者的工作原理，还可以看出，光伏发电产生的是直流电，而太阳能热发电产生的是和传统火电一样的交流电，这就意味着光伏产生的电能需通过逆变器转换成交流电并网，而太阳能热产生的电能可直接上网，与现有电网匹配性好。在弥补发电间歇性方面，两者都需要借助于储能，但方式不同。由于光伏发电直接将光能转换为电能，多余电能需采用电池技术存储，太阳能热发电则可以选择储热。在白天，太阳能热发电站的集热系统直接驱动汽轮机发电，同时把部分热量储存在由巨大容器组成的储热系统内，在晚上，再利用储热发电。

2.3.2 太阳能热发电类型

按太阳能采集方式划分，世界上主流的太阳能热发电站的主要形式有槽式、塔式和碟式（盘式）等。

1. 槽式太阳能热发电系统

槽式太阳能热发电系统主要由数百行抛物面聚光槽、中高温真空集热管构成的太阳能集热场，以及一套传统的蒸汽涡轮发电装置组成，如图2-14所示。聚光反射槽由经过表面处理的金属薄板制成，单轴跟踪装置保证将太阳光准确反射到集热管上，将管内合成油加热到400℃左右，高温热油通过热交换器产生蒸汽驱动涡轮发电机。槽式太阳能热发电站还配有储热管，用熔融盐作为介质将太阳能以热能的形式储存起来，需要时再发出热量用于发电。

聚光槽
真空集热管
太阳能场管道

图2-14 槽式太阳能热发电系统

2. 塔式太阳能热发电系统

塔式太阳能热发电系统由数以千计带有双轴太阳能追踪系统的平面镜（可将传热工质加热到800℃）和一座中央集热塔构成，如图2-15所示。在空旷的地面上建立一座高大的中央吸收塔，塔顶上固定一个吸收器，塔的周围安装一定数量的定日镜，通过定日镜将太阳光聚集到塔顶的接收器的腔体内产生高温，再通过吸收器的工质加热并产生高温蒸汽，推动汽轮机发电。塔式太阳能电站可以用水、气体、熔融盐等作为导热介质，驱动汽轮机。

中央集热塔

定日镜

图2-15 塔式太阳能热发电系统

3. 碟式（盘式）太阳能热发电系统

碟式（盘式）太阳能热发电系统由碟式反射镜、接收器和发电机组成，如图 2-16 所示。利用旋转抛物面的碟式反射镜将太阳光聚焦到接收器，加热接收器内的传热工质到 750℃ 左右，驱动汽轮机发电。与槽式一样，碟式系统的太阳能接收器也不固定，随着碟形反射镜跟踪太阳的运动而运动，克服了塔式系统较大余弦效应引起的能量损失，光热转换效率大大提高。与槽式不同的是，碟式接收器将太阳光聚焦于旋转抛物面的焦点上，而槽式接收器则将太阳光聚焦于圆柱抛物面的焦线上。

图 2-16 碟式（盘式）太阳能热发电系统

上述三种太阳能热发电系统各有优缺点，其主要的性能参数比较如表 2-3 所示。

表 2-3 三种太阳能热发电系统的性能比较

参 数	槽式系统	塔式系统	碟式（盘式）系统
运行温度/℃	350～600	500～1100	700～1400
年容量因子/%	23～50	20～77	25
峰值发电效率/%	20	23	＞25
年均发电效率/%	11～16	7～20	12～25
建设成本/(元·W^{-1})	19～32	25～56	93～130
发电成本/[元·$(kW·h)^{-1}$]	1.3～1.9	1.4～1.9	0.8～1.1
技术开发风险	低	中	高
技术现状	商业化	商业化	示范
应用	大规模开发	大规模开发	分布式供电
优点	跟踪系统结构简单；使用材料最少；占地相对较少	转换效率高；可高温储热	很高的转换效率；可模块化
缺点	只能产生中温蒸汽，转换效率较低；真空管技术有待提高	跟踪系统复杂，占地面积较大；投资和运营费用高	使用斯特林发电机，技术尚不成熟，成本高

2.4　典型储能技术

随着大规模新能源的接入，新能源并网势必会对电力系统运行造成诸多影响，甚至会造成大规模的脱网事故，从而影响到新能源产业的发展。储能系统作为电力系统运行过程中继"采—发—输—配—用"五大环节后的第六环节，能有效地提高电能质量，使得电力系统变得"柔软"，极大程度上提高电力系统安全性、经济性及灵活性。本节按照储能载体技术类型，详细介绍目前常用抽水蓄能、电池储能与超级电容器储能。

2.4.1　抽水蓄能

抽水蓄能的工作原理是利用可逆的水泵水轮机组，在电力负荷低谷时利用多余电能将下水库中的水抽到上水库储存起来，以水力势能形成蓄能，在电力负荷高峰时再从上水库放水至下水库进行发电，将水力势能转换为需要的电能，为电网提供高峰电力。

抽水蓄能电站是电网调峰的有效手段之一，它通过水泵抽水将电网系统中的多余电能转化为上水库水的势能，当电网系统需要时，再通过水轮发电机将水的势能转化为电能，具有不同于一般发电站的工作特性。抽水蓄能电站主要由上水库、高压引水系统、抽水蓄能机组、低压尾水系统、高地和下水库组成，如图 2-17 所示。

抽水蓄能电站规模可以达到数百兆瓦，效率可达 75% 左右，建设成本大概为 5000 元/kW 左右，具有规模大、寿命长、运行费用低等优点。按照开发方式、调节周期等不同，抽水蓄能电站可以分为各种不同的类型。其中，按开发方式可分为纯抽水蓄能电站和混合式抽水蓄能电站；按调节周期可分为日调节、周调节、季调节抽水蓄能电站。电力系统通过抽水蓄能电站的能量转换，将电能在时间上重新分配，从而在时间上和数量上协调电力系统的发电

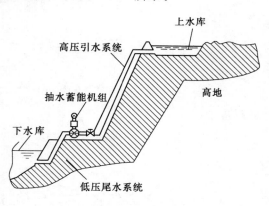

图 2-17　抽水蓄能电站工作原理示意

和用电。抽水蓄能电站的上、下水库水位随发电、抽水工况的转换而有所变动，能量转换的过程就是上下水库水位变化的过程，基本不耗水，但会损失部分能量。

自 1882 年世界上第一座抽水蓄能电站在瑞士苏黎世建成以来，随着抽水蓄能电站设计制造和工程技术的不断发展，抽水蓄能技术已经比较成熟。抽水蓄能电站的发展规模主要与各国经济发达程度、区域负荷特性、电源结构、互联系统的调峰支援能力有关，也与建设条件、成本和电网内其他调峰方法的经济性有关。各个国家发展速度和技术水平相差较大。发达国家在核电、可再生能源与抽水蓄能配套领域已有成功经验，核电、可再生能源装机比重较大的国家，均建有一定容量的抽水蓄能电站以配套运行。

我国抽水蓄能电站发展起步较晚，地区发展不均衡，多分布在经济较为发达的东部地区和以火电为主的中部地区。从时间上看，中国抽水蓄能电站建设起步较晚，20 世纪 80 年代末才开始第一座混流式大型抽水蓄能电站技术的研究工作，20 世纪 90 年代中期建成了第一批大型抽水蓄能电站（如广州抽水蓄能电站一期和北京十三陵抽水蓄能电站等）。在 21 世纪初期，中国抽水蓄能电站迎来了第二个建设高潮。随着经济的持续发展，对电网安全稳定运行的要求越来越突出，特别是大规模新能源发展所需的调峰需求进一步提高，亟须配套调峰调频能力强、储能优势突出、经济性好、环境友好的抽水蓄能电站。

2.4.2　电池储能

电池储能技术是将电能以化学能形式进行存储与释放的技术，根据所使用化学物质的不同，可以分为铅酸电池、镍镉电池、镍氢电池、锂离子电池、液流电池等，本节对常用的锂离子电池和全钒液流电池进行介绍。

1. 锂离子电池

锂离子电池是目前比能量最高的电池，也是在电力系统调度中使用最多的电池，以石墨为负极、$LiCoO_2$ 为正极为例，其充放电原理示意图如图 2-18 所示，其电极反应式如下：

正极

$$LiCoO_2 \underset{充电}{\overset{放电}{\rightleftharpoons}} Li_{1-x}CoO_2 + xLi^+ + xe^- \tag{2-3}$$

负极

$$6C + xLi^+ + xe^- \underset{充电}{\overset{放电}{\rightleftharpoons}} Li_xC_6 \tag{2-4}$$

总的反应

$$6C + LiCoO_2 \underset{充电}{\overset{放电}{\rightleftharpoons}} Li_{1-x}CoO_2 + Li_xC_6 \tag{2-5}$$

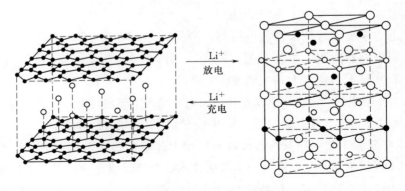

图 2-18　锂离子电池充放电原理示意图

在正极中（以 $LiCoO_2$ 为例），Li^+ 和 Co_3^- 各自位于立方紧密堆积氧层中交替的八面体位置。一方面，当对电池进行充电时，电池的正极上有锂离子生成，生成的锂离子经过电解液运动到负极，而作为负极的石墨呈层状结构，它有很多微孔，达到负极的锂离子就嵌入碳层的微孔中，嵌入的锂离子越多，充电容量越高；另一方面，当对电池进行放电时，嵌在负极碳层中的锂离子脱出，又运动回正极，脱出的锂离子越多，放电容量越高。

目前锂离子电池的寿命一般为 5000～7000 次，成本约为 1000 元/(kW·h)，折合成使用成本约为 0.7 元/[(kW·h)·次]。近年来，随着锂离子电池在电动汽车、"信息家电"等领域的应用快速增长，全球锂离子电池的总体产量和市场规模得到快速提升。以锂电池为代表的储能技术在调节电力系统发输用电环节正发挥着越来越大的作用。

2. 全钒液流电池

液流电池是由美国科学家 Thallerl. h. 于 1974 年提出的一种电化学储能技术。根据发生反应的正负极电解液材料种类，液流电池可以分为：全钒液流电池、锌溴液流电池、多硫化钠/溴液流电池、锌/镍液流电池、半液流电池等。其中，全钒液流电池，简称钒电池，是一种活性物质呈循环流动液态的氧化还原电池。其具备充放电可逆性高、循环寿命长、能量转换效率高、正负极电解质无交叉污染和容易规模化等优点。

目前，全钒液流电池系统成本为约 17500 元/kW、3500～3900 元/(kW·h)，循环寿命 1 万次以上，日历寿命超过 10 年，能量效率 75%～85%。钒电池的电能是以化学能的方式存储在不同价态钒离子的硫酸电解液中，通过外接泵把电解液压入电池堆体内，在机械动力作用下，使其在不同的储液罐和半电池的闭合回路中循环流动，采用质子交换膜作为电池组的隔膜，电解质溶液平行流过电极表面并发生电化学反应，通过双电极板传导电流，从而使得储存在溶液中的化学能转换成电能。

钒属于 VB 族元素，化学性质活跃，呈现多种价态。全钒液流电池就是以钒离子的不同价态的溶液为电解液，使其在正负极板上发生可逆反应，得以顺利完成充电、放电和再充电过程。正极电解液由 V^{5+} 和 V^{4+} 离子溶液组成，负极电解液由 V^{3+} 和 V^{2+} 离子溶液组成，电池充电后，正极物质为 V^{5+} 离子溶液，负极物质为 V^{2+} 离子溶液，电池放电后，正、负极分别为 V^{4+} 和 V^{3+} 离子溶液，电池内部通过 H^+ 导电，如图 2-19所示。V^{5+} 和 V^{4+} 离子在酸性溶液中分别以 VO_2^+ 离子和 VO^{2+} 离子形式存在。

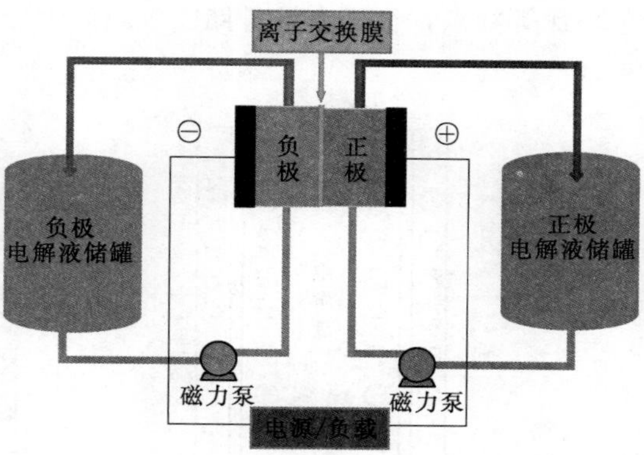

全钒液流电池正负极板发生的反应式如下：

正极

$$VO_2^+ + 2H^+ + e^- \xrightleftharpoons[\text{充电}]{\text{放电}} VO^{2+} + H_2O$$

$$(2-6)$$

负极

图 2-19　全钒液流电池工作原理示意图

$$V^{2+} - e^- \underset{\text{充电}}{\overset{\text{放电}}{\rightleftharpoons}} V^{3+} \qquad (2-7)$$

总的反应

$$VO_2^+ + 2H^+ + V^{2+} \underset{\text{充电}}{\overset{\text{放电}}{\rightleftharpoons}} VO^{2+} + H_2O + V^{3+} \qquad (2-8)$$

国内钒电池研究情况见表 2-4。

表 2-4 国内钒电池研究情况

单 位	研究方向	研究成果
大连化物所	全钒液流电池系统	25kW 电池系统
	电池模块工程化	10kW 电池系统
中国工程物理研究院	电极材料制备	4kW 电池系统
	电池系统	
中南大学/攀枝花钢铁公司	电极材料制备	电解液制备
	全钒液流电池系统	1kW 电池模块
清华大学	电池模块和系统	1kW 级电堆
北京大学/中国地质大学	理论研究和基础试验	全钒电池的实验室模型

目前，全钒液流电池主要应用于对储能系统占地要求不高的大型可再生能源发电系统中，用于跟踪计划发电、平滑输出等方面，提升可再生能源发电接入电网的能力。在全钒液流电池示范工程应用中，国内外普遍面临能量效率低、成本高等问题，除此之外，国内还需要解决系统可靠性和关键材料国产化等问题。

2.4.3 超级电容器储能

超级电容器主要是通过极化电解质来储能，基本结构如图 2-20 所示。它是一种电化学元件，但是在其储能的过程并不发生化学反应，这个过程是可逆的，因此超级电容器可以进行多次反复充放电，具有充电时间短、使用寿命长、温度特性好、节约能源和绿色环保等特点，在机电设备储能中用途十分广泛。

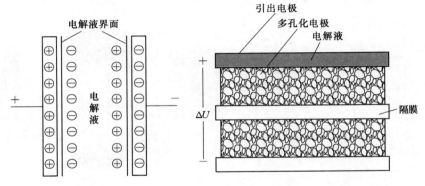

图 2-20 超级电容器基本结构

超级电容器其实就是具有双电层原理的电容器,在其分离出的电荷中存储能量,用于存储电荷的面积越大、分离出的电荷越密集,其电容量就越大。当外加电压施加到超级电容器的两个极板上时,极板的正电极开始存储正电荷,同时负极板开始存储负电荷,在超级电容器两极板上电荷产生的电场的作用下,电解液与电极间的界面上就会形成相反的电荷,以平衡电解液内部的电场,这种正电荷与负电荷在两个不同极之间的接触面上,以正负电荷之间极短间隙排列在相反的位置。

目前双电层超级电容器成本较高,约为 10000 元/(kW·h),循环寿命达到 10 万次以上,能量转换效率大于 90%。超级电容作为第三代储能装置,具有功率密度高、充放电时间短、循环寿命长、工作温度范围宽等优点。

2.5 新能源发电接入电网方式

与常规大型火电厂、水电站接入电网相比,风电场、光伏电站等新能源发电具有机组单机容量小,交流侧电压等级低,机组类型和数量多等特点。如目前主流风电机组单机容量一般是 1.5~3MW,交流侧典型电压等级为 690V;光伏逆变器单机容量在几千瓦到几兆瓦之间,交流侧电压等级一般是 270~380V。一个风电场或光伏电站内,往往有几十台到几百台机组或逆变器,因此其接入电网方式与常规电厂有很大的不同。根据其类别、规模、大小、位置以及公用电网状况,可采用大规模集中式、分布式和分散式三种典型接入方式。

2.5.1 集中式接入

集中式接入的方式包括场站集中接入和场站集群接入两种。以风电场和光伏电站为例,进行详细介绍。

在风电场集中接入方式中,风电机组经过单元变压器升压至 10(35)kV,并经过集电线路汇集到升压变电站,再升压至 66(330)kV,经输电线路接入系统变电站的 66(330)kV 母线,如图 2-21 所示。这种接入方式适用于装机容量 50MW 以上、规模较大的风电场。

在风电场集群接入方式中,多个集中接入的风电场通过 330kV、500kV、750kV 汇集站,接入系统 500kV、750kV 变电站的母线。该接入方式多见于大规模风电基地,如甘肃、内蒙古、河北、吉林等地区的百万千瓦级风电基地,图 2-22 为甘肃酒泉地区部分风电集群的汇集和接入方式。

在光伏电站集中、集群接入方式中,对于规模较大的地面光伏发电站,主要采用内部汇集,通过汇集站、升压站集中接入 10kV 及以上公共电网,10MW 光伏电站典型接入方式如图 2-23 所示,光伏电站集群接入方式如图 2-24 所示。

2.5.2 分布式接入

传统的分布式电源是在用户现场或其附近由用户自行配置或发电运营商投资的较小

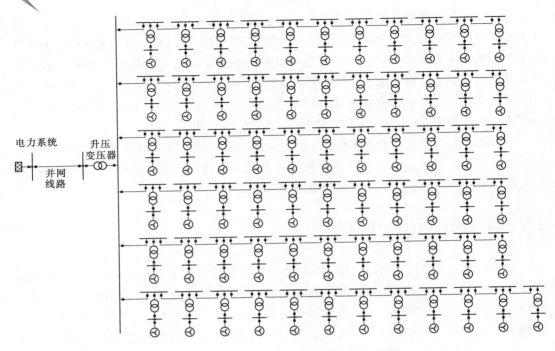

图 2-21　风电集中式接入（100MW 风电场示例）

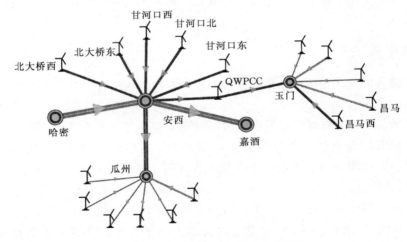

图 2-22　甘肃酒泉地区风电集群接入

容量的发电机组（典型容量范围在 15～10000kW），用以满足特定用户的需要，它既可独立于公共电网直接对用户提供电能，也可接入电网，与公共电网共同为用户供电，按发电能源是否可再生分为两类：一类是利用可再生能源的分布式发电，主要包括利用风力、光伏、地热能、海洋能等发电；另一类是利用不可再生能源的分布式发电，主要包括内燃机、热电联产、微型燃气轮机、燃料电池等发电。

其中，分布式光伏发电的接入方式较为复杂，典型的接入方式包括接入用户内部电网、专线接入公用电网、T 接于公共电网等方式，分布式光伏发电接入方式如图 2-25 所示。

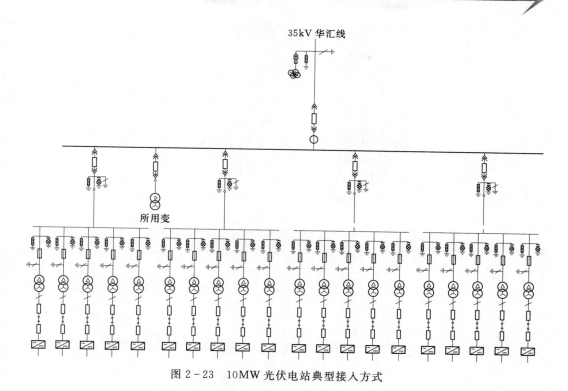

图 2-23　10MW 光伏电站典型接入方式

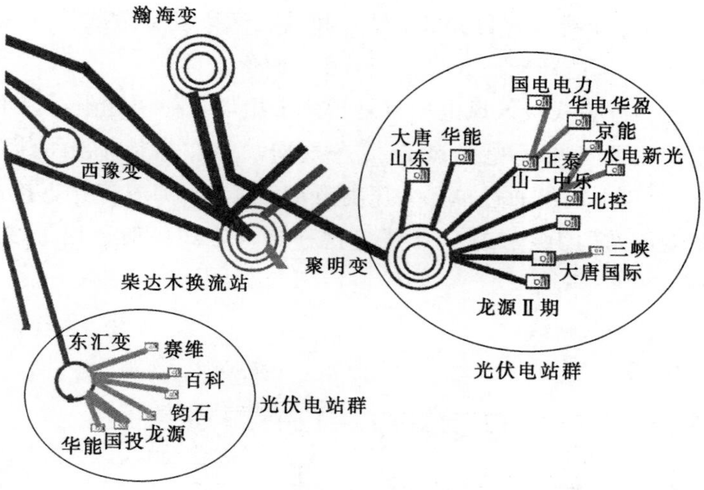

图 2-24　光伏电站集群接入方式

2.5.3　分散式接入

为优化风能开发策略，促进分散风能资源的合理开发利用，促进风电产业持续健康发展。在 2011 年，国家能源局根据《可再生能源法》《行政许可法》《企业投资项目核准暂行办法》和《风力发电开发建设管理暂行办法》，连续制定了《关于分散式接入风

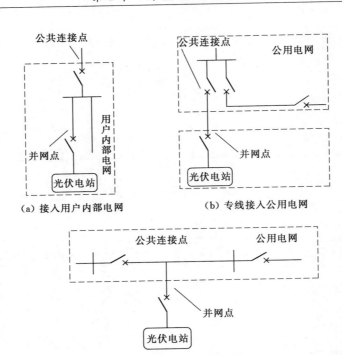

（a）接入用户内部电网　　　　（b）专线接入公用电网

（c）T 接于公共电网

图 2-25　分布式光伏发电接入方式

电开发的通知》（国能新能〔2011〕226 号）和《关于印发分散式接入风电项目开发建设指导意见的通知》（国能新能〔2011〕374 号）两份文件。

　　文件明确指出：分散式接入风电项目是指位于用电负荷中心附近，不以大规模远距离输送电力为目的，所产生的电力就近接入电网，并在当地消纳的风电项目。如图 2-26 所示，若干台风电机组通过单元变压器升压至 10(35)kV，并直接通过 10(35)kV 馈线，接入系统变电站的 10(35)kV 母线，这种接入方式一般适用于 20MW 以内，规模较小的风电场。

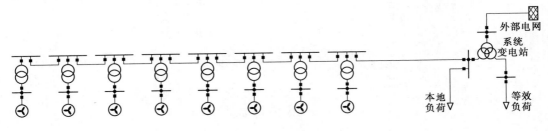

图 2-26　风电分散式接入

2.6　本章小结

　　本章对新能源发电的基本类型和工作原理进行了简单介绍和阐述。随着我国新能源装机的快速发展，风力发电技术和光伏发电技术基本成熟，特别是光伏发电技术已走在世界前列。光热发电技术和储能技术还处于起步和探索阶段，需要不断地积累和创新。

参 考 文 献

［1］ 刘振亚. 全球能源互联网［M］. 北京：中国电力出版社，2015.

［2］ 姚良忠. 间歇式新能源发电及并网运行控制［M］. 北京：中国电力出版社，2016.

［3］ 周双喜，鲁宗相. 风力发电与电力系统［M］. 北京：中国电力出版社，2011.

［4］ 赵争鸣，刘建政，孙晓瑛，等. 太阳能光伏发电及其应用［M］. 北京：科学出版社，2008.

［5］ 全生明. 大规模集中式光伏发电与调度运行［M］. 北京：中国电力出版社，2015.

［6］ 黄素逸，黄树红，等. 太阳能热发电原理及技术［M］. 北京：中国电力出版社，2012.

［7］ 肖慧杰，王凯，刘欣颖. 浅析太阳能发电技术［J］. 内蒙古石油化工，2010（3）：93－94.

［8］ 魏秀东，卢振武，林梓，等. 塔式太阳能热发电站镜场的优化设计［J］. 光学学报，2010，30（9）：2652－2656.

［9］ 王军，张耀明，孙利国，等. 聚光类太阳能热发电中的热管式真空集热管［J］. 太阳能，2007（6）：15－18.

［10］ 李石栋，张仁元，李风，等. 储热材料在聚光太阳能热发电中的研究进展［J］. 材料导报，2010，24（11）：51－55.

［11］ 王松芩，来小康，程时杰. 大规模储能技术在电力系统中的应用前景分析［J］. 电力系统自动化，2013，37（1）：3－8＋30.

［12］ 孙威，李建林，王明旺. 能源互联网——储能系统商业运行模式及典型案例分析［M］. 北京：中国电力出版社，2017.

［13］ 刘博洋. 基于实测数据的大规模光伏出力特性及其短期预测方法研究［D］. 吉林：东北电力大学，2017.

［14］ 沙倩. 双馈感应发电机型并网风电场控制策略研究［D］. 南京：东南大学，2012.

［15］ 刘振亚，张启平，董存，等. 通过特高压直流实现大型能源基地风、光、火电力大规模高效率安全外送研究［J］. 中国电机工程学报，2014，34（16）：2513－2522.

第3章 新能源发电并网运行特点及影响

新能源发电特性与传统常规电源特性存在明显的差异，主要体现在新能源发电功率受自然条件限制而导致的随机性和波动性。大规模新能源接入电网，给电力系统的调峰、调频和调压带来新的挑战。大量分布式新能源接入后，传统配电网从无源变为有源，潮流由单向变为双向，会对配电网安全稳定运行产生明显的影响。

3.1 新能源发电运行特点

新能源发电能力随风速、辐照强度等因素的改变而变化，因此其出力具有很大的随机性和波动性。但随着空间尺度的增加，不同新能源场站的发电出力之间具有一定的关联性和互补性。同一区域内相邻场站出力具有明显的关联性，而不同区域内的场站则具有一定的互补性。本节从单一场站、省级电网场站群、区域电网场站群三个空间尺度来描述新能源发电（风力发电、光伏发电）运行的特点。

3.1.1 风力发电运行特点

1. 风电电力的特点

风能与风速之间的关系可用式（3-1）描述。由式（3-1）可见，风能和风速的三次方成正比，由于风速具有随机性和波动性，因此风能也具有随机性和波动性。

$$W = \frac{1}{2}\rho A v^3 \tag{3-1}$$

式中 W——风能；

  ρ——空气密度；

  A——扫风面积；

  v——风速。

单一风电场出力具有较大的不确定性。图3-1为某装机容量120MW的风电场一周出力曲线，横轴为时间，以数据点数来描述，分辨率为15min一个点，纵轴为风电场出力。如图3-1所示，风电场在一周内的出力可以从0变化至接近于额定出力，出力的变化范围接近整个风电场的装机容量。统计得出，风电场最大同时率（最大出力/装机容量）为0.92，15min最大波动率（相邻时刻最大出力差值/装机容量）达到0.75，风电出力具有较大的波动性。

同一地区内的风电场出力具有明显的相关性。图3-2为地理位置相近的3座风电

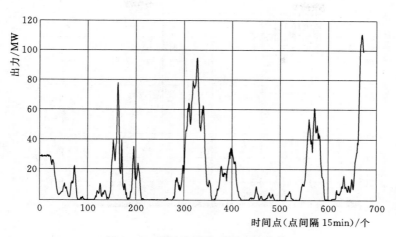

图 3-1　某风电场典型周出力曲线

场的周出力曲线，横轴为时间，以数据点数来描述，分辨率为 15min 一个点，纵轴为风电场出力。如图 3-2 所示，由于在同一地区，风电资源特性相近，各场站的出力也具有一定相关性，其变化趋势较为相近。统计得出，3 座风电场出力两两之间的相关系数均达到 0.8 以上，属于较强相关。

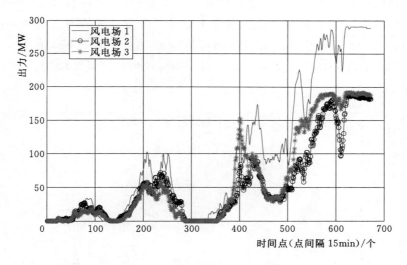

图 3-2　同一区域风电场典型周出力曲线

不同地区的风电场出力具有一定的互补性。图 3-3 为同一省内不同地区的 3 座风电场（3 座风电场的直线距离均超 100km）的周出力曲线，横轴为时间，以数据点数来描述，分辨率为 15min 一个点，纵轴为风电场出力。图中时段 1 对应的风电场 2 的出力较大，而其余两个风电场出力较小。时段 2 对应的风电场 1 的出力较大而其余两个风电场出力较小。时段 3 对应的风电场 3 的出力较大而其余两个风电场出力较小。3 座风电场的出力明显存在不同步的特点，并呈现出"此消彼长"的互补性。

省级电网和区域电网的风电出力具有明显的平滑效应。随着空间尺度的进一步增

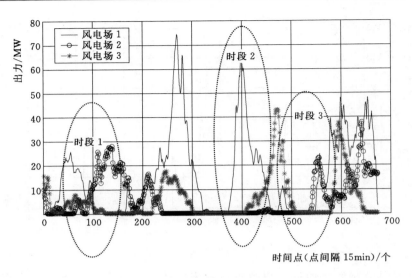

图 3-3　不同区域风电场典型周出力曲线

加,地域跨度较大的风电场之间的出力互补性会进一步增强,因此省级风电、区域风电出力相对单一风电场会呈现出明显的平滑效应。图 3-4 为单一风电场、省级风电(包含近 100 座风电场)和区域风电(包含近 400 座风电场)一周内的发电同时率曲线,横轴为时间,以数据点数来描述,分辨率为 15min 一个点,纵轴为风电场发电同时率。如图 3-4 所示,单一风电场最大同时率可以达到 0.90,省级风电的最大同时率为 0.75,区域风电的最大同时率仅为 0.45。以上指标说明,随着范围的扩大,风电的出力会越趋于平滑。

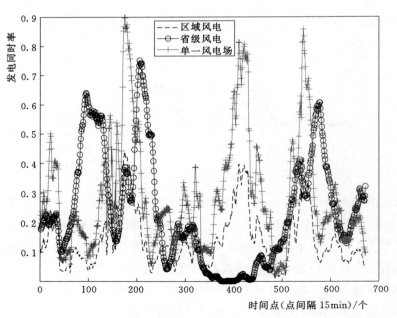

图 3-4　不同空间尺度风电周同时率曲线

2. 风电电量的特点

与风电出力的波动性类似，风电电量也具有波动的特点，且随着地域的扩大，呈现出明显的平滑特性。为说明风电电量的波动特性，引入电量波动率的概念，即将电量波动率定义为一个时间段内相邻两日风电发电量差值与最大一日发电量的比值。图3-5为一个季度内单一风电场、省级风电、区域风电相邻日的电量波动率分布图，横轴为时间轴，以日为单位，纵轴为电量波动率。由图3-5可见，单一风电场的逐日电量波动率明显大于省级风电的电量波动率，而省级风电的电量波动率明显大于区域风电的电量波动率，说明随着范围的扩大，风电发电量的波动性减弱，互补性增强，电量波动趋于平滑。

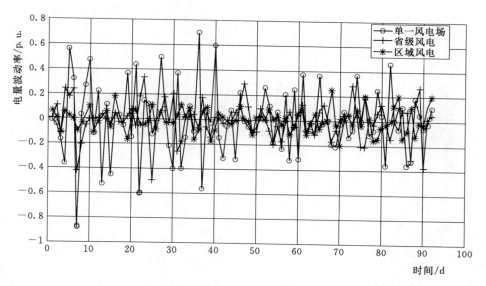

图3-5 单一风电场和省级风电及区域风电的电量波动率

同理，可以分析风电电量在其他时间间隔（如3日、7日等）的波动特性，对比不同空间范围的风电发电量波动规律，为电网电量平衡提供参考。

3.1.2 光伏发电运行特点

1. 光伏电力特点

光伏电池等效电流的表达式为

$$I_L = I_{ph} - I_D - I_{sh} \tag{3-2}$$

式中　I_L——光伏电池等效电流；

　　　I_{ph}——光生电流；

　　　I_D——反向饱和电流；

　　　I_{sh}——等效电阻分流。

由式（3-2）可见，光伏电池的电流主要与光生电流 I_{ph} 有关，而 I_{ph} 主要随着光照强度而变化。

光照强度受云层、浮尘、雨雪、扬沙等气象因素影响而表现出不确定性，从而导致了光伏出力的随机性和波动性。单一光伏电站的出力具有一定的规律性和波动性。图3-6 为某装机容量 50MW 的光伏电站典型日的 96 点出力曲线，横轴为时间轴，时间分辨率为 15min 一个点，纵轴为光伏出力。白天大部分时段天气晴朗，光伏全天出力近似为中间高、两头低的"馒头状"，但由于受到云层遮挡等因素影响，出力曲线会出现毛刺和波动现象。

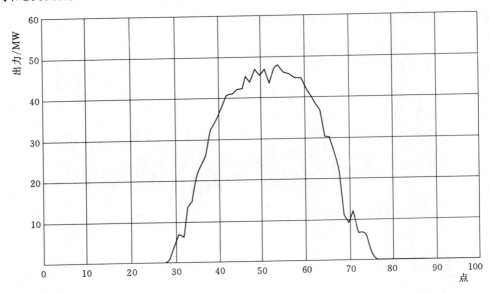

图 3-6 某光伏电站典型日出力曲线

同一区域内的光伏电站出力具有明显的相关性。图 3-7 为相邻的 3 座光伏电站的典型日 96 点出力曲线，横轴为时间，以数据点数表示，分辨率为 15min 一个点，纵轴为光伏发电同时率（发电出力/装机容量）。如图 3-7 所示，由于地理位置接近，光照强度等发电资源相类似，各光伏电站出力随资源变化呈现相近的变化规律，具有明显的相关性。统计得到，3 座光伏电站两两之间的相关系数均达到 0.95 以上，属于强相关。

对比图 3-2 和图 3-7 可以发现，相近位置的光伏电站出力的相关性较风电更强，主要原因为风由空气对流产生，即使在同一地区，由于局地的地形、地貌等差异，空气冷暖程度不尽相同，对流运动有所差别；而光伏主要依靠太阳辐照强度，在地域跨度较小、时差较小的地区，光照强度差别不会太大。

与风电类似，省级电网和区域电网的光伏出力也具有明显的平滑效应。随着范围的扩大，地域跨度较大的不同光伏电站出力之间会出现互补性，并随着地域面积的扩大而增强，因此省级和区域整体光伏出力相对单一光伏电站出力会呈现出平滑效应。

图 3-8 为单一光伏电站、省级光伏（包含近 200 座光伏电站）和区域光伏（包含近 700 座光伏电站）一周内的发电同时率（出力/装机）典型曲线，横轴为时间，纵轴

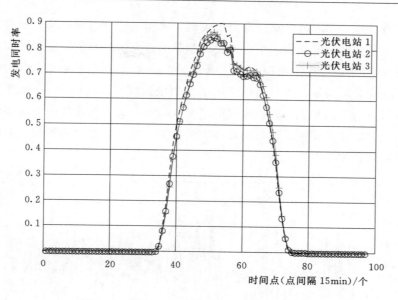

图 3-7 相邻 3 座光伏电站典型日出力曲线

为发电同时率。如图 3-8 所示，单一光伏电站最大发电同时率可以达到 0.84，省级光伏的最大发电同时率为 0.60，区域光伏最大发电同时率仅为 0.50。可见，随着范围的扩大，光伏出力曲线更为平滑。此外，区域光伏的有效发电时间（出力不小于 0 的时段）大于省级电网的光伏，而省级电网光伏的有效发电时间大于单一光伏电站。即地域面积越大，光伏出力的持续时间越长、同时率越低。

对比图 3-4 和图 3-8 可见，光伏出力的平滑效应没有风电明显，主要原因是局地的环境对风能资源影响较大，地域跨度越大影响差别越大，不同地区的风电出力对整体出力的平滑作用较为明显；而地域跨度对太阳辐照强度的影响差别较小，不同地区光伏出力对整体出力的平滑作用不如风电。

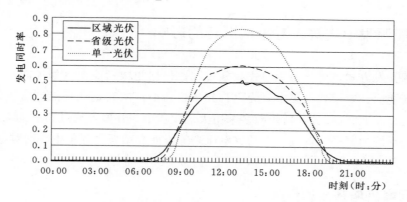

图 3-8 单一光伏电站、省级光伏和区域光伏的发电同时率曲线

2. 光伏电量的特点

与光伏出力的波动性类似，光伏电量也具有波动的特点，且随着地域的扩大，呈现

出明显的平滑特性。与风电电量波动分析类似，采用相邻日电量波动率描述光伏电量的波动特性，电量波动率定义为一个时间段内相邻两日光伏发电量差值与最大一日发电量的比值。图 3-9 为一个季度内单一光伏电站、省级光伏、区域光伏的相邻日电量波动率分布图，横轴为时间轴，以日为单位，纵轴为电量波动率。由图 3-9 可见，单一场站的逐日电量波动率明显大于省级光伏的电量波动率，而省级光伏的电量波动率则明显大于区域光伏的电量波动率，说明随着范围的扩大，光伏发电量的波动性减弱，互补性增强，电量波动趋于平滑。

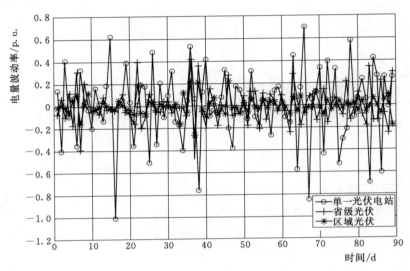

图 3-9　单一光伏电站和省级光伏及区域光伏的电量波动率

同理，可以分析光伏电量在其他较短时间间隔（如 3 日、7 日等）的波动特性，对比不同范围的光伏发电量波动规律，为电网电量平衡提供参考。

3.2　新能源集中式接入对电网运行的影响

新能源开发方式主要分为集中式和分布式。根据我国新能源（如风能和太阳能等）的特点，新能源开发模式以集中式为主、分布式为辅。尤其是在新能源富集的"三北"地区（华北、东北和西北），新能源多采用大规模集中式开发，通过集中接入方式并网。本节从电力系统的调峰、调频、无功（电压）等方面介绍新能源集中并网对电网运行的影响。

3.2.1　调峰（调频）的影响

3.2.1.1　调峰影响

大规模新能源集中接入电网后，其出力的随机性和波动性会给电力系统调峰带来新的挑战。特别是风电，一般在夜间出力较大，而用电负荷在夜间较小，风电出力呈现出明显的反调峰特性，往往会增加电网的调峰压力。下面以风电为例说明新能源集中接入对电网调峰的影响。

随着风电接入规模的增大，其随机性和波动性会导致电力系统等效负荷变化，等效负荷指系统固有负荷减去新能源出力。根据新能源出力的波动趋势与电力系统负荷波动趋势的对应关系，可以将新能源对电网调峰的影响分为正调峰、过调峰和反调峰三种情况。

正调峰是指风电出力与用电负荷的波动趋势基本相同，且风电出力峰谷差小于负荷峰谷差，新能源出力正调峰曲线图如图3-10所示。在正调峰情况下，电力系统的等效峰谷差减小，使电网调峰难度减小，有利于电网的运行和新能源的消纳。

过调峰是指风电出力与用电负荷的波动趋势基本相同，但风电出力峰谷差大于负荷峰谷差，新能源出力过调峰曲线图如图3-11所示。在过调峰情况下，电力系统的等效峰谷差将有所增加，使电网调峰难度增加。在电网运行中既增加了常规电源的调整难度，也不利于新能源消纳。

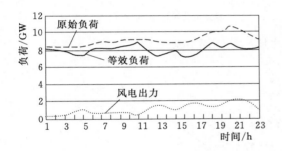

图3-10 新能源出力正调峰曲线图

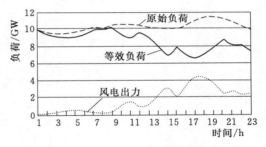

图3-11 新能源出力过调峰曲线图

反调峰是指风电出力与用电负荷的波动趋势相反，如图3-12所示。在反调峰情况下，电力系统的等效峰谷差将显著增加，从而使得电网调峰难度大幅增加。为了平抑电力系统出现的更大峰谷差，电力系统需要更强的调节能力，需要更多的常规电源参与调峰，当常规电源调节能力用尽后，还不能满足系统调峰要求，新能源将被迫参与电网调峰，以维持电力系统的稳定运行。

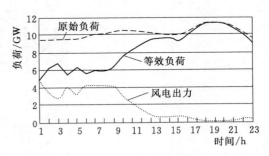

图3-12 新能源出力反调峰曲线图

在电网实际运行中，相对于正调峰和过调峰而言，风电出力反调峰出现的概率较高，对电网运行的影响也最大。为直观展示风电对电网调峰的影响，引入散点图来描述风电波动对电网调峰的影响。某电网风电接入后系统峰谷差如图3-13所示，散点图横

坐标 x 轴是原始负荷峰谷差，纵坐标 y 轴是等效负荷峰谷差，以 $x=y$ 作为分界线，若散点落入分界线上方，则说明风电接入增加了系统的峰谷差；反之说明减小了系统峰谷差。图 3-13 中散点大部分落在直线 $x=y$ 上方，表明风电的接入增加了系统峰谷差。

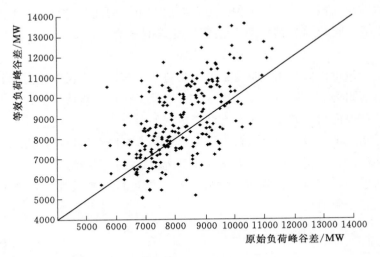

图 3-13　某电网风电接入后系统峰谷差

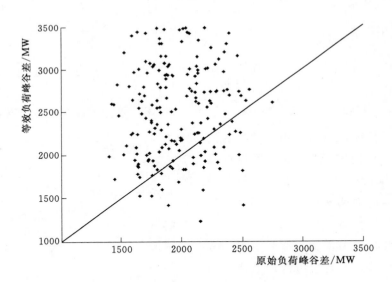

图 3-14　A 省风电接入后系统峰谷差

A 省、B 省、C 省风电接入后系统峰谷差如图 3-14～图 3-16 所示。由图 3-14～图 3-16 可以看出，散点大部分都落于 $x=y$ 上方，尤以 C 省最为明显，说明 C 省风电的反调峰特性最为明显，对电网调峰的影响也最大。同时还可以看出，由于风电的接入，增大了系统等效峰谷差，进一步增加了调峰的难度。如 B 省，原有峰谷差变化范围为 120 万～280 万 kW，风电并网后等效峰谷差变化范围 100 万～350 万 kW。

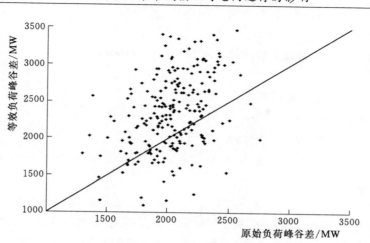

图 3-15 B省风电接入后系统峰谷差

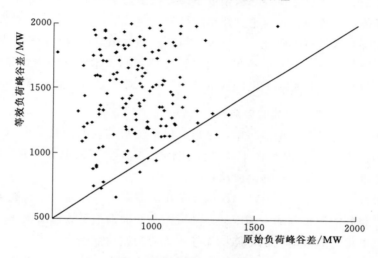

图 3-16 C省风电接入后系统峰谷差

3.2.1.2 调频影响

大规模新能源并网后，新能源出力的快速波动可能造成电力系统频率的波动，需要常规机组快速调整出力以维持频率稳定，当新能源波动较快或幅度较大，常规机组调整能力不足时，系统调频可能会面临各种问题。

1. 新能源发电对一次调频的影响

风电、光伏等新能源机组普遍不具备与常规机组类似的一次调频能力。一次调频是利用系统固有的负荷频率特性，以及发电机组调速器的作用，阻止系统频率偏移的调节方式。目前主流风电机组的类型是双馈式异步风力发电机和直驱永磁同步风力发电机，其机械功率与电磁功率解耦，使得转速与电网频率解耦，对系统频率响应的惯性较弱，基本不参与电网一次调频。光伏发电系统没有机械旋转装置，通过逆变器并网，也不参

与系统一次调频。

传统电力系统频率特性系数计算公式为

$$K = K_L + \rho K_G \qquad (3-3)$$

式中　K——电力系统频率特性系数；

　　　K_L——负荷频率特性系数；

　　　K_G——发电机频率特性系数；

　　　ρ——备用容量系数（即全系统投入的发电机额定容量总和与全系统总负荷之比）。

由式（3-3）可以看出，当系统中接入的风电、光伏等电源增加时，其对应的 K_G 将减小，从而造成整个系统的 K 减小，使得系统一次调频能力降低。在电网出现大功率扰动（如负荷波动、新能源出力波动）时，系统频率扰动幅度会增加，尤其是大容量有功功率突然缺失，将会造成频率大幅度下降，甚至低于系统频率的正常运行范围。

为减少新能源大规模接入对电网频率特性的影响，国内外都对新能源发电参与电力系统调频的相关技术进行了研究。如风电机组通过惯量响应控制、转速控制、桨距角控制技术实现快速频率响应，光伏逆变器通过逆变器控制技术实现频率快速响应。此外，还可以通过虚拟同步机技术，为电网提供功率频率支撑，实现快速频率响应。

2. 新能源发电对二次调频的影响

二次调频备用容量也称调节备用，是指可供系统自动发电控制系统 AGC 调节的备用容量，分为向上调节备用和向下调节备用两类，其主要来源包括两部分：①负荷 15min 预测误差；②负荷 15min 内波动幅度。

新能源大规模并网增加了系统二次调频备用的需求。一方面，在新能源预测误差较大的情况下，将新能源预测纳入调度计划，可能会增加系统等效负荷预测误差；另一方面，新能源发电出力的波动性也可能增加等效负荷的波动幅度。

综上，在新能源发电预测误差较大及短时波动幅度较大情况下，系统需要增加二次调频容量，提升调频速度以维持频率稳定。

3.2.2　无功功率（电压）的影响

3.2.2.1　新能源接入对电网无功功率的影响

新能源集中接入电网后，由于其有功功率的波动性，会造成电网中无功功率的不平衡，引起电网电压的变化，严重时可导致电压越限。

随着新能源装机规模的增加，系统运行要求新能源发电单元应充分发挥其无功调节能力，与场站配置的动态无功补偿装置配合，满足电网电压稳态调整的需求。此外，在电力系统故障的情况下，新能源发电机组在完成低电压穿越的同时，要向系统提供快速无功支撑，协助系统电压的恢复。

由于我国新能源相关标准滞后等原因，我国大部分新能源发电单元功率因数一般取恒定值。新能源场站的电压控制主要依靠场站端动态无功补偿装置完成，一些场站由于动态无功补偿装置容量或性能不足，无法满足正常运行需要。

3.2.2.2 新能源电源接入对电压质量的影响

随着新能源机组单机容量和场站规模的增大，新能源发电单元有功功率波动也会对电网电压质量产生负面影响。下面以风电场为例，分析风电并网对电压质量的影响。

1. 电压偏差

一方面，风电机组的输出功率随着风速改变而变化，使得注入电网的有功功率和无功功率有所变化，引起风电场母线及附近电网电压的波动；另一方面，风力发电机组的并网与脱网、补偿电容器的投切等操作也会对电网电压造成冲击。

尤其需要注意的是，当风电机组的无功调节能力没有被充分释放，且风电场配置的无功补偿容量或性能不足时，风电并网运行需要从系统中吸收无功功率，因此会拉低风电场并网点电压。特别是在电力系统电压等级较低、系统短路容量较小的情况下尤为严重，风电出力波动有可能造成较大的电压偏差。

2. 电压波动和闪变

风电机组的固有特性也会引起电压的波动和闪变。在运行过程中的电压波动和闪变是由功率波动引起的，而功率波动主要源于风速的变动、塔影效应和风电机组机械特性等。在风电机组启动、停机等典型切换操作过程中，也会产生电压波动和闪变。

电网中的电压波动和闪变，通常会造成电工设备不能正常工作，如影响电视画面质量、电动机转速波动、电子仪器工作失常、自动控制设备异常、白炽灯光闪烁等。风电场功率波动引起的系统电压波动为

$$\Delta U = \frac{PR + QX}{U} \tag{3-4}$$

式中　P——有功功率；

$\quad\quad\ Q$——无功功率；

$\quad\quad\ U$——电压；

$\quad\quad\ R$——系统电阻；

$\quad\quad\ X$——系统电抗。

3. 电压谐波

直驱同步风力发电机与双馈异步风力发电机需要通过电力电子装置接入电力系统，如果电力电子装置的控制模式不完善，将会产生严重的谐波问题。此外，风电场动态无功补偿装置也是电力电子设备，其运行调节过程中也会产生谐波。若风电场的谐波超过规定的允许范围，须装设合适的滤波装置。

3.2.3 新能源发电与特高压直流

我国新能源发电资源主要集中在"三北"（华北、东北、西北）地区，而用电负荷

主要集中在"中东部"地区。特别是在西北地区,人口稀少,经济欠发达,用电负荷较低,而新能源开发规模最大,装机容量与最大负荷相当,远超当地市场的消纳能力,需要通过特高压直流远距离送出和消纳。但由于新能源具有波动性且电压支撑能力相对较弱,为了确保直流输电的经济性和安全性,新能源需要与火电打捆外送。在实际运行中,电网发生短路故障电压降低时,可能导致特高压直流换相失败,并从交流系统吸收大量无功,造成电网电压瞬时大幅跌落,进而引起附近区域新能源发电单元进入低电压穿越模式。当特高压直流因换相失败有功过零时,直流有功功率降为零,同时新能源发电单元在低电压穿越过程中,有功减少,并会向系统注入一定的无功功率,这两个因素叠加将造成系统大量无功盈余,从而引发特高压直流线路附近区域电网和新能源发电单元发生暂态过电压。若新能源发电单元耐高压运行能力弱,新能源发电单元可能大规模脱网,严重时可能导致设备损坏和系统失稳等连锁反应。

为解决这一问题,一方面可以通过技术改造,提高风电机组的耐高压能力;另一方面,也可通过增加动态无功补偿装置来提升电网的电压支撑能力。常用的动态无功补偿装置主要有调相机、SVC、SVG 等,其中,调相机因单机容量大、运行稳定性好、调节能力强、技术性能佳,能够满足特高压直流大功率扰动下的快速响应需要。在特高压直流送、受端缺乏无功支撑时,采用调相机有利于特高压直流运行的电压稳定,增强特高压直流与其附近区域新能源电力的输送能力。

3.3　分布式新能源接入对配电网运行的影响

分布式新能源具有单点接入容量小(从几千瓦到几兆瓦不等)、接入点分散的特点。分布式新能源的广泛接入不仅改变了配电网的原有结构,也改变了配电网运行的特点。本节将从配电网运行特性、负荷预测、电能质量、继电保护、运行控制等五方面进行介绍。

3.3.1　对配电网运行特性的影响

传统配电网的典型结构特征是电源少、结构简单(环状或放射状)、潮流方向单一。当分布式新能源接入后,配电网变为多电源复杂网状结构,且潮流将不再是单一方向。对配电网运行特性的影响具体如下:

(1)分布式新能源接入配电网后,使得电网的负荷预测和运行具有更大的不确定性,配电网由原来的单电源网络变为多电源网络,潮流不再是固定的单一方向。在进行潮流分析时,必须考虑多电源协调配合以及分布式新能源发电随机变化等因素。

(2)分布式新能源出力较小,受自然条件(太阳能辐射度、风速等)的影响较大,出力具有一定的波动性,在进行潮流分析时,不能一概等效为常规的稳定电源。由于风电机组输出的有功功率与风速有关,无功功率与并网点电压有关,因此其潮流计算模型也应该引入与风速、并网点电压有关的参量。而对于分布式光伏电源的潮流计算模型，需计及光照条件等影响。

（3）随着局部高比例分布式新能源的接入，主网下网潮流变小，甚至出现潮流倒送情况（江苏某地区 220kV 变电站最大反向负载率超过 80%），导致地区网供负荷特性发生变化，网供负荷低谷出现在白天用电高峰期。某地区分布式新能源大量接入前后电网日负荷对比曲线图如图 3-17 所示，其中 2016 年电网春节期间电网最低负荷由原来的 05：00 左右转移至 13：00 左右。

图 3-17　某地区分布式新能源大量接入前后电网日负荷对比曲线图

3.3.2 对负荷预测的影响

在分布式新能源接入配电网后，负荷预测除了考虑原有的传统负荷预测，还要开展分布式新能源的电力电量预测。因此分布式新能源接入配电网后，负荷预测考虑的因素明显增加，不仅要考虑地区经济结构、发展趋势、人口密度、负荷性质等因素，还需要考虑气象条件、自然环境、政策导向等因素，使得负荷预测在建模过程中需要考虑的不确定因素显著增加。

在分布式新能源高比例接入地区，对负荷预测精度的影响较为明显。分布式新能源出力大量接入配电网负荷预测曲线对比图如图 3-18 所示，其中：图 3-18（a）为阴雨天分布式新能源（主要为光伏）出力很小情况下的负荷预测；图 3-18（b）为晴天分布式新能源大发情况下的负荷预测。

从图 3-18 可以看出，当分布式新能源出力很小时，预测与实际基本一致；当分布式新能源大发时，电网腰荷尖峰时段消失，将对分区负荷预测及母线负荷预测准确性产生较大影响。

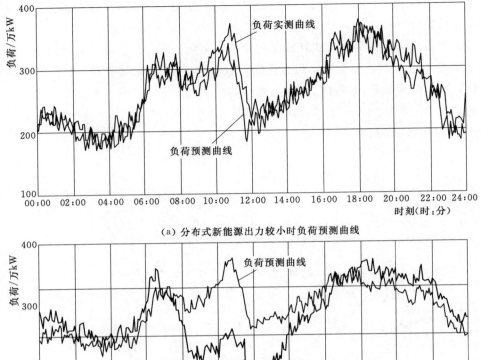

（a）分布式新能源出力较小时负荷预测曲线

（b）分布式新能源出力较大时负荷预测曲线

图 3-18　分布式新能源大量接入配电网负荷预测曲线对比图

3.3.3　对电能质量的影响

1. 分布式新能源接入对配电网电压的影响

分布式新能源启停与出力波动会引起系统电压波动，其波动幅值与分布式新能源接入点的系统短路容量直接相关。分布式新能源接入点越接近线路末端，线路阻抗越大，并网点系统短路容量越小，分布式新能源启停或出力波动所引起的电压波动就越大。分布式新能源一般采用低压分散接入方式或中压馈线接入方式并网，对于中压馈线接入方式，特别是采用专线接入的分布式新能源，由于直接接入变电站母线，线路阻抗较小，并网点系统短路容量较大。因此，相对于低压分散方式接入的情况，相同容量分布式新能源启停或出力波动所引起的电压波动较小。

分布式新能源没有接入前，配电网是一个单方向辐射型网络，分布式新能源接入后，配电网就变成了一个多源网络，对于每一个节点来说，电压的大小和方向将会是多变的。若其与附近的负荷协调运行，分布式新能源可以抑制系统电压的波动，否则会加重系统的电压波动。

此外，分布式新能源的启动与停运会受到多种因素的影响，易引起配电网电压的闪变，主要因素有用户需求或者气候条件的变化，也有电源和控制设备之间的相互影响。一般情况下，增大分布式新能源的容量可以补偿电压波动，抑制闪变的发生，而增加分布式新能源数量则会加剧电压波动和闪变。

分布式新能源的接入减少了馈线中的传输功率，同时还因为有分布式新能源无功出力的支持，会使得并网点附近的电压发生变化，改变配电网的电压分布。通常分布式新能源接入配电网后会抬高接入点及其所在馈线的电压，对于馈线电压的支撑作用非常明显。

分布式新能源出力大小、接入位置以及电源类型都会对配电网的电压分布造成影响。图3-19为某地区电网两个典型分布式光伏并网点电压监测图，其中分布式光伏并网点电压水平在中午出力最大时刻达到最大，可见分布式新能源出力越大，对并网点电压的抬升作用越明显。

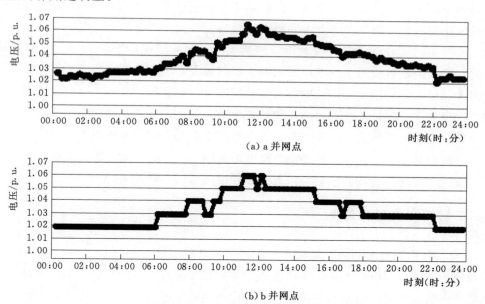

图3-19 某地区电网两个典型分布式光伏并网点电压监测图

分布式新能源接入位置不同，其出力变化对配电网电压影响也不同。一般来说，分布式新能源对其接入点的电压影响最大，对线路其他节点电压的影响随这些节点与接入点距离的增加而下降。接入位置越接近线路末端，接入点及馈线其他节点的电压变化就越大；反之，接入位置越接近送端母线，接入点及馈线其他节点的电压变化就越小。分布式新能源分散接入对整条馈线电压支撑的效果较为平均，相对于同等容量集中接入末端节点，分散接入时整条馈线的电压变化相对较小。

此外，不同的电源类型对电压的影响也不同，同步电机型分布式电源接入配网后对电压抬升的作用较明显，这是由于其会发出较多的无功，逆变器型和异步电机类型接入的分布式电源对电压抬升不明显。

2. 分布式新能源接入对配电网谐波的影响

分布式新能源并网后产生谐波的原因主要有两个：一是分布式新能源发电出力具有波动性和随机性；二是分布式新能源并网过程中采用大量电力电子元件和设备会引起谐波。

分布式新能源多通过逆变器将直流电逆变成交流电并网，在逆变过程中将产生谐波，造成谐波污染。当配电网内逆变器型分布式电源规模不大时，设计良好的逆变器产生的谐波污染一般在可控范围内。但是，随着逆变器型分布式电源在配电网系统中渗透率的升高，多个谐波源叠加造成的谐波含量会严重影响电能质量。此外，多个谐波源还有可能在系统内激发高次谐波的功率谐振。

基于电力电子技术的逆变器型分布式电源的电压调节和控制方式与常规方式有很大不同，其开关器件频繁的启停易产生开关频率附近的谐波分量，其中高次谐波衰减很快，低次谐波的变化情况比较复杂。高渗透率下逆变器型分布式电源接入位置的不同、出力的大小对电网的谐波都会有不同程度的影响。

通常在不改变分布式电源接入位置的情况下，分布式电源总出力越大，渗透率越高，同一馈线沿线各负荷节点电压谐波畸变率就越大，严重时，某些畸变节点的谐波指标有可能超过规定的谐波电压或电流畸变率的限值，在这种情况下，就需要限制分布式电源的发电功率。此外，在总出力相同的情况下，其接入位置越接近线路末端，馈线沿线各负荷节点的电压畸变越严重；反之，分布式电源接入位置越接近系统母线，其谐波对系统的影响越小。因此，从减小谐波畸变的角度来看，分布式电源并不适宜在末端节点接入系统，可选择在线路接近系统母线处和馈线中间位置接入。

3.3.4　对继电保护的影响

1. 我国配电网现有的保护配置

我国的中低压配电网大多是单侧电源和放射式配电，配电网中的电流以及功率基本上都是单向的，配电网线路的保护装置也依据单侧电源配置。现有配电网中的保护装置大多是配置三段式电流保护，即电流速断保护、限时电流速断保护和过电流保护，并配备了自动重合闸。三段式电流保护中的电流速断保护和限时电流速断保护是配电网线路的主保护，过电流保护为配电网线路的后备保护。

在现有保护配置下，如果在配电网中接入分布式新能源，将会对配电网的保护产生较大的影响。分布式新能源接入配电网，会改变原有配电网的结构特性，在配电网发生故障时，系统电源和分布式新能源可能同时向短路点提供短路电流。原有的配电网过电流保护是按照单电源、放射式结构设计和安装的，分布式新能源并入配电网会对配电网的短路电流产生影响，主要包括助增、汲流和反向短路电流等问题。

2. 分布式新能源接入对配电网过电流保护的影响

过电流保护是在线路发生故障时反应电流增大而动作的保护，可以对主线路的相邻线路进行保护，广泛应用于单电源放射型电网中。过电流保护通过设定动作电流大小和动作时间来确保保护的选择性和灵敏性。在分布式新能源接入配电网后，当线路上发生故障时，各节点电流大小和方向都会发生改变，对过电流保护的选择性和灵敏性造成影响，最终影响电力系统的可靠性和安全性，主要影响内容如下：

（1）引起过电流保护拒动。分布式新能源提供的故障电流降低了所在线路上游保护的检测电流值，若分布式电源容量较大，会使相应保护因达不到动作值而不能启动。

（2）引起过电流保护误动。相邻馈线发生故障时，大容量分布式新能源提供的反向电流会使其所在的正常运行线路的保护误动作。

（3）分布式新能源可能改变配电网故障电流的大小。故障电流大幅提高将加大对于开关设备的要求，增加投资成本。

3. 分布式新能源接入对配电网重合闸的影响

配电网故障中，瞬时性故障所占的比例较高，自动重合闸的应用能大大提高系统供电可靠性、减少线路停电次数，特别是对单侧电源供电的单回线路效果尤为显著，因而在配电网中获得了广泛应用。

在接入分布式新能源前，自动重合闸在重合瞬时性故障的线路时，不会对系统造成太大的冲击，故障线路一般能恢复正常供电，可以很好地保证电网的可靠性。但当配电网中接入分布式新能源后，线路发生瞬时性故障时，分布式新能源很有可能在故障后并没有脱离线路，而是继续向故障点输送电流，这样就会导致故障点持续电弧，最终导致自动重合闸失败。此外，在故障发生后，电力孤岛与电网往往不能保持同步，在这种情况下非同期重合闸会引起很大的冲击电流或电压。具体分析如下：

（1）采用 T 接方式接入的分布式新能源，当线路出现故障时，速断保护动作，分布式新能源防孤岛保护如果不能很快动作并与配电网断开，由于分布式电源的存在，会对配电网自动重合产生以下潜在威胁：

1）非同期重合。分布式新能源接入配电网后，当故障出现在系统电源和分布式新能源之间的线路上时，如图 3-20 所示的 F1 处，则保护 1 动作切出故障线路，若分布式新能源未能在重合闸动作前退出，或者再并网动作与配电网重合闸时间不配合，将可能在自动重合闸动作时造成非同期合闸，导致重合闸失败。当分布式新能源为容量较大的旋转电机时，非同期合闸还将产生较大的冲击电流，可能会对配电网和分布式新能源产生冲击。若短路故障发生在系统电源和分布式新能源之间以外的线路上时，如图 3-20 中的 F2 处，分布式新能源和系统电源仍然保持电气联系，但由于分布式新能源并未连接在故障线路上，因此自动重合闸动作时不会发生非同期合闸的现象。

2）故障点电弧重燃。配电网中断路器因故障跳闸后，必须有充分的时间使故障点的电弧熄灭，才能保证重合闸成功。但在含有分布式新能源的配电网中，当断路器跳闸

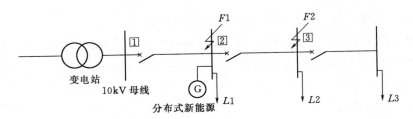

图 3-20　T 接方式接入的分布式新能源对自动重合闸的影响

后，若分布式新能源不能及时解列，分布式新能源仍然向故障点提供电流，电弧持续燃烧，故障将继续。当进行重合闸时，由于系统电源的作用，可能会引起故障电流跃变，使得故障点电弧燃烧时间延长，导致绝缘击穿，进一步扩大事故。

配电网现有自动重合闸动作时限一般为 0.5s，较短的时限有 0.2s，在含有分布式新能源的配电网中，自动重合闸时限过短，分布式新能源未退出运行，将可能导致非同期重合闸和电弧重燃现象，若增大自动重合闸时限，用户供电可靠性将会降低，因此，分布式新能源应能够快速检测到所在线路故障，并在故障发生后立刻退出运行。

3）重合闸不成功。分布式新能源接入后，线路两侧连接的是两个电源，线路故障时，如果只有系统侧保护动作跳闸而分布式新能源不跳开，则分布式新能源会继续向故障点提供短路电流，故障点仍处于游离状态。如果此时系统侧进行重合闸，必然会重合于故障状态，导致重合闸不成功。为了保证重合闸的成功率，必须保证在系统侧重合闸动作前，分布式新能源已停止运行或者已从配电网中切除。

（2）采用专线接入的分布式新能源，当母线其他馈线或系统侧发生故障时，分布式新能源不会连接在故障线路上，因此不会对配电网的自动重合闸产生影响。

3.3.5　对运行控制的影响

由于分布式新能源接入点分散且数量巨大，受技术条件和经济成本的制约，大量分布式新能源不能安装专门的电力通信装置，难以像集中式新能源一样进行数据采集和安全监控，电力调度人员无法对分布式新能源进行实时监测，无法及时掌握分布式新能源运行状态，这在一定程度上增加了电网运行控制的难度，增加了电网安全稳定运行的风险。

1. 分布式新能源接入对功率平衡的影响

分布式电源在并网后可能改变配电网的功率流向以及潮流分布，且随着分布式新能源的装机容量在整个系统中所占比例的不断增加，其发电出力可能超出当地负荷，不仅会使功率反向，甚至超过线路和变压器的限额，加之其输出功率的不稳定，严重时会危及系统稳定运行。

2. 分布式新能源接入对电网调频的影响

与集中式接入的新能源相类似，若不可调控的分布式新能源在整个电网中的装机容量比重较小，其出力波动对于电网频率影响较小，但若分布式新能源的数量及规模较大时，则其出力波动会增加系统调频难度。

3. 分布式新能源接入对电网调峰的影响

分布式新能源大规模接入配电网，与集中式光伏、风电以及水电等易形成叠加效应，加剧电网调峰难度。一方面，其出力波动可能进一步加大系统的等效峰谷差，要求系统具有更高的灵活性；另一方面，其大规模接入会改变系统等效负荷的特性，在大规模光伏接入地区，由于白天光伏大发，主网等效负荷的最低点可能从后夜转移至白天中午。

4. 分布式新能源接入对配电网可靠性的影响

（1）分布式新能源的接入导致配电网继电保护等二次系统配置要求产生变化，如果分布式新能源与配电网的继电保护配合不当，将会造成继电保护误动作，则会降低系统的可靠性。

（2）大多数分布式新能源发电系统不具备动态电压支撑、低电压穿越等功能，不能有效支撑电网安全稳定运行。

（3）由于系统维护或故障所引起的电力孤岛，不但会对电力线路的维护人员或其他人员造成伤害，轻微的负荷改变就可能出现电力供需不平衡，从而降低了配电网的供电可靠性。

为减少分布式新能源接入对配电网可靠性的影响，对分布式新能源提出以下要求：

（1）不允许孤岛运行。当配电网发生故障时，在保护动作之前就将分布式新能源从电网解列，或在保护动作之后由防孤岛保护将分布式新能源从电网切出。

（2）允许有计划的孤岛运行。计划性孤岛是指事先依据分布式新能源并网容量、运行状态和当地负荷的大小来确定好合理的孤岛区域，一旦电网发生故障或由于维修而造成停电时，就按照预先设定的控制策略，有计划地进行孤岛运行，并依靠技术手段维持孤岛内电压、频率稳定和保持功率平衡，以便使电力孤岛稳定运行，继续向区域内负荷供电。

3.4　本章小结

本章以我国某电网为实例，分析了大规模集中并网新能源发电出力的波动性特征及其对电网运行的影响。新能源发电出力受自然条件影响而具有随机性和波动性，同一区域内的新能源场站出力之间具有较强的关联性，不同区域内新能源场站出力具有一定的互补性，随着范围的扩大，新能源发电出力呈现平滑效应。

大规模新能源集中接入会对电力系统调峰、调频、电压稳定、运行安全带来影响。风电具有明显的反调峰特性，加剧了电网调峰的矛盾。新能源发电单元大多不具备调频能力，基本不参与系统频率调整，其大规模接入还会恶化系统频率特性，同时其随机性和波动性还有可能给电网带来电压偏差、闪变和谐波等问题。

对配电网而言，大规模分布式新能源接入改变了配电网的结构和潮流分布，增加了负荷预测和潮流计算的复杂性，对配电网保护整定和配置提出了新的要求。当分布式电源规模较大时，还会对系统的调频、调压和调峰产生影响，增加电网运行控制难度。

参 考 文 献

［1］　IEEE 519—1992　电源系统谐波控制推荐规程和要求［S］.
［2］　GB/T 14549—1993　电能质量 公用电网谐波［S］. 北京：中国标准出版社，1993.
［3］　GB/T 19939—2005　光伏系统并网技术要求［S］. 北京：中国质检出版社，2004.
［4］　Q/GDW 1480—2015　分布式电源接入电网技术规定［S］. 北京：中国电力出版社，2015.
［5］　周卫，张尧，夏成军，等. 分布式发电对配电网继电保护的影响［J］. 电力系统保护与控制，2010，38（3）：45 - 48.
［6］　王平，朱子奇，张建勋，等. 分布式电源对配电网继电保护的影响分析［J］. 电气自动化，2011，33（4）：66 - 69.
［7］　叶荣波，周昶，施涛，等. 用户侧光伏发电并网的继电保护分析［J］. 科技通报，2014，30（1）：158 - 161.
［8］　吴昊，许跃进，殷德聪，等. 含分布式电源配电网规划的研究现状及发展趋势［J］. 电工电气，2013（7）：126 - 129.

第 4 章　新能源资源监测与发电预测

新能源资源监测是发电预测的基础，是对新能源发电资源及其利用情况的监视与测定。新能源发电预测则是指对新能源场站或区域未来一段时间的有功功率和发电量进行预测。新能源资源监测主要集中于风电场、光伏电站内，是发电预测的关键输入和重要依据，可为新能源开发利用、电网发展规划等提供参考资料。新能源发电预测是电力系统调度运行中的重要组成部分，对合理安排电网运行方式、提高新能源消纳等方面具有重要作用，同时还能为新能源电站合理安排机组维护提供支持，促进风能、太阳能资源的最大限度利用，减少由停机、检修等因素所造成的电量损失。本章分别对风能和太阳能资源的监测与评估、新能源发电功率的预测、预测误差的评价及应用进行了详细介绍。

4.1　风能资源监测与评估

风能资源监测与评估是风电功率预测的前提和基础，主要包括风电场所处区域的实时测风数据收集、风能资源特性分析以及资源评估等内容。有效的风能资源监测不仅能够为超短期预测提供风电场风况数据在线更新，在短期预测误差成因分析、典型误差类别认定以及短期预测误差校正等方面也将发挥重要作用。本节将详细阐述风能资源监测与评估要素、风电场资源监测和风能资源评估等三方面内容。

4.1.1　监测与评估要素

风能资源监测的要素有风速、风向、气温、气压和相对湿度等；风能资源评估的要素有平均风速、有效风速、风功率密度、风能密度和风频分布等。风能资源监测要素为表征大气现象及其物理变化过程的物理量，一般可称之为气象要素。

风能是空气流动所产生的动能，由于太阳辐射造成地球表面各部分受热不均匀，引起大气层中压力分布不平衡，在水平气压梯度力、地转偏向力及摩擦力的共同作用下，空气沿水平方向运动形成风。风能资源的开发利用主要是通过风力发电来实现的，风力发电是把风的动能转变成机械能，再把机械能转化为电能。

风是既有大小又有方向的矢量，风速和风向是描述风的两个重要参数。风能就是空气的动能，风能的大小决定于风速和空气的密度。

由风能计算公式（3-1）可以看出，风能的大小与气流速度的立方成正比。因此，在风能计算中，风速是最重要的因素，风速的精度决定了风能计算的准确性。另外，空气密度也是直接影响风能的关键因子，它可通过由气压、气温和相对湿度组成的经验函数计算得到。

风能资源监测是通过气象传感器实现的，气象要素值变化时，传感器输出信号也随之发生变化，这种变化量被数据采集器实时采集，经过线性化和定量化处理，再对数据进行筛选，得到各个气象要素值。

气象要素值的准确性很大程度上是由气象传感器的性能所决定的，气象监测中所用到的气象传感器的性能指标必须满足有关规定要求。对于风能资源的监测和评估，所需具体气象要素监测技术指标见表 4-1。

表 4-1　　　　　　　　　　　　　气象要素监测技术指标

气象要素	测量范围	分辨力	最大允许误差
气温/℃	−50~50	0.1	±0.2
相对湿度	0~100%RH	1%RH	±4%RH（≤80%RH）；±8%RH（>80%RH）
气压/hPa	500~1100	0.1	±0.3
风向/(°)	0~360	3	±5
风速/(m·s⁻¹)	0~60	0.1	$\pm(0.5+0.03v)$，其中 v 为实际风速

除了气象传感器性能指标，气象要素的采样与处理对数据的准确性也有着重要影响。由于大气的流体特性，对于某一空间位置的风来说，其方向和速度都是随时变化的，通常只测量空气水平运动的瞬时值，即水平风速瞬时值。

对于气温、相对湿度、气压的采样，均为每 10s 采样 1 次，在每分钟采样的 6 个样本中去掉异常值、1 个最大值和 1 个最小值，余下样本的算术平均为这 1min 的瞬时值。若余下样本数为 0，则本次瞬时值缺测。以瞬时值为样本，自动计算和记录每 5min 的算术平均值。

数据采集器在每次求平均值时，需检验每个采样值的合理性，剔除异常数据。采样值的合理性指标见表 4-2，所有不满足此表合理性要求的采样值视为异常值。

表 4-2　　　　　　　　　　　　　气象要素采样值合理性指标

气象要素	传感器测量范围	时间相邻样本最大变化值
气温/℃		2
相对湿度/%		5
气压/hPa	依照传感器性能指标确定	0.3
风向/(°)		360
风速/(m·s⁻¹)		20

在气象资源评估过程中，因为监测的气象要素会出现数据缺失或者较少的现象，以

及某些气象监测站建设投运时间较短，使得实测气象数据的历史积累相对有限，难以满足气象资源评估的数据要求。针对此类问题，可应用数值模拟数据来做数据补充。数值模拟数据使用前需先进行数据质量检验，对气候模拟数据进行误差订正，然后，在保持基本波动特性的基础上，再将其与测风塔监测数据比对，对存在的系统性误差进行订正。

4.1.2 风电场资源监测

风电场资源监测通常是利用测风塔对风电场范围内的风能资源进行监测，测风塔选址需综合考虑风场地形条件、气候特征、占地面积、装机容量等因素。对风电场资源的监测主要包括监测不同地表特征对风况的影响以及测风塔选址、风电场气象要素实时监测系统。

4.1.2.1 不同地表特征对风况的影响

近地层中，风的分布在空间上分散，在时间上不连续，需考虑气流在不同地表特征下的运动机理。

1. 地形对风况的影响

风电场所处区域的地形大致可分为平坦地形和复杂地形。平坦地形是指在风电场区及周围 5km 半径范围内的地形高度差小于 50m，同时地形最大坡度角小于 3°的地形。复杂地形指平坦地形以外的各种地形，可分为隆升地形（山脊、山丘）和低凹地形（山凹）等。

平坦地形情况下，在场址范围内同一高度层上风速分布较为均匀，风廓线与地面粗糙度最为相关。地面粗糙度一致的平坦地形，近地层风速随高度的增加而增大。地面粗糙度发生变化时风廓线的形状分为上下两部分，分别对应上、下游地表的风廓线形状，在其中间衔接带上风速会发生剧烈变化。

在遇到隆升地形时，若盛行风向与山脊脊线垂直，对气流的加速作用最大，气流速度在脊峰处达到最大；若盛行风向与脊线平行，加速作用最小。同时，在山脊凹面迎向盛行风向时，会产生狭管效应使气流增速；反之凸面朝向盛行风向时，气流绕行，加速作用减少。而气流在山脊的两肩部或迎风坡半山腰以上时，加速作用明显，山脊顶部的气流加速最大。但气流在顶部平坦的山脊上往往存在着切变区，山脊的背风侧常会形成湍流区。因此，在隆升地形情况下，风速一般从山脚到山顶逐渐增大。

遇到低凹的地形，盛行风向与山谷轴线一致时，气流具有加速效应；在山谷轴线与盛行风向垂直时，气流受到地形的阻碍，风速减弱，可能会出现强的风切变或湍流。

2. 地表粗糙度及障碍物对风况的影响

大气边界层是大气的最底层，靠近地球表面，受地面摩擦阻力影响，并随气象条件、地形、地面粗糙度的变化而变化，如图 4-1 所示。大气边界层分为两个区域，地表面至 100m 的区域称为下部摩擦层，其上方称为上部摩擦层。下部摩擦层受地球表面摩擦阻力影响很大，可以忽略地球自转产生的科里奥利力。

在近地面层中，由于受地表粗糙度的影响，风速随高度的增加而增大，常用指数公式表示高度和风速的关系，即

$$v = v_1 \left(\frac{h}{h_1} \right)^a \qquad (4-1)$$

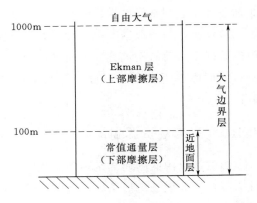

图 4-1　大气边界层

式中　v——距离地表高度 h 处的风速，m/s；

$\quad\quad v_1$——高度为 h_1 处的风速，m/s；

$\quad\quad a$——地表摩擦系数，通常取 0.12、0.16、0.2。

气流经过粗糙的地表及障碍物时，会受到干扰，形成湍流区域，造成风速和风向迅速变化。湍流区域在障碍物前可扩展到 2 倍障碍物高度区域，在障碍物后侧，可影响到障碍物 10～20 倍高度区域。如果是宽大的障碍物（宽度超过高度的 4 倍）位于顺风方向，气流不会沿着水平方向流动，而是大部分从障碍物的上部流过，导致下风向的湍流区域变长。如果是狭窄的障碍物，风沿着水平方向扩展，下风向的湍流区域变短。在垂直方向上，2～3 倍障碍物高度处湍流的影响仍非常显著。

4.1.2.2　测风塔选址

风能资源监测数据要求准确性高、代表性好，因此选择合适的测风塔安装位置尤为重要。测风塔数量视风电场规模和地形复杂程度而定。一般来说，每个风电场至少配置 1 个测风塔，对装机规模较大或地形复杂的风电场，需要适当增加测风塔的数量。

根据《风电功率预测系统测风塔数据测量技术要求》（NB/T 31079—2016）规定，测风塔位置的风况应基本代表该风电场的风况，测风塔位置既不能选在风电场区域的较高处也不能选择较低的位置，所选位置应能代表场区内风电机组总体部署情况。测风塔附近应无高大建筑物、树木等障碍物，与单个障碍物距离应大于障碍物高度的 3 倍，与成排障碍物距离应保持在障碍物最大高度的 10 倍以上。位置应选择在风电场主风向的上风向位置，应避开土质松软、地下水位较高的地段，防止在施工中发生塌方、出水等安全事故。

规划区域内测风塔数量根据风电场规模和地形复杂程度而定。一般来说，具有均匀粗糙度的平坦地形 50～100km² 范围在场中央安装 1 个测风塔即可。如果场区内地表粗糙度在中间衔接发生急剧变化，测风塔应避开此类地区，在地表粗糙度变化前和变化后的区域分别安装测风塔；丘陵及山地地形 30～40km² 范围考虑 1 个测风塔。对于复杂地形，隆升地形气流在盛行风向吹向隆升地形时，山脚风速最小，山顶风速最大，半山坡的风速趋于中间，均不能代表风电场的风速，应根据地形特征选择在风电机组可能安装的位置，即在山顶、半山坡的来流方向安装测风塔。对于低凹地形如峡谷内，当盛行风向与山谷走向不

一致，谷内的气流变化复杂导致湍流增大，这样的区域不宜建设风电场；当盛行风向与低凹地形的走向一致时，低凹地形内的气流被加速，适宜建设风电场。所以，在这个地形条件下测风塔应设在低凹地形盛行风向的上风入口处，测风数据才具有代表性。

1. 用于资源评估的风电场测风塔选址

风电场前期开发过程中，测风塔主要用于风电场的风能资源评估。建设风电场最基本的条件是要有能量丰富、风向稳定的风能资源。

设立测风塔的目的是能够准确反映将来风电场的风资源情况，所立测风塔周围环境要与风电机组位置的环境基本一致，两者之间要遵循一定的相似准则。相似准则主要考虑大气环境和地理特性：大气环境相似，则整体的区域风况、风的驱动力、大气稳定情况等相似；地形相似，则地形复杂度、海拔、周边环境、地面粗糙度等相似。

以上是风电场前期测风塔选址的基本依据。通常，风电场规划面积都在几十平方千米范围内，属于中小尺度大气结构范畴，大气稳定情况基本一致，主要考虑测风塔位置与风电机组拟选定位置的地形特征、地表植被的相似性，即测风塔与风电机组位置应在气候条件、地形、高程和地面粗糙度等方面尽可能相似，避免受到气流畸变的影响。同时，需要考虑风电场盛行风向上的风速、风向统计情况，测风塔位置的湍流强度、水平偏差、入流角要尽可能小。

2. 用于功率预测的风电场测风塔选址

与用于风电场前期风资源评估的测风塔选址不同，用于功率预测的测风塔，应考虑测风位置是否受到风电机组尾流的干扰。对于已经建设完成的风电场，应用某风电场的历史测风数据进行统计分析。图4-2为某风电场测风数据统计，从中可以得出该风电场微气象区域每个风向扇区的风速、风频分布［图4-2（a）、（b）］。

基于实测数据得出的每个风向扇区的风速、风频，在一定的大气稳定度假设下，可通过高分辨率的计算流体力学（computational fluid dynamics，CFD）模型计算风电场区域风资源状况和风资源特征［图4-2（c）］。整个风电场区域的风能等值分布特征、风能极值特征以及风能资源梯度变化趋势特征都能够清晰地得到。综合考虑距离、海拔等因素，选择图中资源代表性强、海拔梯度变化微弱的区域作为测风塔的初选位置。

由于测风塔可能会受到非主迎风方向的尾流效应，测风塔位置需要做进一步评估，选择受影响最小的位置，考虑尾流效应的测风塔平均风速计算见表4-3。其中，2号测风塔比1号测风塔受风电机组尾流效应影响大，因此1号测风塔的位置更为合适。

表4-3　　　　　　　　　　考虑尾流效应的测风塔平均风速计算

编号	海拔/m	高度/m	平均风速/(m·s⁻¹)	考虑尾流效应的平均风速/(m·s⁻¹)	尾流效应导致的平均折减率/%
测风塔1	1373.00	70	9.60	9.60	0
测风塔2	1490.00	70	10.06	9.99	0.70

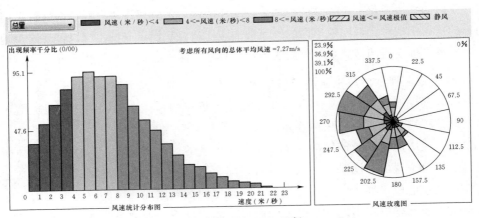

（a）测风塔 1 风速、风频

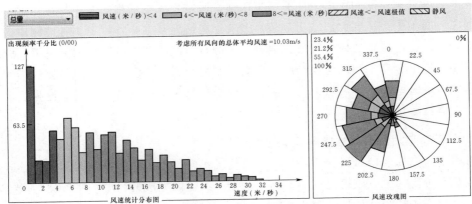

（b）测风塔 2 风速、风频

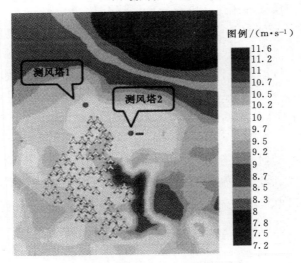

（c）多塔综合的 70m 高度全场平均风速

图 4-2 某风电场测风数据统计

4.1.2.3 风电场气象要素实时监测

风电场一般处于非人口密集区域，周边环境相比城市环境较为恶劣。因此，风电场气象要素实时监测系统需要能适应偏僻、复杂的环境条件，同时具备组网灵活、功耗低、可靠性高等特点。

监测系统主要包括气象监测站、通信信道和中心站。气象监测站一般由数据采集器、通信终端、传感器及电源等组成，通过实时采集风速、风向、气温、相对湿度、气压等气象数据，进行运算处理，按照通信规约经通信信道发送至中心站。中心站主要负责实时接收各监测站的上传数据，并把数据进行整理、存储。气象监测站在通信方式上可以采用光纤、通用分组无线业务（general packet radio service，GPRS）、北斗卫星等方式。

以福建东北部某岛测风塔为例，该岛常年盛行东南风，沿海风电场建设初具规模。风电场主要位于防风林带中，部分为旱地、残丘，地貌属滨海风积砂平原，出露部分岬角残丘，地形变化较大。在该岛上建设了一座测风塔，塔距风电场直线距离约 5km，测风塔塔高 80m，安装 4 层测风装置，分别位于 10m、30m、50m、70m 高度；2 层测温湿度装置，分别位于 10m、70m 高度；1 层测大气压装置，位于 10m 高度。小尖山测风塔监测站传感器布置如图 4-3 所示。

测风塔处于四面环水的孤岛上，综合考虑现场环境、通信费用、可靠性等因素，测风塔监测设备的数据通过远程无线传输，实测数据经由电力数据专网接入中心站系统。

4.1.3 风能资源评估

风能资源评估是对风能资源可用程度的评估，是选择风电开发区域的主要依据。风能资源评估需要考虑局部地区风能资源的变化特性、风能资源的时空分布以及风能资源的评价指标等。

4.1.3.1 风的变化特性

风是由于太阳辐射对地球表面加热不均所形成的气压梯度力而产生的，其首要的度量指标即为风速。风速是单位时间内空气在水平方向上的移动距离，主要由气压梯度力决定。风速可以看成时间和空间的函数，因而在不同的时间尺度下具有不同的规律。随着风速与风向的变化，可利用的风能也随之变化。风速随时间、高度变化特征如图 4-4 所示。

风速的短时间波动 [图 4-4 (a)] 主要受地形、地貌和中小尺度天气系统影响，地形、地貌对气流的影响体现为强迫作用，可以简化为刚体物质对于流体运动的影响，对大气扰动作用强，容易导致湍流。

风速的日变化 [图 4-4 (b)] 主要与天气系统和下垫面的属性相关。一般情况下，陆地上的风速具有白天大、夜间小的特点，这与白天太阳辐射强、空气对流旺盛密切相

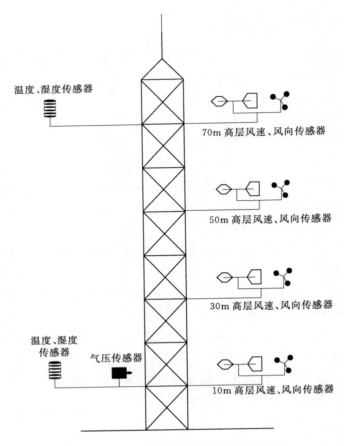

温度、湿度传感器

70m 高层风速、风向传感器

50m 高层风速、风向传感器

30m 高层风速、风向传感器

温度、湿度
传感器

气压传感器

10m 高层风速、风向传感器

图 4-3　小尖山测风塔监测站传感器布置

关。大气层高层的流体动量下传，迫使下层空气流动加速，因而近地层和地球表层一般
也被看作大气动量的"汇"。日落后，热容较低的地球表层迅速冷却，大气的垂直流动
趋于稳定，风速逐渐减小。相比之下，海面的粗糙度低、热容高，风速的日变化呈现与
陆地相反的特点。

此外，随着季节的不同，风速也会有相应的变化［图 4-4（c）］。对于东亚大陆的
风能而言，受北半球永久性、半永久性天气系统等因素影响，大气的周期性调整使得地
表风能普遍表现为 6—10 月贫乏，冬半年丰裕的特点。这一季节性变化的根本原因是地
球与太阳相对运动的周期性。

除时间尺度上的变化外，风速还随高度变化［图 4-4（d）］。风在近地层中的运动
同时受到动力因素和热力因素的影响。其中，动力因素的来源主要为地面的摩擦阻力，
这一阻力可能是由地球表面自身的粗糙度引起的，也可能是由于植被及地面上的建筑物
引起的，风速在高度上的变化很大程度上取决于地面的粗糙度。热力因素则与近地层的
大气垂直稳定度有直接关系，不同的层结下，风廓线的数学表达差异较大，风随高度的
变化规律因而显得复杂。

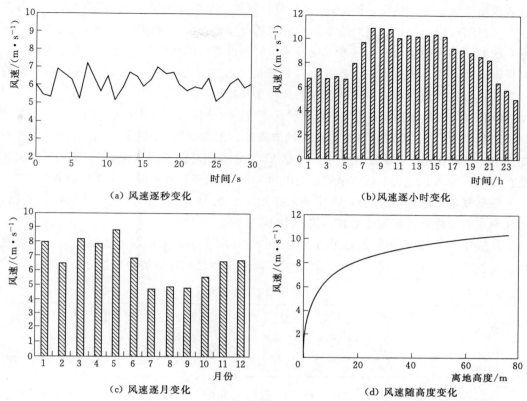

图 4 – 4 风速随时间、高度变化特征

4.1.3.2 风能资源的时空分布

在风能的空间特征及其时间演变规律分析中，较为常用的方法是经验正交函数（empirical orthogonal function，EOF），其优势在于可将原始的多维监测数据矩阵分解为正交函数组合，从而利用维数较少、彼此独立的典型模态解释原数据矩阵的主要特征。

EOF 早在 1902 年由 Pearson 提出，20 世纪 50 年代中期，Lorenz 将其引入气象研究中。EOF 可针对有限区域内不规则分布站点的气象要素监测信息进行分解，能够将某一空间区域的气象要素变化信息集中在几个模态上，从而实现信息维度降低，达到历史演变规律抽象的目的。

通过 EOF 能够了解某一区域、一定时段内，风能资源的变化特点，总结提炼时空一致性，规避均值分析引起的信息丢失问题，从而为人们详细掌握风能资源变化特点和开展区域风力发电功率预测研究提供依据。

EOF 分析是对气象上多变量分析的一种方法。在分析风能资源时，抽取某一历史时期风资源资料，即一个包含了时间和空间变化的样本，通过 EOF 分析可获得多年内多个风电场的空间分布形式，每个空间分布形式即为一个模态，模态所占主成分越大表明该种分布越显著，占比最大的为第一空间模态。仅通过单一的多年平均测风塔风速难以表现出多年的变化特征，而通过 EOF 分析则可以更好地获得空间和时间上的分布特征。通过第一模态可以获得对应最显著的风场分布形态和对应的时间序列上的变化，如果某段时间序列的正负发生转变，则表明该时间段对应的风场分布会发生正负转变，第二模态以此类推。一般第一模态和第二模态的方差特征值超过 50% 时，将具有较好的代表性，可较好地说明该风电场区域的风场多年特征。

以甘肃为例，对其多年的风能资源状况进行诊断分析，得出其时空分布特征。甘肃地处中国西北部，地广人稀，拥有丰富的风能资源。在 2006 年结束的第 3 次全国风能普查工作中，甘肃省风能资源总储量为 2.37 亿 kW，占全国总储量的 7.3%，年平均风功率密度在 150W/m² 及以上的区域占全省总面积的 4%，风能资源技术可开发量为 2667 万 kW。

根据气象观测资料，选取 25 个地面观测站点在 1981—2010 年的年平均风速数据，将观测资料矩阵进行标准化处理，进行 EOF 分解。

从表 4-4 可以看出，通过显著性检验的前几项模态最大限度地表征了这一区域气候变量场的变率分布结构。它们所代表的空间分布型是该变量场的典型分布结构。

表 4-4　　　　　　　　　　　　前 5 个模态的方差贡献

模态	方差贡献率	累积方差贡献率	模态	方差贡献率	累积方差贡献率
第一模态	0.357	0.357	第四模态	0.076	0.742
第二模态	0.204	0.561	第五模态	0.050	0.792
第三模态	0.104	0.666			

第一模态的方差贡献率为 35.7%，空间分布如图 4-5（a）所示。甘肃的西北部、河西走廊地区都为正值，表明这两个区域变量变化趋势基本一致，甘肃的东南部为负值。第一模态呈现正、负相间的分布型式，代表了两种分布类型，甘肃西北地区和河西走廊地区与甘肃的东南部在年平均风速上呈现相反的分布型式。

第一模态的时间系数如图 4-5（b）所示。甘肃西北部、河西走廊在 1995 年前年平均风速偏大的型式很显著，1995 年后则变得越不典型，年平均风速呈现减小的趋势，甘肃东南部则与此相反。

第二模态的方差贡献率为 20.4%，空间分布如图 4-6（a）所示。可以看出，甘肃

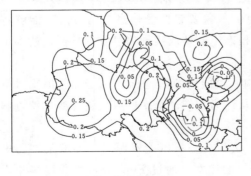

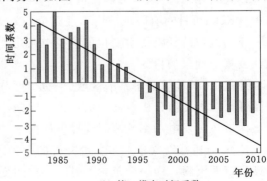

（a）第一模态空间分布　　　　　　　　　（b）第一模态时间系数

图 4-5　第一模态空间分布及其时间系数

全省都为正值，表明变量变化趋势基本一致。第二模态呈现全部正值的分布型式，代表了一种分布类型，即甘肃年平均风速的变化型式一致，或一致上升，或一致下降。第二模态时间系数如图 4-6（b）所示。甘肃地区在 2005 年前风速偏大的型式不显著，年平均风速偏小，2005 年后，年平均风速显著上升。

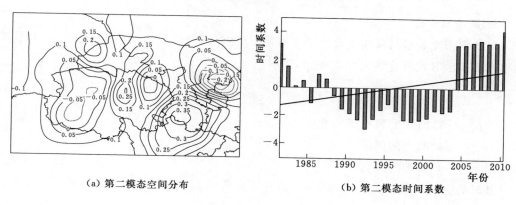

（a）第二模态空间分布　　　　　　（b）第二模态时间系数

图 4-6　第二模态空间分布及其时间系数

4.1.3.3　风能资源的评价

风能资源的评价指标主要包含平均风速、有效风速、风功率密度、风能密度等。资源统计的计算时间周期多为月、季、年等。

1. 平均风速

平均风速表示计算周期内区域风速的平均值，是反映风能资源的重要参数，一般分为月平均风速和年平均风速，即

$$\overline{v} = \frac{1}{n} \sum_{i=1}^{n} v_i \qquad (4-2)$$

式中　v_i——计算周期内区域风速序列中的某一风速值；

　　　n——序列中风速的个数。

2. 有效风速

有效风速表示介于风轮切入风速和切出风速之间的风速，单位为 m/s。计算方法为

$$v_{e,i} = \begin{cases} 0 & v_i < v_s \\ v_i & v_s \leqslant v_i < v_r \\ v_r & v_r \leqslant v_i < v_f \\ 0 & v_f \leqslant v_i \end{cases} \qquad (4-3)$$

式中　$v_{e,i}$——有效风速；

v_i——瞬时风速；

v_s——切入风速；

v_r——额定风速；

v_f——切出风速。

3. 风功率密度

风功率密度表示与风向垂直的单位面积中风所具有的功率，单位为 $\mathrm{W/m^2}$，有效风功率密度表示有效风速的风功率密度，即

$$p_i = \frac{1}{2}\rho_i v_i^3 \tag{4-4}$$

式中　p_i——该时刻的风功率密度；

　　　v_i——该时刻的风速；

　　　ρ_i——该时刻的空气密度。

某时的空气密度可由该时刻的气压和温度计算得到，即

$$\rho_i = \rho_0 \times \frac{273.16}{273.16+T_i} \times \frac{p_i}{1013.25} \tag{4-5}$$

式中　ρ_0——标准空气密度；

　　　p_i——该时刻的气压；

　　　T_i——该时刻的温度。

4. 风能密度

风能密度表示计算周期内与风向垂直的单位面积中风所具有的能量，单位为 $\mathrm{W \cdot h/m^2}$，有效风能密度表示有效风速对应的风能密度，即

$$E = \frac{1}{2}\sum_{i=1}^{n}(\rho_i v_i^3 t) \tag{4-6}$$

式中　E——该周期内的风能密度；

　　　v_i——该时刻的风速；

　　　ρ_i——该时刻的空气密度；

　　　t——数据时间分辨率。

5. 风玫瑰图

任意地点的风向、风速及其持续时间都是变化的。为了更为直观地刻画这一变化，可采用风玫瑰图来进行风能资源测量数据的统计。

风玫瑰图（图 4-7）是根据某一地区长期记录的风向、风速数值，按一定比例绘制，一般采用 8 个或 16 个方位表示。由于该图的形状似玫瑰花朵，故名"风玫瑰图"。

风玫瑰图可以表达某一方位的风所占时间的百分比，由此得出主风向。上述时间百分比和该方向平均风速的乘积，为风频谱的平均强度信息。上述时间百分比乘该方向风速三次方，则得到各个方向上的风能。

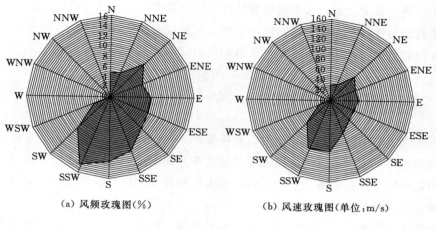

（a）风频玫瑰图（%）　　　　　　　　（b）风速玫瑰图（单位：m/s）

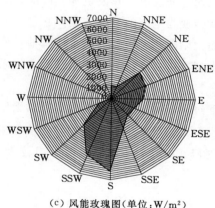

（c）风能玫瑰图（单位：W/m²）

图 4-7　风玫瑰图

6. 有效风能密度

对于风电机组而言，可利用的风能是在"切入风速"和"切出风速"之间的有效风速范围内，这个范围内的风能叫"有效风能"，该风速范围内的平均风功率密度称为"有效风功率密度"，即

$$\overline{W}_e = \int_{v_2}^{v_1} \frac{1}{2} \rho v^3 P'(v) \mathrm{d}v \qquad (4-7)$$

式中　$\overline{W}_e$——有效风功率密度；

　　　　v_1——切入风速；

　　　　v_2——切出风速；

　　　　P'——有效风速范围内的风速概率密度分布函数。

4.2　太阳能资源监测与评估

太阳能资源监测与评估是太阳能发电预测的前提和基础，主要包括光伏电站所处微区域的实时测光数据收集、太阳能资源特性分析以及资源丰富度评价等内容。准确的太阳能资源监测与评估对光伏电站的发电预测、评价以及光伏发电消纳计算至关重要。本节将从太阳能监测与评估的要素、光伏电站资源监测、太阳能资源评估三个方面进行详细介绍。

4.2.1　监测与评估要素

太阳能资源监测的要素有总辐射、直接辐射、散射辐射、环境温度、组件温度、风速、气压和相对湿度等，太阳能资源评估的要素有辐照量等级、稳定度、直射比等。其中，太阳能资源监测的要素为气象要素，而太阳能资源评估的要素是利用太阳能监测的气象要素进行合理计算得出统计要素。

太阳能的开发利用可以通过光发电、热发电等不同的方式实现。太阳能光发电是指无需通过热过程直接将光能转变为电能的发电方式，它包括光伏发电、光化学发电、光感应发电和光生物发电。而太阳能热发电是通过水或其他工质和装置将太阳辐射能转换为电能的发电方式，主要类型有塔式系统、槽式系统、盘式系统、太阳池和太阳能塔热气流发电等。

光伏发电是利用太阳能级半导体电子器件有效地吸收太阳光辐射能，并使之转变成电能的直接发电方式，是当今太阳能发电的主流。在光伏发电中，在充分考虑组件安装面积、组件转换效率及温度修正、组件安装倾角修正、逆变器和线损修正等多种因素后，输出功率计算方法为

$$P = EA\eta\eta_{\mathrm{t}}\eta_{\mathrm{n}}\eta_{\mathrm{l}} \tag{4-8}$$

式中　E——倾斜面太阳辐射强度；

A——组件安装面积；

η——组件转换效率；

η_{t}——组件转换效率温度修正系数；

η_{n}——逆变器效率系数；

η_{l}——线路损失修正系数。

在光伏阵列安装位置、逆变器选型确定后，光伏电站输出功率主要受到太阳辐射强度和温度的影响。光伏电站输出功率与太阳辐射强度呈高度正相关，太阳辐射强度越大，电池组件输出功率就越大。对于一个具体的电站，太阳辐射强度主要取决于天气状况、太阳高度角等因素。在晴朗的天气条件下，云量很小，大气透明度高，到达地面的太阳辐射强，光伏电站输出功率大；天空中云、气溶胶多时，大气透明度低，到达地面的太阳辐射弱，光伏电站输出功率小。另外，电池组件对温度敏感，温度升高会降低硅材料的禁带宽度，进而影响组件的电性能参数，导致组件的开路电压降低，短路电流微增，输出功率减小。

太阳能资源监测和评估的具体气象要素监测技术性能指标如表 4-5 所示。

表 4 - 5　　　　　　　　　　气象要素监测技术性能指标

气象要素	测量范围	分辨力	最大允许误差
温度/℃	-50~50	0.1	±0.2
相对湿度	0~100%RH	1%RH	±4%RH（≤80%RH）； ±8%RH（>80%RH）
气压/hPa	500~1100	0.1	±0.3
风向/(°)	0~360	3	±5
风速/(m·s^{-1})	0~60	0.1	±(0.5+0.03v)， 其中 v 为实际风速
总辐射/(W·m^{-2})	0~2000	1	±5%
直接辐射/(W·m^{-2})	0~2000	1	±2%
散射辐射/(W·m^{-2})	0~2000	1	±5%

4.2.2　光伏电站资源监测

光伏电站资源监测是利用光伏电站内测光站对光伏电站范围内太阳能资源进行监测，不仅从宏观上分析区域辐射资源的时空分布特征，为典型气象片区划分提供依据，还可以结合实际应用需求和建站环境进行微观选址。本节将从测光站宏观选址、测光站微观选址及光伏电站气象要素实时监测系统三个方面进行介绍。

4.2.2.1　测光站宏观选址

测光站的宏观选址是根据区域总辐射分布的平均特征和辐射资源变化状况，根据经验正交函数（empirical orthogonal function，EOF）分析结果，选取辐射资源最佳的一个小区域，将测光站建在这个小区域中。但 EOF 有一定局限性，分离出的空间分布结构不能清晰地表示不同地理区域的特征，而旋转经验正交函数（rotated empirical orthogonal function，REOF）可以克服这一缺点。

REOF 可以得到清晰的典型分部空间结构，不但可以较好地反映不同地域的变化，还可以反映不同地域的相关分布情况。旋转后，高载荷集中在某一较小区域上，其余大片区域的载荷接近 0。如果某一向量的各分量符号一致，代表这一区域的气候变量变化一致，高载荷地区为分布中心。如果某一向量在某一区域分量符号为正，在另一区域的分量符号为负，表明这两区域变化趋势相反，高载荷集中在正区域或负区域。通过空间分布结构，不仅可以分析气候变量场的区域结构，还能通过各向量的高载荷地区对气候变量场进行区域和类型的划分。

通过旋转模态对应的时间系数，可以分析相关性分布结构随时间的演变特征，时间系数的绝对值越大，这一时刻对应的分布结构越典型。

在对西北地区辐射观测资料标准化后进行 EOF 和 REOF 分解，前两个旋转模态的累积方差贡献率为 32.8%（表 4-6），可选取载荷绝对值不小于 0.6 作为区划标准进行分区，由此得到辐射资源的两个主要分区［图 4-8（a）、（c）］。

表 4-6　　　　　总辐射的年总量前 5 个主分量旋转前和旋转后的方差贡献

序号	EOF		REOF	
	贡献率	累计贡献率	贡献率	累计贡献率
1	0.288	0.288	0.223	0.223
2	0.167	0.455	0.105	0.328
3	0.117	0.572	0.150	0.478
4	0.069	0.641	0.111	0.589
5	0.060	0.701	0.112	0.701

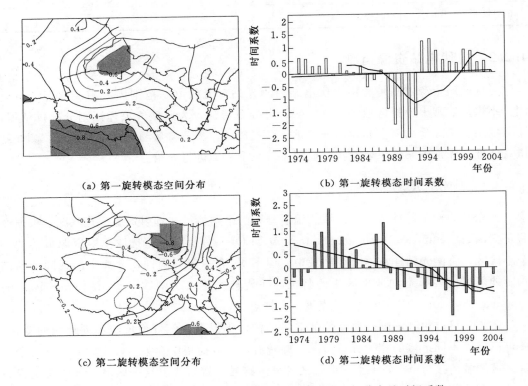

（a）第一旋转模态空间分布　　　　（b）第一旋转模态时间系数

（c）第二旋转模态空间分布　　　　（d）第二旋转模态时间系数

图 4-8　总辐射的年总量第一、第二旋转模态的空间分布及时间系数

　　在典型变化区域内的监测站具有较强的区域代表性，所测数据可以代表区域内太阳能资源的整体变化情况。如图 4-8 所示，总辐射的年总量第一旋转模态的高值区位于甘肃省西北部酒泉附近，第二旋转模态的高值区在河西走廊北部。在这两个区域内，辐射变化趋势较为一致，区域内的站点可视为片区代表站，测光站的宏观选址可参照分区结果。

4.2.2.2　测光站微观选址

测光站的微观选址是在宏观选址的基础上，综合考虑地形特征、地貌特征、周边环境等因素的影响选取建设位置。在 REOF 划分的太阳能资源变化特征一致的区域内进行测光站微观选址时，重点考虑风向、地形等地理气象因素和测光站可维护性。下面以甘肃某地区测光站微观选址为例简要说明。

测光站微观选址需要绘制地形图，在绘制区域地形图时，需要借助地图绘制软件，如 Global Mapper 软件等。本书借助 Global Mapper 软件，下载并绘制 90m 分辨率的河西走廊地形等高线图，如图 4-9 所示，海拔标值间隔为 100m。

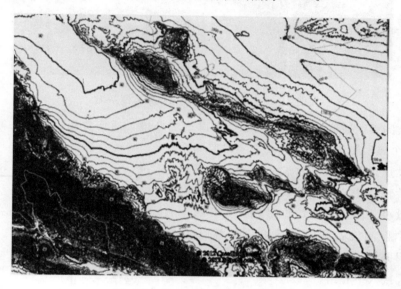

图 4-9　河西走廊地形等高线图

根据地形等高线图，测光站微观选址时应重点观察海拔差异和地形走势，所选位置应地形平坦，与光伏电站处于相近海拔高度。测光站周边植被、水体等特征与其所代表的区域保持一致。

另外，测光站应避免建筑、植被、山体等造成的遮蔽、反射和散射干扰，实地调查通信条件，以采集设备可维护性与可靠性为优先原则。

4.2.2.3　光伏电站气象要素实时监测系统

光伏电站与风电场类似，一般处于非人口密集区域，周边环境相比城市环境较为恶劣。光伏电站气象要素实时监测系统需要能适应偏僻、高温等环境条件，同时具备组网灵活、功耗低、可靠性高等特点。

气象要素实时监测系统（图 4-10）由数据采集器、气象传感器、通信终端设备、太阳电池板、蓄电池、安装塔架等组成。系统配置的各类气象传感器，可以监测的气象要素有总辐射、直接辐射、散射辐射、紫外辐射、反射辐射、气温、相对湿度、风速、风向、气压等，在配有地基云图观测设备的监测站，还可实现对云的数据采集。

图 4 - 10　某屋顶光伏电站气象监测系统

　　气象监测系统通信组网设计应综合考虑现场环境、通信费用、可靠性等因素，图 4 - 11 为一个典型光伏电站气象要素实时监测系统的组网设计。气象数据通过 GPRS 通道进行远程无线传到中心站，该传输方式方便、经济、维护量小。由于云图数据量偏大，并考虑到地基云图监测设备到中心站机房距离较远，不适宜采用 RS - 232 方式传输，通常选择通过互联网方式接入中心站。

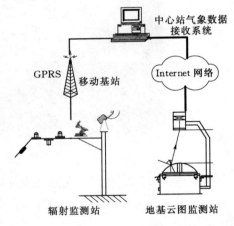

图 4 - 11　光伏电站气象要素实时监测系统通信组网设计

4.2.3　太阳能资源评估

　　太阳能资源评估是对太阳能资源可用程度的评估，是选择太阳能开发区域的主要依据。太阳能资源评估需对局部地区气象资源的变化特性以及资源的评价指标进行分析。本节将对太阳辐射的变化特性、太阳能资源的时空分布及太阳能资源的评价进行介绍。

4.2.3.1　太阳辐射的变化特性

　　太阳辐射是太阳能传输到地球的唯一途径，而考虑到大气中有各种气体成分以及水滴、尘埃等气溶胶颗粒，使得太阳辐射传输时会受到大气的影响，其主要有吸收、散射和反射三种影响方式。

　　太阳辐射中辐射能按波长的分布，称为太阳辐射光谱，如图 4 - 12 所示。太阳辐射除了可见光区（$0.38\sim0.78\mu m$）外，还有红外区（$>0.78\mu m$）和紫外区（$0.1\sim0.38\mu m$）。

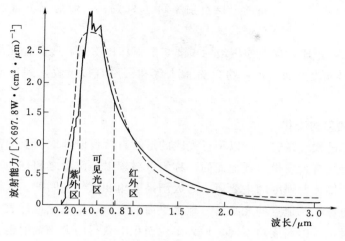

图 4-12　太阳辐射光谱

1. 大气对太阳辐射的吸收

大气中的某些成分会选择性地吸收一定波长的太阳辐射，这些成分主要有水汽、氧、臭氧、二氧化碳及固体杂质等，而吸收太阳短波辐射主要是水汽，其次是氧和臭氧。

水汽在可见光区有不少吸收带，但最强的吸收带在红外区。太阳辐射能量主要在短波部分，因此水汽吸收的太阳辐射的能量并不多，一般太阳辐射因水汽的吸收可减弱 $4\% \sim 15\%$。氧在波长小于 $0.2\mu m$ 处有一宽吸收带，吸收能力较强。臭氧在 $0.6\mu m$ 处有一宽吸收带，虽然吸收能力不强，但因位于太阳辐射最强的辐射带里，所以吸收的太阳辐射能量较多。

总体而言，由于大气中主要吸收物质对太阳辐射的吸收带都位于太阳辐射两端能量较小的区域，因此对太阳辐射的削减作用不大。

2. 大气对太阳辐射的散射

太阳辐射通过大气时，会碰到空气分子、云滴、尘埃等粒子，发生散射现象。散射只是改变辐射的方向，并不吸收辐射能。经过散射，一部分太阳辐射无法到达地面。当太阳辐射遇到直径比波长小的空气分子时，辐射的波长越短，散射越强，其散射能力与波长的四次方成正比，这种散射是有选择性的，被称为分子散射，也叫瑞利散射。当太阳辐射遇到直径比波长大的质点时，辐射虽然也要被散射，但这种散射是没有选择性的，辐射的各种波长都要被散射，这种散射被称为粗粒散射，也叫米散射。

3. 云层、尘埃对太阳辐射的反射

大气中的云层和较大颗粒的尘埃能将太阳辐射中的一部分能量反射到宇宙空间，其中云的反射作用最为显著。反射对各种波长没有选择性，所以反射光呈白色。云的反射能力因云状和云厚而不同，其中：高云反射率约为 25%，中云为 50%，低云为 65%；稀薄的

云层反射率为 10%~20%。厚的云层反射率可达 90%；一般情况下云的平均反射率为 50%~55%。

与吸收和散射相比，反射作用最重要，散射作用次之，吸收作用最小。太阳辐射约有 30% 被散射和漫射回宇宙，约 20% 被大气和云层直接吸收，到达地面被吸收的太阳辐射约 50%。

4. 地表总辐射的变化

太阳辐射经过大气减弱后，以平行光线的形式直接投射到地面上的部分，称为直接辐射，经过散射后自天空投射到地面的，称为散射辐射，两者之和称为总辐射。

影响太阳直接辐射强度的主要因子为太阳高度角和大气透明度。太阳高度角是从太阳中心直射到地球某一地点的光线与当地水平面的夹角，是决定地球表面获得太阳能数量的最重要因素，太阳高度角不同，地表单位面积上获得的太阳辐射也就不同。太阳高度角越小，等量的太阳辐射散布的面积就越大，单位面积上获得的太阳辐射就越小，同时太阳辐射穿过大气层时经过的距离也就越长，被大气削弱的也就越多。

日出以前，地面上只有散射辐射，日出以后，随着太阳高度的升高，直接辐射和散射辐射逐渐增加，直接辐射增加得较快，总辐射中散射辐射的比重不断减小。理想条件下，太阳高度角约为 8° 时，直接辐射与散射辐射相等；当太阳高度角为 50° 时，散射辐射仅相当于总辐射的 10%~20%；正午时刻直接辐射和散射辐射都达到一天中的最大值；当天空有云时，直接辐射的减弱比散射辐射的增强要多，总辐射最大值出现的时间可能提前或者推后。

4.2.3.2　太阳能资源的时空分布

太阳能资源的时空分布是把随时间变化的太阳辐射要素场分解，得到空间分布特点和时间分布特点。与风能资源的时空分布类似，以中国西北地区 23 个观测点在 1974—2003 年总辐射的年总量数据为例，对这些数据进行 EOF 分解，从而得到甘肃地区的太阳能时空分布特征。

由 EOF 分解，前两个模态的累积方差已达 45.5%，可以认为这两个模态代表了甘肃地区总辐射的年总量变化的主要特征。

表 4 - 7　　　　　　　　　前 5 个模态的方差贡献

模　态	方差贡献率	累积方差贡献率	模　态	方差贡献率	累积方差贡献率
第一模态	0.288	0.288	第四模态	0.069	0.641
第二模态	0.167	0.455	第五模态	0.060	0.711
第三模态	0.117	0.572			

第一模态的方差贡献为 28.8%，其相应的空间分布如图 4 - 13（a）所示。图中甘肃西北部、河西走廊中西部呈一致变化，而在甘肃的东南角和河西走廊的中东部，则表现出与甘肃西北部相反的变化特征，呈现两种分布型。

第一模态时间系数如图 4-13（b）所示。结合图 4-13（a）可以看出，近 30 年来，河西走廊中西部、甘肃西北部的总辐射的年总量呈显著上升趋势，而甘肃的东南和河西走廊中东部总辐射的年总量则呈现下降的趋势。

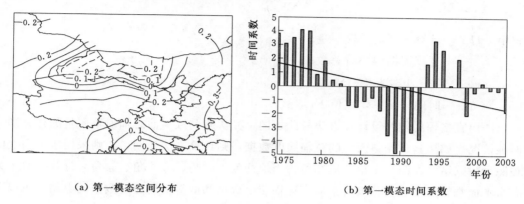

（a）第一模态空间分布 　　　　　（b）第一模态时间系数

图 4-13　第一模态空间分布及其时间系数

第二模态方差贡献为 16.7%，其相应的空间分布如图 4-14（a）所示。可以看出，甘肃的西北部和东南部变化趋势基本一致，而河西走廊地区则呈现与之相反的变化特征。

第二模态相应的时间系数如图 4-14（b）所示。在 1974—2003 年，河西走廊地区的总辐射的年总量上升趋势显著，甘肃的东南部和西北部，总辐射的年总量则趋于下降。

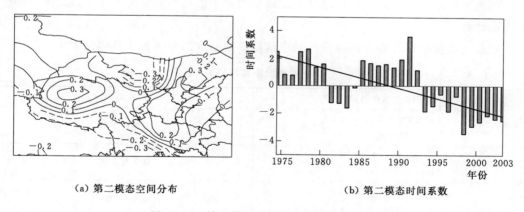

（a）第二模态空间分布 　　　　　（b）第二模态时间系数

图 4-14　第二模态空间分布及其时间系数

4.2.3.3　太阳能资源评估

对太阳能资源进行评估时，所用的数据为具有气候意义的多年气候平均值。根据《太阳能资源评估方法》（QX/T 89—2008）和《太阳能资源等级　总辐射》（GB/T 31155—2014），通常采用的太阳能资源评估指标包括太阳辐射年总量、稳定度和直射比，另外还有峰值日照时数、发电利用小时数等可以作为评估太阳能资源的指标。

1. 太阳辐射年总量

水平面总辐射辐照量计算公式为

$$H = \sum_{i=1}^{n} g_i h \times 3.6 \times 10^3 \qquad (4-9)$$

式中　H——计算周期内总辐照量;

　　　n——计算周期内小时总数;

　　　g_i——第 i 小时平均总辐照度;

　　　h——时间分辨率,取值 1h。

　　法向直接辐射辐照量计算方法与此相同,光伏阵列倾斜面总辐射辐照量的计算则分两种情况。如果具备倾斜面上的总辐照度数据,则计算方法相同,否则采用水平面上的辐照量数据结合太阳高度角、赤纬角、当地纬度、时角、方位角、倾角来计算。对于只有水平面总辐照度数据,没有法向直接辐照度数据和散射辐照度数据的电站,可以采用"直散分离"经验公式估算。

　　区域平均水平面总辐射辐照量计算公式为

$$\overline{H}_a = \frac{1}{m} \sum_{j=1}^{m} H_j \qquad (4-10)$$

式中　$\overline{H}_a$——区域平均水平面总辐射辐照量;

　　　H_j——区域内的第 j 个网格点的辐照量;

　　　m——区域内网格总数。

　　区域平均水平面直接辐射辐照量、区域平均水平面峰值日照时数计算公式采用同样的方法计算。

　　依据年总量指标可将太阳能资源的丰富程度划分为四个等级,具体见表 4-8。

表 4-8　　　　　　　　　　　太阳能资源丰富等级表

太阳总辐射年总量	资源丰富度
≥1750kW·h/(m²·a) ≥6300MJ/(m²·a)	资源最丰富
1400～1750kW·h/(m²·a) 5040～6300MJ/(m²·a)	资源很丰富
1050～1400kW·h/(m²·a) 3780～5040MJ/(m²·a)	资源丰富
＜1050kW·h/(m²·a) ＜3780MJ/(m²·a)	资源一般

2. 稳定度

太阳能资源稳定度有两种表达方式。

第一种表达方式的稳定度等级见表 4-9,是用各月的日照时数大于 6h 的天数的最大值和最小值的比值表示,即

$$K = \frac{\max(Day_1, Day_2, \cdots, Day_{12})}{\min(Day_1, Day_2, \cdots, Day_{12})} \qquad (4-11)$$

式中　Day_1，Day_2，$\cdots$，Day_{12}——1—12 月各月日照时数大于 6h 的天数。

表 4-9　　　　　　　　　　　稳 定 度 等 级 表

太阳能资源稳定度指标	稳定程度	太阳能资源稳定度指标	稳定程度
<2	稳定	>4	不稳定
2~4	较稳定		

第二种表达方式是用全年各月总辐射量的最小值与最大值的比值表征总辐射的年变化稳定度，其数值在（0，1）区间变化，越接近于 1 越稳定。这种表达方式的稳定度等级见表 4-10。

表 4-10　　　　　　　　　　　稳 定 度 等 级

等级名称	分级阈值	等级符号
很稳定	$R_w \geqslant 0.47$	A
稳定	$0.36 \leqslant R_w < 0.47$	B
一般	$0.28 \leqslant R_w < 0.36$	C
欠稳定	$R_w < 0.28$	D

注：R_w 为太阳总辐射稳定度。稳定度划分为 4 个等级：很稳定的等级符号为 A；稳定的等级符号为 B；一般的等级符号为 C；欠稳定的等级符号为 D。

3. 直射比

总辐射由直接辐射和散射辐射构成，不同的气候类型区，直接辐射和散射辐射在总辐射中所占比例各有不同，在开发利用辐射时，需要依据其主要的辐射形式进行合理处理。直射比表示一段时间内直接辐射量和总辐射量之比，其数值在（0，1）区间变化，越接近 1，直接辐射所占的比例越高。直射比等级见表 4-11。

表 4-11　　　　　　　　　　　直 射 比 等 级

等级名称	分级阈值	等级符号	等级说明
很高	$R_D \geqslant 0.6$	A	直接辐射主导
高	$0.5 \leqslant R_D < 0.6$	B	直接辐射较多
中	$0.35 \leqslant R_D < 0.5$	C	散射辐射较多
低	$R_D < 0.35$	D	散射辐射主导

注：R_D 为年直射比。将全国太阳能资源分为 4 个等级：很高的等级符号为 A；高的等级符号为 B；中的等级符号为 C；低的等级符号为 D。

4. 峰值日照时数

峰值日照时数是将太阳辐照量折算成标准测试条件下的小时数，即计算周期内太阳

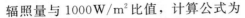

辐照量与 $1000\text{W}/\text{m}^2$ 比值，计算公式为

$$T_\text{p} = \frac{H}{1000} \tag{4-12}$$

式中　T_p——计算周期内的峰值日照时数；

$\quad\quad\ H$——计算周期内的总辐照量，若 H 的测量单位是 MJ/m^2，计算中首先将其转换为 $\text{kW}\cdot\text{h}/\text{m}^2$，$1\text{kW}\cdot\text{h}/\text{m}^2 = 3.6\text{MJ}/\text{m}^2$。

5. 发电利用小时数

发电利用小时数是将实际发电量折算到等效装机容量满发状态的小时数，即计算周期内发电量与等效装机容量比值。光伏电站发电利用小时数计算公式为

$$H_\text{E} = \frac{E}{c} \tag{4-13}$$

式中　E——光伏电站计算周期内的实际总发电量；

$\quad\quad\ c$——等效光伏电站装机容量。

区域发电利用小时数计算公式为

$$H_\text{EA} = \frac{\sum\limits_{k=1}^{l} E_k}{\sum\limits_{k=1}^{l} c_k} \tag{4-14}$$

式中　E_k——区域内第 k 个光伏电站的实际发电量；

$\quad\quad\ c_k$——区域内第 k 个光伏电站的等效装机容量。

4.3　新能源发电预测

新能源发电预测是指对气象资源数据、新能源发电出力数据，以及相关信息进行分析，应用各种预测方法，实现对未来一定时段内的新能源发电出力走势的预测，通常包括超短期预测和短期预测。为了促进新能源消纳，以及新能源电力跨区交易，以月、季、年为时间尺度的中长期电量预测需求在逐渐增加。同时，随着电站评估、检修安排及调度运行等更多应用需求的出现，预测技术也在不断进步，延伸出了中长期电量预测、爬坡预测等新需求。

4.3.1　超短期功率预测

超短期功率预测是对未来 $15\text{min}\sim4\text{h}$ 的发电功率进行预测，可为新能源发电实时调度提供决策支持，也可为新能源电站有功功率控制提供参考。常用的统计方法有持续法、线性法和智能法等。持续法是把临近的观测值作为下一点的预测值来进行功率预测；线性法则是通过找出历史数据在时间上的关联特性来进行功率预测；智能法是根据人工智能方法寻找功率变化特性来进行功率预测。此外，随着超短期预测技术的深入研究，地基云图预测、多模型组合预测等技术也得到了应用和发展。

1. 持续法

持续法是把最近一点的风速、总辐射或者功率实测值作为下一点的预测值，该法适用于 3～6h 以下的预测。持续法可以对风速、总辐射进行预测，然后将预测的风速、总辐射转换成风电场、光伏电站的输出功率，也可直接利用历史输出功率来预测未来输出功率，但其预测误差较大且预测结果不稳定。一般可以利用卡尔曼滤波法代替持续法，该预测法具有动态修改预测权值的优点，且预测精度较高，但建立卡尔曼状态方程和更新方程较为困难。

2. 线性法

线性法中应用较为广泛的是自回归滑动平均法（auto regressive and moving average model，ARMA）。总体来说，ARMA 法优于持续法，它是采用一组不同阶数的 ARMA 模型组合，对提前 1～6h 的风速及风电场功率进行分析研究。该方法利用大量的历史数据来建模，经过模型识别、参数估计、模型检验来确定一个能够描述时间序列的数学模型，再由该模型推导出预测模型。这种方法计算精度较高，但训练数据和验证数据的选取很重要。ARMA 是一种常用的时间序列模型，它用有限参数模型描述时间序列的自相关结构，对具有近似特征的序列进行统计分析与数学建模。

随机时间序列的模型一般可分为 4 类：自回归模型（auto regressive，AR）、滑动平均模型（moving average，MA）、自回归-滑动平均模型（ARMA）、累积式自回归-滑动平均模型（auto regressive integrated moving average model，ARIMA）。对于 AR 模型，当前时刻的观测值由过去几个历史时刻的观测值和一个当前时刻的随机干扰来表示；对于 MA 模型，当前时刻的观测值由称作随机干扰的白噪声序列的线性组合来表示；将 AR 模型与 MA 模型结合起来，就可以得到 ARMA 模型；前三个模型适用于平稳序列，ARIMA 模型通过差分可以用于处理非平稳时间序列。

ARMA 预测建模的主要步骤为模型识别、参数估计、模型检验和模型预测，如图 4-15 所示。对于局部区域平稳性较强且具有较长时间积累的数据序列，可通过上述步骤进行超短期预测建模。

3. 智能法

智能法是人们受自然（生物界）规律的启迪，根据其原理模仿求解问题的算法。时序预测模型无需考虑各种环境气象因子对预测对象的影响，然而智能预测模型通常需要建立影响因子与预测对象的回归关系。常用的智能预测方法有人工神经网络、支持向量机、模糊逻辑法等，其中人工神经网络应用较多。

人工神经网络是模仿人脑结构及其功能，由大量简单处理元件以某种拓扑结构大规模连接而成的，对复杂问题的求解比较有效。广泛应用于风电场风速及

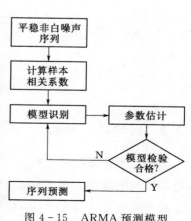

图 4-15 ARMA 预测模型建模流程

功率预测的神经网络为多层前馈神经网络，即反向传播（back propagation，BP）神经网络，它包括一个输入层、一个或多个隐含层和一个输出层，层间的神经元进行单向连接，层内的神经元则相互独立。隐含层神经元的映射函数常采用 S 型函数，输出层采用线性函数。网络的学习训练过程就是权值的调整过程，由信号的正向传播与误差的反向传播两个步骤来实现。经过良好训练的网络，对于不是训练集中的输入也能给出合适的输出，具有泛化能力，这种能力为预测提供了可能性。神经网络法的优点在于能并行计算、自适应性，可充分逼近复杂的非线性关系。

BP 神经网络算法包括信号的前向传播和误差的反向传播两个方面。计算实际输出时按从输入到输出的方向进行，而权值和阈值的修正从输出到输入的方向进行。在模型训练的过程中，不断进行误差的反向传播，并调整权重和阈值，直至输出层误差小于某一阈值表示模型学习完成，然后就可以将学习好的模型用于预测。BP 神经网络算法流程如图 4-16 所示。

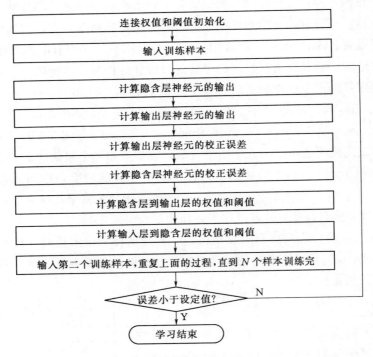

图 4-16　BP 神经网络算法流程

4.3.2　短期功率预测

短期功率预测是对未来 $0\sim72h$ 的发电功率进行预测。根据建模方法和建模原理，短期功率预测模型主要分为统计模型方法和物理模型方法两种。统计模型方法根据历史气象数据和电站运行数据，直接建立预测模型输入因子与场站发电功率之间的关系进行功率预测。物理模型方法则主要利用气象要素数值天气预报，根据场站结构和发电原理，建立气象要素与功率的转换关系进行功率预测。

4.3.2.1 统计模型

统计模型方法是利用历史新能源场站气象数据与功率数据，以气象数据作为输入、功率数据作为输出，建立两者的映射模型，再以数值天气预报的短期气象预报数据作为该模型输入，实现短期功率预测数据的输出。其优点是预测具有一定的自适应性，通过模型参数的在线调整，可以在一定程度上减小系统误差。缺点是需要长期测量数据及进行额外的训练和计算。另外，在极端天气状况下需要进行修正，否则会产生很大的预测误差。

我国不同地区因气候环境的差异，使得影响气象要素的主要因子也各不相同。在西北、华北地区，春季需要着重考虑沙尘的影响、冬季需考虑冰冻降雪以及春冬季大风的影响，在东北地区，冬季需要考虑冰冻、积雪覆盖以及大风，而南方地区，需要更多地注意冬季雾霾、冻雨和夏季台风的影响。根据地理位置的气候特点，需要对影响新能源场站功率的因子进行诊断分析，提取影响功率输出的主要因子。

短期功率预测统计方法主要有以下步骤：

（1）收集历史气象数据、电站运行数据。

（2）对收集到的数据进行质量控制。

（3）对数据进行分析，采用因子分析方法进行模型输入因子筛选。

（4）对输入因子与功率的映射关系进行统计学建模，率定模型并检验其有效性。

（5）以因子预报值作为输入因子，输入已建模型。

（6）输出短期功率预测数据。

新能源发电短期功率预测统计方法建模示意图如图4-17所示。

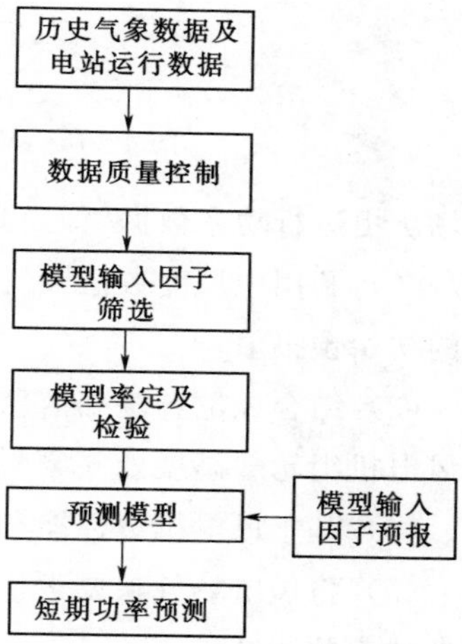

4.3.2.2 物理模型

1. 风力发电功率预测

短期风力发电功率预测的物理方法是在数值天气预报输出的风速、风向、气温、湿度、气压等气象要素的基础上，考虑风电场地形地貌、风电机组排布等信息，建立风电场内气象要素量化模型，结合风电机组技术参数进行发电功率预测。

采用物理方法建立短期风力发电功率预测模型的关键环节包括中尺度模式短期预报、场内气象要素精细化预报、风电转化模型建立，基于物理方法的短期风力发电功率预测的算法如图4-18所示，主要步骤如下：

（1）收集风电场地理信息、风电机组性能信息、风电机组排布等基础信息，采集风

图4-17 新能源发电短期功率预测统计方法建模示意图

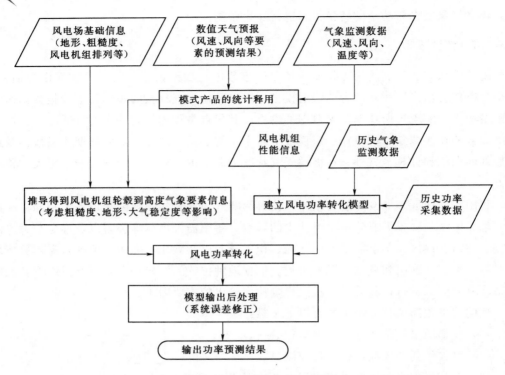

图 4 - 18　基于物理方法的短期风力发电功率预测的算法

电场历史运行功率数据。

（2）利用中尺度数值天气预报模式，预报风速、风向、气温、湿度、气压等气象要素的初始预报值。

（3）结合风电场基础信息，对数值天气预报结果进行进一步解释应用，推导得到各台风电机组轮毂高度处气象要素预报结果。

（4）基于风电机组性能参数、风电场气象数据及运行数据，建立风电转化模型。

（5）将风电场气象要素量化结果输入风电转化模型，经过系统误差修正，得到风电短期功率预测结果。

2. 光伏发电功率预测

短期光伏发电功率预测需考虑太阳辐射、光电转换效率、逆变器转换效率及其他损耗等影响因素。光伏组件倾斜面上的总辐射可以通过水平面太阳辐射、组件的经纬度、安装倾角等计算得到，也可以通过数值天气预报计算得到。光伏组件转换效率是衡量组件将太阳能转换为电能的能力。实际运行中，太阳辐射与光伏组件发电功率呈近似线性关系。在一定温度范围内，光伏组件温度升高会降低光电转化效率，一般采用负温度系数来表示。光伏逆变器效率是指逆变器输出交流电功率与输入直流功率的比例，逆变器瞬时效率变化对功率预测误差影响较小，可以用预测结果校正的方法消除该影响。而组件的匹配度、组件表面积灰、线损等因素对光伏发电效率的影响，一般可以根据电站具体情况估算折损系数。

基于物理方法的短期光伏发电功率预测模型示意图如图 4-19 所示，主要步骤如下：

（1）搜集光伏电站地理信息、光伏组件安装方式、安装面积、光伏组件参数、逆变器参数等信息。

（2）利用数值天气预报（numerical weather prediction，NWP）预报地表太阳总辐射、温度等气象要素。

（3）结合光伏组件安装方式和地表水平面太阳总辐射，计算光伏组件倾斜面太阳总辐射。

（4）根据环境温度，计算组件转化效率的温度修正系数。

（5）基于光伏组件总面积、倾斜面太阳总辐射、光伏组件转化效率、逆变器效率计算光伏发电功率，估算线损，修正光伏发电功率预报。

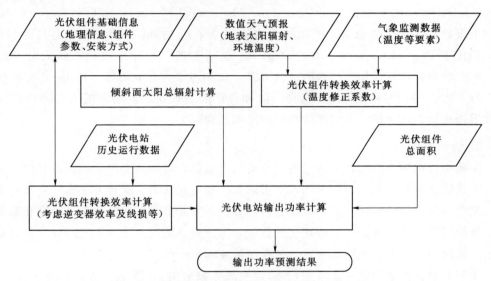

图 4-19 基于物理方法的短期光伏发电功率预测模型示意图

4.3.3 中长期电量预测

新能源发电中长期电量预测是指对未来月、季、年等时间尺度下新能源发电电量的预测，对促进新能源消纳有重要的作用，亦为新能源电力跨区域电力交易、新能源电站经济效益评估提供参考。

4.3.3.1 资源中长期预测

气象资源中长期预测以月、季、年为时间尺度，预测方法有动力方法和统计方法两种。

1. 动力方法

动力方法是通过对描述地球气候系统的状态、运动和变化的物理方程进行数值求解，再现过去、现在和将来的气候状态和各种变化特征，对未来可能发生的气候状态做出估计。资源中长期预测的动力方法一般是通过气候模式来实现。应用于气象资源中长期预测的模式是数值天气预报模式的一种，称为气候模式。气候模式与天气模式一样，要依靠能够模拟大气和海洋的三维网格，在连续的空间间隔或网格格点上，运用物理定律去计算大气和环境变量，模拟大气中气体、粒子和能量的传递。

相对于天气模式，气候模式也具有相同的描述大气运动的数学物理模型，包括大气运动方程组、大气中的水循环过程（凝结降水过程）、辐射传输过程、湍流混合过程、陆气相互作用和海气相互作用等，但气候模式必须考虑地球系统各圈层间的相互作用。天气模式研究关注的目标是尽可能细致的瞬时天气现象，研究关注的内容是天气的精确演变过程，而气候模式研究的重点是一定时间尺度、空间尺度的平均状态，研究内容是能量的收支、转换和平衡等。

典型的气候模式有区域气候模式 RegCM4，是由意大利国际理论物理研究中心（the Abdus Salam International Centre for Theoretical Physics，ICTP）在 RegCM3 的基础上发展起来的。RegCM4 模式的动力结构是采用 MM5 物理框架，它与 MM4 类似。相比于 RegCM3，最新版本的 RegCM4 成功实现了与化学模块、新的陆面模式 CLM3.5 的耦合，并且加入了新的混合方案，比如对流参数化方案 Tiedtke，边界层方案 UW-PBL 等，并且允许用户选择大陆和海洋的表识功能。陆面模块 CLM3.5 是一种发展很成熟的陆面模式，它能较好模拟陆面过程。

2. 统计方法

资源中长期预测的统计方法是通过分析历史数据，选取预测因子及预测对象，采用统计方法建立统计预测模型，预测未来可能发生的气候状态。统计方法在气象资源中长期预测中得到广泛的应用，主要方法有回归分析、方差分析、概率转移、判别和聚类分析、神经网络、各种改进的经验正交函数展开等。通常统计方法的步骤可分为预测对象确定、预测因子选取、预测模型建立和模型检验四个步骤。

预测对象包括平均值（如风速）、总量（如太阳辐射）、距平（如位势高度场）等。对风能资源进行中长期预测，预测对象则为风速的日、月、年尺度的平均值，对太阳能资源进行中长期预测，预测对象则为总辐射的日、月、年尺度的累加值，即总辐射的日、月、年辐照量。

预测因子的选取直接影响到预测结果的好坏，应该选择那些与预测对象关系密切，并且有物理意义的要素作为预测因子。

建立模型就是使用预测因子和预测对象以前的历史资料，依照采用的预测方法，求解预测因子和预测对象之间关系的过程。建立预测模型时，采用的方法主要包括多元线性回归方法、逐步回归方法、主分量分析（principal components analysis，PCA）等线性方法与多元线性回归相结合的方法，以及人工神经网络、支持向量机等非线性方法。

模型检验就是利用建立模型的物理预测因子数据，代入建立好的模型中去计算，将算出的结果与真实的观测结果进行比较，检验该预测模型对历史拟合的能力。

4.3.3.2 发电量转换

发电量转化主要是建立气象要素与电站发电量的映射模型，其目的是建立风速（太阳辐射）与电站发电量之间的对应关系。下面介绍风速（太阳辐射）-电量曲线拟合方法。

电站历史电量数据会受到电站检修、发电单元损坏等情况的干扰，从而导致发电量不能正确表示资源的利用情况。在拟合风速（太阳辐射）-电量曲线时，应排除这些干扰，即选取不受干扰、稳定运行的风电场（光伏电站）历史电量数据和历史气象监测数据作为样本，建立日平均风速/日辐射量与日发电量的对应关系，即

$$g_d = f(x) \tag{4-15}$$

式中　　g_d——历史日发电量；

　　　　x——日平均风速/日辐射量；

　　$f(\cdot)$——拟合函数，可参考前面提到的神经网络、支持向量机、线性回归等方法。

利用拟合的风速（太阳辐射）-电量曲线，以资源中长期预测结果为输入样本，即得到预测日发电量 g_d。以预测日发电量为基础，按月、年算术求和可得预测月、年发电量。

4.3.4　爬坡预测

爬坡预测技术用来预测某一新能源场站或者某一区域新能源出力的上、下波动。以风电爬坡预测技术为例，出力上爬坡是指一段时间内（通常为 15min 或 30min）风电出力的增加量超过装机容量的指定阈值比例（通常是 20%），出力急剧上升大多由强低压系统或气旋、低空急流、雷暴雨等引起。出力下爬坡是指一段时间内风电出力的减少量超过装机容量的指定阈值比例（通常为 15%），出力急剧下降主要由气压坡度的急剧放缓以及大风切机两种情况引起。

风电出力的波动性尤其是急剧爬坡对电网的安全稳定运行带来很大影响。在风电出力急剧上升的时候，若常规火电机组无法短期内减少相应出力，则需要对风电场的部分出力进行限制；在风电出力急剧下降的情况下，调度机构需及时开启水电等快速启动机组，否则会造成切负荷事故。因此爬坡预测技术在风电功率预测系统中的作用非常重要，需要研究出有效的爬坡预测算法，给调度提供辅助决策。

与常规短期和超短期预测相比，爬坡预测更有挑战性。爬坡预测的误差主要体现在时间误差、爬坡速率误差及爬坡量误差三个方面。

风电爬坡事件预测研究较为成熟，风电爬坡事件预测作为"事件预测"，其预测对象是一个风电功率的变化过程，因此与针对单个时间点的常规风电功率预测有所区别，根据预测模型和方法的不同，可以大致将爬坡预测分为两类。

一类是基于物理方法。极端气象条件下风速快速变化是引发风电爬坡事件的主要原因，因此可采用物理方法，基于数值天气预报模型对风速进行预测，进而依据风电机组

的功率特性曲线计算风电场输出功率。

另一类基于统计学习方法。风电爬坡事件可视为一段风电功率时序变化过程，因而可采用时间序列、机器学习等统计方法进行预测。预测模型需要大量的历史爬坡数据进行训练，训练样本的数据质量直接影响预测模型的精度；同时随着时间长度的增加，预测误差也随之增加。

物理方法因其不需要历史数据，比较适合新建或新规划的风电场的爬坡预测，但需要考虑气象变量及地形、粗糙度、尾流效应等的影响，模型会比较复杂。

引起爬坡事件的气象因素多种多样，从气象过程来看，主要分为水平气象过程和垂直气象过程。其中：水平气象过程包括冷暖锋、海陆风、山谷风等，依靠现有的数值天气预报技术能较好地进行预测；垂直气象过程包括对流、雷暴等，发生较为突然，时间尺度小，且对某些气象变量敏感度高，采用现有的数值天气预报技术难以预测出准确的发生时间和地点。

4.3.5　极端天气对预测的影响

在我国的东北和西北地区，−20℃以下的低温、大雪、大风的天气并不少见。对于全球来说，俄罗斯、美国北部、加拿大、欧洲北部等，极端低温和风雪更是常事。影响新能源场站发电的天气现象不仅只有低温和大雪，还包括台风、暴雨、洪涝、雷暴、冰雹、沙暴、雾霾、降雪、极寒等极端天气。下面以光伏发电为例，介绍极端天气对光伏发电的影响。

沙暴天气在我国西北、华北等地区时常发生，沙暴所带来的大量积尘会遮蔽太阳光的照射，同时还影响组件散热，降低光电转换效率，大大影响光伏发电量。带有酸碱性的灰尘长时间沉积在组件表面上，侵蚀板面造成板面粗糙不平，对光伏组件的长期发电量造成影响。

此外，由于雾霾中悬浮颗粒物和二氧化氮浓度较高，对太阳光吸收和反射增强，导致光伏组件表面接收到的太阳光辐照度降低，从而导致光伏电站发电量降低。如果雾霾天气频繁持续出现，光伏组件表面的颗粒物不断累积，在光伏组件表面会形成难以清洗的积尘遮挡，造成光伏组件表面污染，影响光伏组件寿命。

高温会影响光伏组件的发电输出，温度每上升 1℃，晶体硅太阳电池的最大输出功率约下降 0.04%，开路电压约下降 0.04%（−2mV/℃），短路电流约上升 0.04%。低温也会对光伏组件造成影响，光伏组件的材料中，像玻璃、铝边框、电池片等无机材料，一般来讲对温度的依赖性较小，最怕的或许是冰雹对玻璃的撞击，而光伏组件材料中的封装材料、背板、接线盒等有机材料，往往是最怕极高或极低温度的，极值温度的出现会使光伏组件材料的脆化温度和玻璃化转变温度发生变化，从而影响光伏组件的转换效率。

传统的极端天气预测研究主要是通过对月和季节平均气候状况的统计，分析平均气候异常特征，从而实现对极端天气事件的预测评估。

将极端天气事件预报应用于新能源发电功率预测，能在一程度上提升功率预测精度水平，增强极端天气条件下新能源场站管理运行水平。例如雾霾天气的发生，会造成光伏发电量急剧下降。以 2016 年 11 月 4 日发生在我国北方地区一场雾霾事件为例，通过气象监测得知，当日该地区雾霾较为严重，区域内雾霾指数达到中度污染程度。

该区域受雾霾影响，光伏发电的实际出力水平很低，光伏发电预测出力没有考虑到雾霾的影响，预测出力仍然较高，具体见图 4-20 中的曲线。

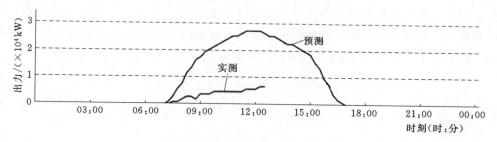

图 4-20　雾霾影响下的区域光伏出力曲线

图 4-21 是一组受雾霾事件影响的光伏电站功率曲线。从数据曲线可以看出，2016 年 11 月 1 日该地区未受雾霾影响，光伏发电功率亦不受影响。从当月 2 日开始，该光伏电站所处区域受雾霾天气影响，至 3 日该光伏电站受雾霾影响较大，该光伏电站实际发电功率显著下降。从这个案例可以看出，光伏发电预测在雾霾天气影响下会产生较大预测误差。

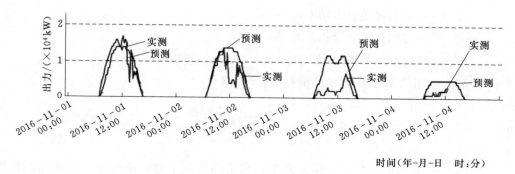

图 4-21　雾霾影响下的某光伏电站出力曲线

4.4　预测误差评价

新能源发电预测误差评价是指利用评价指标对新能源发电预测功率与实际功率的误差进行分析。新能源预测误差评价分析及应用能够发现预测误差产生的原因，从而有针对性地研究和改进，提高预测精度，增强新能源发电预测的可用性。本节介绍了新能源发电预测评价指标和新能源发电资源评价两个方面的内容。

4.4.1　新能源发电预测评价指标

4.4.1.1　新能源电站评价指标

新能源电站的功率预测评价指标包括 95％分位数偏差率、准确率、合格率、平均绝对误差率、极大误差率以及预测数据上报率。

（1）95％分位数偏差率包括 95％分位数正偏差率和 95％分位数负偏差率。95％分位数正偏差率指将评价时段内单点预测正偏差率由小到大排列，选取位于 95％位置处的单点预测正偏差率，95％分位数负偏差率指将评价时段内单点预测负偏差率由大到小排列，选取位于 95％位置处的单点预测负偏差率，两者的计算公式为

$$\begin{cases} E_i = \dfrac{P_{Pi} - P_{Mi}}{C_i} \geqslant 0 & i = 1, 2, \cdots, n \\[2mm] E_j = sortp(E_i) & j = 1, 2, \cdots, n \\[2mm] Per_{95} = E_j & j = \mathrm{INT}(0.95m) \end{cases} \tag{4-16}$$

$$\begin{cases} E_i = \dfrac{P_{Pi} - P_{Mi}}{C_i} \leqslant 0 & i = 1, 2, \cdots, n' \\[2mm] E_j = sortn(E_i) & j = 1, 2, \cdots, n' \\[2mm] Per_{95} = E_j & j = \mathrm{INT}(0.95m') \end{cases} \tag{4-17}$$

式中　Per_{95}——95％分位数偏差率（Per_{95}取值步长根据具体情况而定）；

$\quad\quad P_{Pi}$——i 时刻预测功率；

$\quad\quad P_{Mi}$——i 时刻可用发电功率；

$\quad\quad C_i$——i 时刻开机容量；

$\quad\quad E_i$——i 时刻预测偏差率；

$\quad\quad E_j$——排序后的单点预测偏差率；

$sortp(\bullet)$——由小到大排序函数；

$sortn(\bullet)$——由大到小排序函数；

$\mathrm{INT}(\bullet)$——取整函数；

$\quad n、n'$——评价时段内的正偏差样本数和负偏差样本数，不少于 1 年的同期数据样本。

（2）准确率 CR 的计算公式为

$$CR = \left[1 - \sqrt{\frac{1}{n} \sum_{i=1}^{n} \left(\frac{P_{Pi} - P_{Mi}}{C_i} \right)^2} \right] \times 100\% \tag{4-18}$$

式中　P_{Pi}——i 时刻的预测功率；

$\quad\quad P_{Mi}$——i 时刻的可用发电功率；

$\quad\quad C_i$——i 时刻的开机容量；

$\quad\quad n$——统计时段内的总样本数。

（3）合格率 QR 指预测合格点点数占评价时段总点数的百分比，合格点数是指预测绝对偏差小于给定阈值的点数，计算公式为

$$QR = \frac{1}{n}\sum_{i=1}^{n}B_i \times 100\% \qquad (4-19)$$

$$B_i = \begin{cases} 1 & \dfrac{|P_{Pi}-P_{Mi}|}{C_i} < T \\ 0 & \dfrac{|P_{Pi}-P_{Mi}|}{C_i} \geqslant T \end{cases} \qquad (4-20)$$

式中　　B_i——i 时刻预测绝对误差是否合格，若合格为 1，不合格为 0；

　　　　T——判定阈值，依各电网实际情况确定，一般不大于 0.25。

（4）平均绝对误差率 MAE 的计算公式为

$$MAE = \frac{1}{n}\sum_{i=1}^{n}\left(\frac{|P_{Pi}-P_{Mi}|}{C_i}\right) \times 100\% \qquad (4-21)$$

式中　　P_{Pi}——i 时刻的预测功率；

　　　　P_{Mi}——i 时刻的可用发电功率；

　　　　C_i——i 时刻的开机容量；

　　　　n——统计时段内的总样本数。

（5）极大误差率包括正极大误差率和负极大误差率，即

$$EV_{pos} = \max\left(\frac{P_{Pi}-P_{Mi}}{C_i}\right) \times 100\% \quad i=1,\cdots,n \qquad (4-22)$$

$$EV_{neg} = \min\left(\frac{P_{Pi}-P_{Mi}}{C_i}\right) \times 100\% \quad i=1,\cdots,n \qquad (4-23)$$

式中　　EV_{pos}——正极大误差率；

　　　　EV_{neg}——负极大误差率；

　　　　P_{Pi}——i 时刻的预测功率；

　　　　P_{Mi}——i 时刻的可用发电功率；

　　　　C_i——i 时刻的开机容量；

　　　　n——统计时段内的总样本数。

（6）预测数据上报率 R_r 的计算公式为

$$R_r = \frac{R}{N} \times 100\% \qquad (4-24)$$

式中　　R_r——预测数据上报率；

　　　　R——评价时段内数据上报成功次数；

　　　　N——评价时段内应上报次数。

4.4.1.2　调控机构评价指标

调度端对新能源发电功率预测的评价指标包括 95％分位数偏差率、准确率、合格率、平均绝对误差率、极大误差、极大误差率以及预测数据上报率。其中，95％分位数

偏差率、准确率、合格率和预测数据上报率统计方法与新能源电站端的评价指标相同，而平均绝对误差以及极大误差率的计算方法有所不同。

（1）平均绝对误差率 MAE 的计算公式为

$$MAE = \frac{1}{n}\sum_{i=1}^{n}\left(\frac{|P_{\mathrm{P}i} - P_{\mathrm{M}i}|}{TC_i}\right) \times 100\% \tag{4-25}$$

式中　TC_i——i 时刻的风电开机容量；

　　　$P_{\mathrm{P}i}$——i 时刻的预测功率；

　　　$P_{\mathrm{M}i}$——i 时刻的可用发电功率；

　　　C_i——i 时刻的开机容量；

　　　n——统计时段内的总样本数。

（2）极大误差和极大误差率的计算公式为

$$E_{\mathrm{pos}} = \max(P_{\mathrm{P}i} - P_{\mathrm{M}i}) \tag{4-26}$$

$$E_{\mathrm{neg}} = \min(P_{\mathrm{P}i} - P_{\mathrm{M}i})$$

$$EV_{\mathrm{pos}} = \max\left(\frac{P_{\mathrm{P}i} - P_{\mathrm{M}i}}{TC_i}\right) \times 100\% \tag{4-27}$$

$$EV_{\mathrm{neg}} = \min\left(\frac{P_{\mathrm{P}i} - P_{\mathrm{M}i}}{TC_i}\right) \times 100\%$$

式中　E_{pos}——正极大误差；

　　　E_{neg}——负极大误差；

　　EV_{pos}——正极大误差率；

　　EV_{neg}——负极大误差率。

4.4.2　新能源发电资源评价

4.4.2.1　风光资源预报评价

风光资源预报评价的主要对象为数值天气预报输出的风速和辐照度，统计指标包括平均准确率和相关系数，评价指标为风速预报指数和太阳辐照度预报指数。

其中，预报风速的平均准确率通过统计预报风速与实测风速的相对偏差得到，相关系数用于衡量预报风速与实测风速趋势的一致性，两者的计算公式为

$$ACI = \left(1 - \frac{1}{n}\sum_{i=1}^{n}\frac{|V_{\mathrm{M}i} - V_{\mathrm{P}i}|}{V_{\max}}\right) \times 100\% \tag{4-28}$$

$$r_{\mathrm{nwp}} = \left\{1 + \frac{\sum_{i=1}^{n}\left[(V_{\mathrm{M}i} - \overline{V}_{\mathrm{M}})(V_{\mathrm{P}i} - \overline{V}_{\mathrm{P}})\right]}{\sqrt{\sum_{i=1}^{n}(V_{\mathrm{M}i} - \overline{V}_{\mathrm{M}})^2 \sum_{i=1}^{n}(V_{\mathrm{P}i} - \overline{V}_{\mathrm{P}})^2}}\right\}/2 \tag{4-29}$$

式中　ACI——平均准确率；

　　r_{nwp}——相关系数；

V_{Mi}——i 时刻的测风塔实测风速；

V_{Pi}——i 时刻的预报风速；

$\overline{V}_M$——实测风速的平均值；

$\overline{V}_P$——预报风速的平均值；

V_{max}——实测风速的最大值；

n——参与统计的样本个数。

风速预报指数通常用于综合评价单点预报风速的精度，由平均准确率和相关系数加权获得

$$WPI' = k_1 ACI + k_2 r_{nwp} \qquad (4-30)$$

式中　WPI'——风速预报指数；

ACI——平均准确率；

r_{nwp}——相关系数；

k_1、k_2——组合系数，且 $k_1 + k_2 = 1$。

而特定区域内的风速预报精度评价，通常采用区域风速预报指数，其计算公式为

$$RWPI = \sum_{j=1}^{n} k_j \cdot WPI'_j$$

$$k_j = \frac{C_j}{C_1 + C_2 + \cdots + C_n} \qquad (4-31)$$

式中　$RWPI$——区域风速预报指数；

WPI'_j——第 j 个风电场风速预报指数；

C_j——第 j 个风电场的装机容量；

n——评价区域内的风电场个数。

太阳辐照度预报的平均准确度、相关系数以及预报指数计算方法与风速相同，预报评价方法的主要差别在于太阳辐照度需要对太阳近地面短波辐射的直接辐射、散射辐射和总辐射分别进行计算评价。

4.4.2.2　风光发电预测评价

风光电站功率预测评价主要是对短期预测功率和超短期预测功率进行评价。

短期功率预测的误差指标包括极大误差率、准确率、合格率、相关系数等，各指标的计算方法如下：

极大误差率

$$EV = \max\left(\frac{|P_{Pi} - P_{Mi}|}{C_i}\right) \times 100\% \qquad (4-32)$$

准确率

$$CR = \left[1 - \sqrt{\frac{1}{n}\sum_{i=1}^{n}\left(\frac{P_{Mi} - P_{Pi}}{C_i}\right)^2}\right] \times 100\% \qquad (4-33)$$

合格率

$$QR = \frac{1}{n} \sum_{i=1}^{n} B_i \times 100\%$$

$$B_i = \begin{cases} 1 & \dfrac{|P_{Mi} - P_{Pi}|}{C_i} < 0.25 \\[2mm] 0 & \dfrac{|P_{Mi} - P_{Pi}|}{C_i} \geqslant 0.25 \end{cases} \qquad (4-34)$$

相关系数

$$r_{power} = \left\{ 1 + \frac{\sum\limits_{i=1}^{n} [(P_{Mi} - \overline{P}_M)(P_{Pi} - \overline{P}_P)]}{\sqrt{\sum\limits_{i=1}^{n}(P_{Mi} - \overline{P}_M)^2 \sum\limits_{i=1}^{n}(P_{Pi} - \overline{P}_P)^2}} \right\} / 2 \qquad (4-35)$$

式中　P_{Mi}——i 时刻的实测功率；

$\qquad$ P_{Pi}——i 时刻的预测功率；

$\qquad$ $\overline{P}_M$——实测功率的平均值；

$\qquad$ $\overline{P}_P$——预测功率的平均值；

$\qquad$ C_i——i 时刻的开机容量。

短期预测综合评价指数用于评价短期预测功率的整体精度水平，计算为

$$CEI' = k_1 \cdot (1-EV) + k_2 \cdot CR + k_3 \cdot QR + k_4 \cdot r_{power} \qquad (4-36)$$

式中　$\qquad$ CEI'——短期预测综合评价指数；

k_1、k_2、k_3、k_4——不同误差指标对应的权值系数，满足 $k_1 + k_2 + k_3 + k_4 = 1$。

相对于短期预测误差指标，超短期功率预测误差指标有超短期预测合格率、极大误差率、准确率和相关系数四项。超短期预测合格率是指单次预测功率中第 1 点预测结果的绝对误差小于持续法（以上一时刻实测功率作为下一时刻预测功率的方法）预测结果的绝对误差，且单次 16 点预测序列的准确率大于对应时段短期预测结果的预测，而合格预测次数与预测总次数之比的百分数定义为超短期预测合格率，计算公式为

$$SQR = \frac{n}{m} \times 100\% \qquad (4-37)$$

式中　n——合格预测次数；

$\qquad$ m——预测总次数。

其余指标的计算时，需要分别提取单次 16 点预测功率中的第 1 点、第 2 点、…、第 16 点。构造 16 个不同预测提前时间的预测功率序列，然后针对各序列分别进行误差指标的统计，计算方法与短期误差指标相同。

超短期预测综合评价指数用于评价提前 4h（第 16 点）的超短期预测精度水平，计算公式为

$$SCEI' = k_1 SQR + k_2(1-EV) + k_3 CR + k_4 r_{power} \qquad (4-38)$$

式中　k_1、k_2、k_3、k_4——不同误差指标对应的权值系数，满足 $k_1 + k_2 + k_3 + k_4 = 1$。

4.5 本章小结

本章描述了新能源气象要素类别、监测方式、测站选址以及整个监测系统，阐述了新能源发电超短期、短期、中长期和爬坡预测的基本原理和方法，以及极端天气对预测的影响，介绍了新能源发电预测误差评价的方法和相关指标。

新能源资源评估能够为新能源资源监测站址选择提供科学的依据。为了满足新能源发电预测的时空要求，应使用不同时空尺度的数值模式结果作为预测模型输入，开展新能源发电预测工作。通过预测误差评价的深入研究和推广应用，能够推动新能源发电预测的技术发展。

参 考 文 献

［1］ 中国气象局. 2017 年中国风能太阳能资源年景公报 ［R］. 2018.

［2］ Sathyajith Mathew. 风能原理、风资源分析及风电场经济性 ［M］. 北京：机械工业出版社，2011.

［3］ 陈欣，宋丽莉，黄浩辉，等. 中国典型地区风能资源特性研究 ［J］. 太阳能学报，2011，32（3）：331－337.

［4］ 廖顺宝，刘凯，李泽辉. 中国风能资源空间分布的估算 ［J］. 地球信息科学，2008，10（5）：551－556.

［5］ 申华羽，吴息，谢今范，等. 近地层风能参数随高度分布的推算方法研究 ［J］. 气象，2009，35（7）：54－60.

［6］ 田茹. 风电出力特性研究及其应用 ［D］. 北京：华北电力大学，2013.

［7］ 肖创英，汪宁渤，陟晶，等. 甘肃酒泉风电出力特性分析 ［J］. 电力系统自动化，2010，34（17）：64－67.

［8］ 中国气象局. 地面气象观测规范 ［M］. 北京：气象出版社，2003.

［9］ 国家电网公司. Q/GDW 1996—2013 光伏发电功率预测气象要素监测技术规范 ［S］. 北京：中国电力出版社，2013.

［10］ 吕明华，闫江雨，姚仁太，等. 风向的统计方法研究 ［J］. 气象与环境学报，2012，28（3）：83－89.

［11］ Sathyajith Mathew，许锋飞. 风能原理、风资源分析及风电场经济性 ［M］. 北京：机械工业出版社，2011.

［12］ 魏凤英. 现代气候统计诊断与预测技术 ［M］. 北京：气象出版社，2007.

［13］ 包小庆，张国栋. 风电场测风塔选址方法 ［J］. 论文集萃，2008，6（24）：55－56.

［14］ 钱维宏. 天气学 ［M］. 北京：北京大学出版社，2004.

［15］ 周强，丁宇宇，程序，等. WT 软件在风电场测风塔选址及风能资源评估中的应用 ［J］. 风能，2012，30（8）：72－75.

［16］ 程序. 光伏电站实时气象数据采集系统设计 ［J］. 物联网技术，2011（2）：73－75.

［17］ 韩海涛，李仲龙. 地面实时气象数据质量控制方法研究进展 ［J］. 干旱气象，2012，30（2）：261－265.

第5章　新能源发电运行信息管理

新能源发电运行信息管理是指对新能源发电运行过程中产生的有关信息进行采集、处理、分析和应用等，是新能源场站运行管理和评估的基础。本章从信息分类、信息采集、数据处理、数据应用和安全防护等方面对新能源发电运行信息管理进行阐述。

5.1　新能源发电运行信息

新能源发电运行信息指新能源场站运行过程中产生的有关信息，这些信息上传到电网调度机构的调度自动化系统。新能源发电运行信息一般可分为新能源场站信息和新能源发电单元信息等。

5.1.1　新能源场站信息

5.1.1.1　风电场运行信息

风电场向电网调度机构传送的信息包括遥测量、遥信量和其他信息。

1. 风电场遥测量

风电场遥测信息主要包括全场、升压站和集电线路信息，具体如下：

（1）风电场发电出力，即全场所有风电机组的有功功率总加、无功功率总加。

（2）风电场接入公共电网线路的有功功率、无功功率和电流。

（3）升压站主变压器高、低压侧各段母线的电压和频率。

（4）升压站主变压器各侧的有功功率、无功功率和电流。

（5）升压站无功补偿装置的无功功率和电流。

（6）集电线路的有功功率、无功功率和电流。

（7）升压站主变有载调压装置的分接头挡位。

2. 风电场遥信量

风电场遥信信息主要包括全场、升压站、集电线路的状态变量，具体如下：

（1）升压站并网线路的断路器、隔离开关、接地开关状态位置信号。

（2）升压站母联断路器、分段断路器、隔离开关、接地开关、PT 刀闸状态位置信号。

（3）升压站无功补偿装置的断路器、隔离开关、接地开关状态位置信号。

（4）升压站主变压器中性点接地开关状态位置信号。

（5）集电线路的断路器、隔离开关、接地开关状态位置信号。

（6）风电场事故总信号。

3. 其他信息

根据调度运行管理要求，除上述遥测、遥信信息外，风电场需向调度机构上传的信息包括：

（1）风电场实时测风信息，即测风塔实时测量的风速、风向、气温、气压、湿度等数据，其中风速、风向应有 10m 高处、30m 高处、50m 高处、70m 高处、风电机组轮毂中心高处、测风塔最高处测点值。

（2）风电场数值天气预报，指未来一段时间内风电场所在地区、不同高度（10m、30m、50m、70m、100m 等）的风速、风向、气温、气压、湿度预报（预测数据时间分辨率为 15min）。

（3）风电场功率预测结果，指风电场功率预测系统的短期和超短期预测结果。

5.1.1.2 风电场基础台账信息

风电场基础台账信息包括风电场属性信息、风电机组信息、无功补偿装置信息、控制系统类信息、涉网定值信息、功率预测类信息和涉网测试类信息，均为一次性报送台账信息。具体如下：

（1）风电场属性信息主要包括风电场归属集团、所在市（区）、占地面积、调度名称、调度机构性质、经度、纬度、并网电压等级、并网点、并网期数、年平均气温、设计容量、实际并网容量、首次并网日期、调试完成日期、并网机组台数、设计年利用小时数、风电机组类型、风电机组台数，以及可研报告中的 10m 高度年平均风速、50m 高度年平均风速、年平均气温、年平均气压、年主导风向等。

（2）风电机组信息主要包括风力机生产厂家、型号、类型（双馈、直驱、鼠笼等）、叶片长度、变流器厂家、变流器型号、主控系统型号及软件版本、额定视在功率（MVA）、额定有功功率（MW）、进相能力（Mvar 或功率因数）、迟相能力（Mvar 或功率因数）、额定风速（m/s）、切入风速（m/s）、切出风速（m/s）、理论功率曲线等。

（3）无功补偿装置信息主要包括动态无功补偿设备和电容器信息。动态无功补偿设备信息包括设备类型［TCR（SVC）、MCR（SVC）、SVG 等］、生产厂家、产品型号、感性容量、容性容量、动态响应时间、控制策略、跟踪点电压等级、电压采集点位置等；电容器信息包括生产厂家、产品型号、总容性容量、分组投切（是/否）、单组容量（Mvar）等。

（4）控制系统类信息主要包括监控系统厂家、监控系统软件版本号、有功功率控制系统和无功电压控制系统信息。有功功率控制系统信息包括产品名称、生产厂家、有功控制系统软件版本号、有功控制系统投运日期、有功控制系统是否纳入主站闭环管理等；无功电压控制系统信息包括产品名称、生产厂家、无功控制系统软件版本号、无功控制系统投运日期、无功控制系统是否纳入主站闭环管理、是否具备控制风电机组无功能力、是否具备协调各种无功设备的能力、风电机组及厂内无功设备协调控制功能及策略、快速正确投切厂内无功补偿设备时间、能否自动接收调度指令等。

（5）涉网定值信息主要包括保护配置资料、电压定值及频率定值信息。保护配置信息包括调度调管设备保护配置清单、故障录波厂家、设备型号、投运时间、馈线信息接入、动态无功补偿装置信息接入等。电压定值信息包括最低瞬时电压、最低瞬时电压运行延时、正常运行电压低限、正常运行电压低限之下允许运行时间、正常运行电压高限、正常运行电压高限之上允许运行时间等。频率定值信息包括低频停机、低频停机延时、频率低限、频率低限延时、正常连续运行频率下限、正常连续运行频率上限、频率高限、频率高限延时、高频停机、高频停机延时、频率响应调节定值等。

（6）功率预测类信息主要包括风功率预测系统生产厂家、产品型号、投运时间、软件版本号、数值天气预报来源、超短期气象资料来源、多年逐月平均风速情况、历史最大风速、风功率密度等。

（7）涉网测试类信息主要包括低电压穿越能力测试报告、高电压穿越能力测试报告、动态无功补偿装置测试报告、电能质量在线监测装置入网测试报告、有功/无功调节能力测试报告、频率适应性测试报告等。

5.1.1.3　光伏电站运行信息

光伏电站向电网调度机构传送的信息包括遥测量、遥信量和其他信息。

1. 光伏电站遥测量

光伏电站遥测信息主要包括全场、升压站和集电线路的运行信息，具体如下：

（1）光伏电站发电出力，即全站所有光伏逆变器的有功功率总加、无功功率总加。

（2）光伏电站接入公共电网线路的有功功率、无功功率和电流。

（3）升压站主变压器各段母线的电压和频率。

（4）升压站主变压器各侧的有功功率、无功功率和电流。

（5）升压站无功补偿装置的无功功率和电流。

（6）集电线路的有功功率、无功功率和电流。

（7）升压站主变压器有载调压装置的分接头挡位。

2. 光伏电站遥信量

光伏电站遥信信息主要包括全场、升压站和集电线路的状态变量，具体如下：

（1）升压站并网线路的断路器、隔离开关、接地开关状态位置信号。

（2）升压站母联断路器、分段断路器、隔离开关、接地开关、PT 刀闸状态位置信号。

（3）升压站无功补偿装置的断路器、隔离开关、接地开关状态位置信号。

（4）升压站主变压器中性点接地开关状态位置信号。

（5）集电线路的断路器、隔离开关、接地开关状态位置信号。

（6）光伏电站事故总信号。

3. 其他信息

根据调度运行管理要求，除上述遥测、遥信信息外，光伏电站需向调度机构上传的信息包括：

（1）实时测光信息，即光伏气象站监测的倾斜面总辐照度、水平面总辐照度、直射辐照度、散射辐照度、环境温度和风速等数据。

（2）光伏电站数值天气预报，指未来一段时间内光伏电站所在地区的辐照度、风速、风向、气温、气压、湿度（预测数据的时间分辨率为 15min）。

（3）光伏电站功率预测结果，即光伏电站功率预测系统的短期和超短期预测结果。

5.1.1.4 光伏电站基础台账信息

光伏电站基础台账信息包括光伏电站属性信息、光伏组件信息、光伏逆变器信息、无功补偿装置信息、控制系统类信息、涉网定值信息、功率预测类信息、涉网测试类信息等。

（1）光伏电站属性信息主要包括光伏电站归属集团、所在市（区）、占地面积、调度名称、调度机构性质、经度、纬度、并网电压等级、并网点、并网期数、年平均气温、设计容量、实际并网容量、首次并网日期、调试完成日期、并网逆变器台数、设计年利用小时数、并网逆变器类型、光伏发电类型，以及可研报告中的年日照辐射量、年日照小时数等。

（2）光伏组件信息主要包括光伏组件生产厂家、型号、类型（单晶、多晶、薄膜）、逆变器厂家、逆变器型号、逆变器额定功率、逆变器额定电压、逆变器额定频率、光伏板数量、光伏阵列跟踪类型、光伏组件型号及单件容量、每组组串光伏件数、组件支架类型等。

（3）无功补偿装置信息主要包括动态无功补偿设备和电容器信息。动态无功补偿设备信息包括设备类型［TCR（SVC）、MCR（SVC）、SVG 等］、生产厂家、产品型号、感性容量、容性容量、动态响应时间、控制策略、跟踪点电压等级、电压采集点位置；电容器信息包括生产厂家、产品型号、总容性容量、分组投切（是/否）、单组容量。

（4）控制系统类信息主要包括监控系统厂家、监控系统软件版本号、有功功率控制系统和无功电压控制系统信息。有功功率控制系统信息包括产品名称、生产厂家、有功控制系统软件版本号、有功控制系统投运日期、有功控制系统是否纳入主站闭环管理。无功电压控制系统信息包括产品名称、生产厂家、无功控制系统软件版本号、无功控制系统投运日期、无功控制系统是否纳入主站闭环管理、是否具备控制光伏逆变器无功能力、是否具备协调各种无功设备的能力、光伏逆变器及站内无功设备协调控制功能及策略、快速正确投切厂内无功补偿设备时间、能否自动接收调度指令等。

（5）涉网定值信息主要包括保护配置资料、电压定值及频率定值信息。保护配置信息包括调度调管设备保护配置清单、故障录波厂家、设备型号、投运时间、馈线信息接入、动态无功补偿装置信息接入等；电压定值信息包括最低瞬时电压、最低瞬时电压运行延时、正常运行电压低限、正常运行电压低限之下允许运行时间、正常运行电压高限、正常运行电压高限之上允许运行时间；频率定值信息包括低频停机、低频停机延时、频率低限、频率低限延时、正常连续运行频率下限、正常连续运行频率上限、频率高限、频率高限延时、高频停机、高频停机延时、频率响应调节定值等。

（6）功率预测类信息主要包括光功率预测系统生产厂家、产品型号、投运时间、软件版本号、数值天气预报来源、超短期气象资料来源、多年逐月平均辐照度等。

（7）涉网测试类信息主要包括低电压穿越能力测试、高电压穿越能力测试、动态无功补偿装置测试、电能质量在线监测装置入网测试、有功/无功调节能力测试报告、频率适应性测试报告等。

5.1.2　新能源发电单元运行信息

为满足风电（光伏发电）调度运行的精益化要求，在发电能力评估、受阻电量计算、检修安排优化、预测精度提升和功率控制协调等方面，对风电（光伏发电）运行信息颗粒度的要求越来越高，调度运行管理逐渐细化到单台风电机组（单个光伏发电单元）的层面。

中国电力企业联合会发布的《风力发电设备可靠性评价规程（试行）》对风电机组遥测及遥信状态数据进行规范和定义，要求单台风电机组信息采集数据内容包括风电机组有功、无功、电流、线电压、机舱风速、风向、温度、风电机组运行状态和故障代码 9 类；国家电网公司发布的《光伏发电站监控系统技术要求》（Q/GDW 989—2013）对光伏逆变器遥测及遥信状态数据进行规范和定义，要求单个光伏逆变器信息采集数据内容包括光伏逆变器有功、无功、电流、线电压、光伏逆变器运行状态和故障代码 6 类。

5.1.2.1　风电机组遥测数据

风电机组遥测数据包括有功、无功、电流、线电压、机舱风速、风向、温度共 7 类。遥测数据时间分辨率要求均为 1min，且为 1min 时间点的瞬时值，非 1min 采集数据的平均值，具体数据需求见表 5-1。

表 5-1 单机信息采集遥测数据需求

序号	数据名称	定 义
1	有功	风电机组有功数据
2	无功	风电机组无功数据
3	电流	风电机组电流数据
4	线电压	风电机组线电压数据
5	机舱风速	风电机组机舱处风速数据（双测风仪考虑风轮桨叶影响折算后的风速）
6	风向	风电机组机舱处来风方向
7	温度	风电机组环境温度

5.1.2.2 风电机组状态数据

1. 风电机组运行状态

根据中国电力企业联合会发布的《风力发电设备可靠性评价规程（试行）》，风电机组遥信状态划分为待风、发电、机组自降额运行、异常天气降额运行、调度指令降额运行、调度停运备用、场内受累停备、场外受累停备、计划停运、故障停运、异常天气停运、通信中断 12 种状态，风电机组状态变量分类如图 5-1 所示。

风电机组状态变量定义见表 5-2。

不考虑通信中断状态，风电机组其余 11 种状态可以划分为机组不受限运行的正常运行状态、由异常天气条件引起的风电受阻状态、由场内设备原因导致的风电受阻状态，以及由场外电网原因导致的风电受阻状态四类状态。理想情况下风电机组状态（不考虑通信中断）如图 5-2 所示。若上述机组状态均能采集上传，则能够客观准确地评价设备可用率并开展风电受阻原因精细化分析。

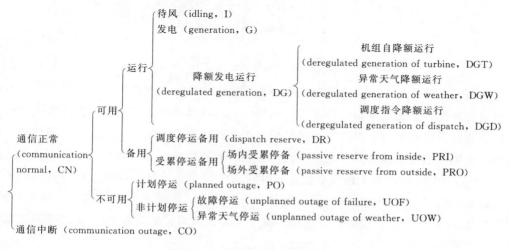

图 5-1 风电机组状态变量分类

表 5 - 2 风电机组状态变量定义

序号	变量（状态）	状态定义
1	待风	指风电机组因风速过低（低于切入风速）处于未出力状态，但在风速条件满足时，可以自动连接到电网
2	发电	指风电机组在电气上处于连接到电力系统并正常发电的状态
3	机组自降额运行	指风电机组性能衰减或异常而降额运行的状态
4	异常天气降额运行	指风电机组受外界异常天气影响而降额运行的状态
5	调度指令降额运行	指风电机组接收到 AGC 限功率控制命令并执行降额运行的状态
6	计划停运	指因风电场安排风电机组计划检修造成的机组停机
7	故障停运	指因风电机组自身故障造成的机组停机，如机械部件报故障等原因造成的停机
8	异常天气停运	指因风电机组受外界异常天气影响而停机的状态
9	调度停运备用	指风电机组本身具备发电能力，但由于电力系统的运行约束，风电场有功控制子站接收调度命令后让部分风电机组处于停运备用的状态
10	场内受累停备	指风电机组本身具备发电能力，但由于风电机组以外的场内设备停运造成被迫停运的状态
11	场外受累停备	指风电机组本身具备发电能力，但由于场外原因（电网设备故障或非计划检修）造成被迫退出运行状态
12	通信中断	指由于通信原因，场站监控系统或能量管理系统未接收到风电机组实时数据

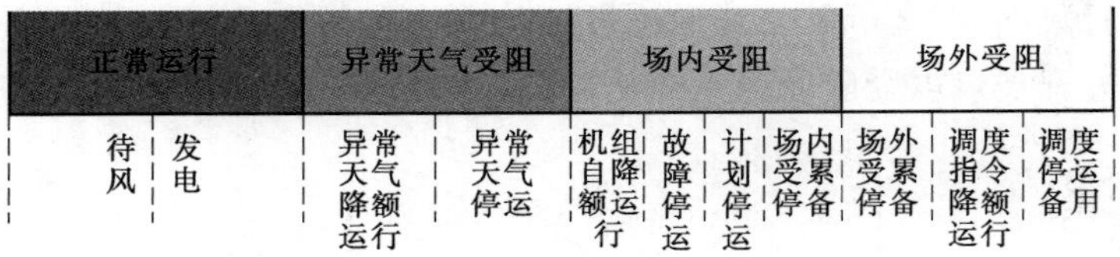

正常运行		异常天气受阻		场内受阻		场外受阻			
待风	发电	异常天气降额运行	异常天气停运	机组自降额运行	故障停运	计划停运	场内受累停备	场外受累停备	调度指令降额运行	调度停运备用

图 5 - 2　理想情况下风电机组状态（不考虑通信中断）

　　然而，实际运行中大部分风电机组自身无法生成异常天气条件导致的停运或机组自降额运行状态，也无法自动区分箱式变压器、汇集线以及母线等场内设备故障引起的风电机组场内受累停备与电网故障等场外原因引起的风电机组场外受累停备。当出现上述情况时，风电机组都推送同一故障代码，代表着 6 种故障状态，风电机组状态重组如图 5 - 3 所示。图 5 - 3 中两个虚线框把这 6 种状态统归为非计划停运状态。根据风电机组推送信息的情况，可将机组的实际运行归为 7 种状态，如图 5 - 3（未包括"通信中断"状态）和表 5 - 3 所示。需要说明的是，由于异常天气自降额和机组自降额两种状态出现的几率很小，故未在表 5 - 3 中列出。

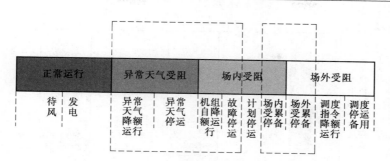

图 5-3 风电机组状态重组

表 5-3 风 电 机 组 状 态 分 类

编号	变量	运 行 状 态 定 义
1	待风	指风电机组因风速过低（低于切入风速）处于未出力状态，但在风速条件满足时，可以自动连接到电网
2	发电	指风电机组在电气上处于连接到电力系统并正常发电的状态
3	调度指令降额运行	指风电机组接收到 AGC 限功率控制命令并执行降额运行的状态
4	计划停运	指因风电场安排风电机组计划检修造成的机组停机
5	故障停运	指因风电机组自身故障造成的机组停机，如机械部件故障等原因造成的停机
	异常天气停运	指因风电机组受外界异常天气影响而停机的状态
	场内受累停备	指风电机组本身具备发电能力，但由于风电机组以外的场内设备停运造成被迫停运的状态
	场外受累停备	指风电机组本身具备发电能力，但由于场外原因（电网设备故障或非计划检修）造成被迫退出运行状态
6	调度停运备用	指风电机组本身具备发电能力，但由于电力系统的运行约束，风电场有功控制子站接收调度命令后让部分风电机组处于停运备用的状态

2. 非计划停运状态人工鉴别

为准确验证在"非计划停运"运行状态时，风电机组是"机组故障停运"还是"受累停备"，需由风电机组厂家提供 1min 级机组故障代码信息。调度机构针对表 5-3 中状态 5 包含多个运行状态的现象，采用图 5-4 所示的排除法进行场内、场外受累停备状态区分，具体步骤如下：

（1）风电场单机信息上传时标记相应故障信息代码［如某台 GW110/3000 机组因"电网过压故障"停机时，则上传故障信息代码"（4）"］，电力调度机构根据故障信息代码区分该风电机组是处于故障停运状态、异常天气停运状态，还是处于受累停备状态（包括场内受累和场外受累）。

（2）若步骤（1）中风电机组被判定为受累停备状态，则电网调度机构需进一步结合调

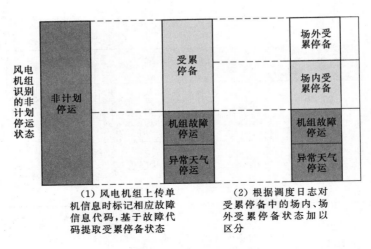

图 5-4　风电机组场内、场外受累停备状态区分方法

度日志中电网线路、变电站等电网设备运行（退出）状态，判定该风电机组是否因场外受累导致停机，除此之外的风电机组受累停备状态均视为场内受累停备状态。

5.1.2.3　光伏发电单元遥测数据

光伏发电单元遥测数据包括有功、无功、电流、线电压共 4 类。遥测数据时间分辨率均为 1min，且为 1min 时间点的瞬时值，非 1min 采集数据的平均值，单机信息采集遥测数据列表见表 5-4。

表 5-4　　　　　　　　　　光伏发电单元信息采集遥测数据列表

序号	数据名称	定　义
1	有功	光伏发电单元有功数据
2	无功	光伏发电单元无功数据
3	电流	光伏发电单元电流数据
4	线电压	光伏发电单元线电压数据

5.1.2.4　光伏发电单元状态数据

1. 光伏发电单元运行状态

根据国家电网公司发布的 Q/GDW 989—2013，光伏发电单元遥信状态划分为待机、发电、机组自降额运行、调度指令降额运行、计划停运、调度停运备用、故障停运、站内受累停备、站外受累停备、通信中断 10 种状态，光伏发电单元状态变量分类如图 5-5 所示。

根据定义，光伏发电单元运行状态见表 5-5。

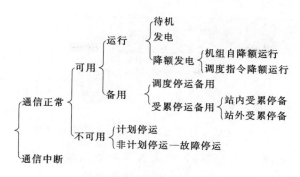

图5-5 光伏发电单元状态变量分类

表5-5 光伏发电单元运行状态

序号	变量	注 释
1	待机	指光伏发电单元因辐照度过低处于未出力状态，但在辐照度条件满足最大功率点跟踪（maximum power point tracking, MPPT）运行范围时，可以自动连接到电网
2	发电	指光伏发电单元电气上处于连接到电力系统的正常发电状态
3	机组自降额运行	指因光伏组件效率衰减、异物遮挡，以及逆变器等原因造成发电单元主动降额运行的状态
4	调度指令降额运行	指光伏发电单元按调度指令进行降额运行的状态
5	计划停运	指因光伏电站安排设备计划检修造成的发电单元停运
6	调度停运备用	指发电单元本身具备发电能力，但由于电力系统运行约束，光伏电站有功控制子站接收主站命令后让部分光伏发电单元处于停运备用的状态
7	故障停运	指光伏发电单元自身故障造成的停机
8	站内受累停备	指光伏发电单元本身具备发电能力，但由于站内其他设备停运造成光伏发电单元被迫退出运行的状态
9	站外受累停备	指光伏发电单元本身具备发电能力，但由于站外原因（如外送输电线路或电力系统故障等）造成光伏发电单元被迫退出运行状态
10	通信中断	指由于通信原因，场站监控系统或能量管理系统未接收到光伏发电单元实时数据，无法按时转发数据

不考虑通信中断状态，光伏发电单元运行状态可以划分为光伏发电单元不受限运行的正常运行状态、由场内设备原因导致的光伏发电单元受阻状态，以及由场外电网原因导致的光伏发电单元受阻状态三类，光伏发电单元运行状态（不考虑通信中断）如图5-6所示。若上述状态均能采集上传，则能够客观准确地评价设备可用率和开展光伏发电受阻原因精细化分析。

然而，实际运行中大部分逆变器自身无法生成自降额运行状态，也无法自动区分光伏进线、母线、主变压器等站内设备故障引起的站内受累停备与电网故障等站外原因引起的站外受累停备。实际情况下逆变器状态信息上传规范如图5-7所示。当出现上述

图 5-6　光伏发电单元运行状态（不考虑通信中断）

情况时，逆变器都推送同一故障代码，代表着 4 种故障状态，图 5-7 中两个虚线框把这 4 种状态统归为非计划停运状态。根据逆变器推送信息的情况，可将光伏发电单元的实际运行归为 7 种状态，如图 5-7（未包括"通信中断"状态）和表 5-6 所示。需要说明的是，由于自降额运行状态出现的概率很小，故未在表 5-6 中列出。

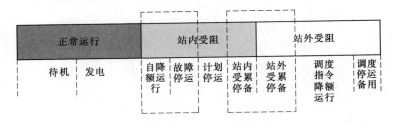

图 5-7　实际情况下光伏发电单元状态信息上传规范

表 5-6　　　　　　　　　　光伏发电单元状态分类

编号	变　量	运 行 状 态 定 义
1	待机	指光伏发电单元因辐照度过低处于未出力状态，但在辐照度条件满足 MPPT 运行范围时，可以自动连接到电网
2	发电	指光伏发电单元电气上处于连接到电力系统的正常发电状态
3	调度指令降额运行	指光伏发电单元按调度指令进行降额运行的状态
4	计划停运	指因光伏电站安排设备计划检修造成的光伏发电单元停运
5	故障停运	指光伏发电单元自身故障造成的停机
	站内受累停备	指光伏发电单元本身具备发电能力，但由于站内其他设备停运造成光伏发电单元被迫退出运行的状态
	站外受累停备	指光伏发电单元本身具备发电能力，但由于站外原因（如外送输电线路或电力系统故障等）造成光伏发电单元被迫退出运行状态
6	调度停运备用	指光伏发电单元本身具备发电能力，但由于电力系统运行约束，光伏电站有功控制子站接收主站命令后让部分光伏发电单元处于停运备用的状态

2. 非计划停运人工鉴别

为准确验证光伏发电单元在"非计划停运"运行状态时，光伏发电单元是"故障停运"还是"受累停备"运行状态，需提供 1min 级逆变器故障代码信息。

调度机构针对表 5-6 中状态 4 包括多个运行状态的现象，采用图 5-8 所示的排除法进行站内、站外受累停运区分，具体步骤如下：

（1）光伏电站光伏发电单元单机信息上传时标记相应故障信息代码，调度机构根据故障信息代码区分该光伏发电单元是处于故障停运状态还是处于受累停备状态（包括站内受累停运和站外受累停运）。

（2）对于步骤（1）中判定为受累停备状态，调控机构进一步结合调度日志中电网线路、变电站等电网设备运行（退出）状态，判定该光伏发电单元是否因站外受累导致停机，除此之外的逆变器受累停备状态均视为站内受累停运状态。

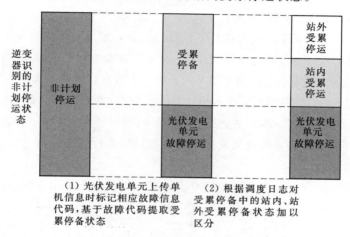

图 5-8 光伏发电单元站内、站外受累停备状态区分方法

5.2 新能源发电运行信息采集传输方案

新能源发电运行信息采集传输有两种方案：一种是通过安全Ⅰ区远动上传至调度机构，时间分辨率从几秒到几分钟不等，一般称之为安全Ⅰ区传输方案；另一种是通过场站监控系统自动生成 E 格式文件传至场站安全Ⅲ区，通过安全文件传送协议（secure file transfer protocol，SFTP）方式上传至调度机构，称为安全Ⅲ区 SFTP 方案。

5.2.1 安全Ⅰ区传输方案

与常规发电机组运行信息采集传输方案类似，新能源场站运行数据（含单机信息数据，即新能源发电单元运行数据）均从安全Ⅰ区上传，通过远动装置上传至调度机构数据采集与监视控制（supervisory control and data acquisition，SCADA），数据上传示意图如图 5-9 所示。

由于新能源场站的运行数据大多在调度机构安全Ⅲ区进行实用化应用，因此海量运行数据从 SCADA 传至Ⅲ区时，

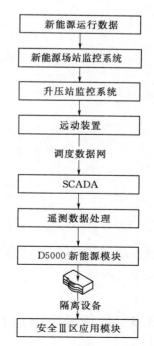

图 5-9 安全Ⅰ区远动方案中新能源运行数据上传示意图

需要经过多个环节，增大了出现数据质量问题的风险，同时，风电机组（光伏逆变器）发电运行的海量数据将有可能引起实时信息的通道阻塞和数据延迟。

5.2.2　安全Ⅲ区 SFTP 方案

通过综合数据网将新能源场站运行数据以 E 格式文件〔文件规范遵循《电力系统数据标记语言-E 语言规范》（Q/GDW 215—2008）〕的方式，由新能源场站Ⅲ区上传到调度安全Ⅲ区，具体上传过程如下：

（1）新能源场站对场站内所有运行信息进行汇总，包含场站数据和单机数据，其中，单机数据包括风电机组（光伏逆变器）有功、无功、状态和风速（辐照度）等数据。

（2）新能源场站对汇总数据的完整率和正确率进行自动校核，确保上传数据的质量。

（3）新能源场站按规范要求生成 E 格式文件，并推送至调度机构安全Ⅲ区文件服务器。

（4）调度机构进行文件解析，并进行数据正确率检验，包括死数率、错数率和不刷新率。

（5）调度机构将数据质量结果反馈至新能源场站进行整改，整改后信息重新上传并由调度机构入库存储。

以风电场单机数据上传为例，安全Ⅲ区远动单机数据上传示意图如图 5-10 所示。

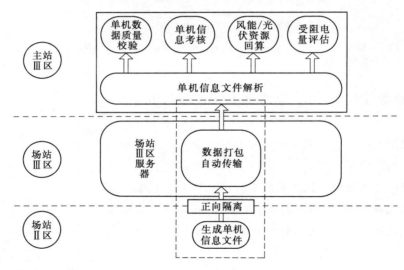

图 5-10　安全Ⅲ区远动单机数据上传示意图

该方案每分钟生成 E 格式文件并自动上传，既保证了新能源发电运行数据的实时性要求，又大大减少了数据在安全Ⅲ区应用前的传输环节，较易实现对新能源发电运行信息的质量管控。

5.3　新能源发电运行异常数据辨识与重构

新能源场站实时向调控中心上传大量数据，其数据质量直接影响调控运行效果，需要对异常数据进行辨识和重构。本节从运行数据校验规则和校验顺序方面介绍了新能源发电运行异常数据辨识与重构的方法。

5.3.1 异常数据辨识

按照"先自校验、后互校验"的顺序逐步分类辨识出新能源发电相关异常数据。

1. 自校验

自校验包括缺数、错数、死数的校验。风速大于 50m/s 或风速小于 0，辐照度大于 1250W/m² 或辐照度小于 0，有功出力大于或小于某一限值，则视为错数，除通信中断外，风速（辐照度）或有功数据持续一段时间不变的视为死数。

2. 互校验

互校验包括新能源发电单元运行状态和有功出力之间的校验（状态－有功校验）、有功出力和风速（辐照度）之间的校验［有功-风速（辐照度）校验］以及新能源发电单元运行状态和风速（辐照度）之间的校验三类。

状态-有功校验方法为：待风（待机）状态下，有功出力大于或小于某一限值，视为校验错数；故障、检修、停运状态下，有功出力大于某一限值，视为校验错数；发电、降额状态下，有功为负数，视为校验错数。

有功-风速（辐照度）校验方法为：计算新能源发电单元实测风速（辐照度）对应的理论功率，非限电状态下，如果实测功率与理论功率之差的绝对值大于某一限值，视为校验错数。

状态-风速（辐照度）校验方法为：发电状态下，风电机组实测风速超出正常发电风速区间或光伏逆变器实测辐照度小于某一限值，视为校验错数。

3. 汇集线/全场校验

汇集线/全场校验方法为：汇集线下的新能源发电单元有功之和与汇集线潮流之差的绝对值大于某一限值，或全场新能源发电机组有功之和与并网点有功之差的绝对值大于某一限值，则视为校验错数。

以风电场为例，数据质量校验顺序如图 5-11 所示。

5.3.2 异常数据重构

经过以上异常数据辨识后，新能源发电运行数据的正确性得到较大提升，但数据的完整性也会遭到一定程度的破坏，剔除的异常数据较多时，甚至会影响到数据的可用性。因此，针对单点异常、多点异常和连续异常三个类别，必须选取合理的处理方法对新能源发电运行数据进行重构。

下面是两种简易的工程化异常数据重构方法。

1. 删除法

删除法即直接删除含有缺损值的记录。删除记录是最简单的一种办法，就是让数据挖

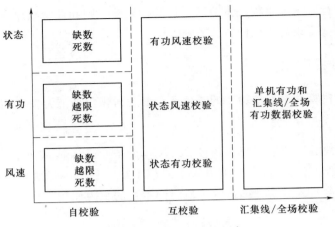

图 5-11　数据质量校验顺序

掘算法执行时不考虑这条数据记录，也可以直接删除掉这条记录。但是这种方法只能针对于数据异常率比较少或者是比较均匀的情况，否则会影响到数据的分布和数据的正确性。

2. 填充法

填充法即选择一个常量数或者按照某种规则对缺损记录进行重构，主要有以下四种规则：

（1）均值填充。使用属性的均值填充异常数据，当数据异常现象比较均匀时（即不是某一特定类型数据的异常），均值填充不影响数据的整体特性。

（2）同类填充。如果是某一特定类型的数据异常，可以先将数据进行分类，然后对特定类型异常数据进行填充。例如，风电机组风速数据异常时，可采用周边风电机组数据进行填充。

（3）全局常量填充。对每一个异常数据项使用同一个指定的全局常量进行填充。例如，风电机组风速数据异常时，可采用测风塔实测数据进行填充。

（4）异常数据的预测填充。使用一些数据分析方法，例如回归分析法、贝叶斯法、判定树归纳法等对异常数据项进行判断和预测，找出最可能的值进行填充。例如，风电机组风速数据异常时，采用数值天气预报的预测风速进行填充。

5.4　新能源发电运行数据典型应用

准确合格的新能源发电运行数据，不仅是新能源场站设备可靠性和新能源资源利用评估的基础，也是开展调度运行辅助决策的科学依据。可以在调度运行辅助决策、设备可靠性评估和场站利用水平评价等方面开展应用。

5.4.1　调度运行辅助决策

5.4.1.1　新能源发电运行实时监控

根据新能源发电运行数据信息，可实现新能源发电运行实时监控。通过实时监视每个新能源发电单元的有功、无功和运行状态，调度机构可进行脱网故障监视和出力优化控制。

当发生风电机组或光伏逆变器脱网时，其状态会发生突变，系统会实时推送状态变化信息，使调度人员能够实时监视到新能源发电机组的脱网情况，并快速地进行处理。另外，通过开机容量的实时监视，实时评估场站的理论出力和弃风弃光情况，据此可以调整有功控制系统下发的出力指令，以充分利用电网接纳能力和外送通道容量。

5.4.1.2 受阻电量量化评估

根据新能源发电运行数据信息，可以量化评价每个新能源场站的理论功率、可用发电功率，精细评估新能源发电受阻电量中的场外、场内受阻电量。

新能源场站场内受阻电量可根据理论发电功率和可用发电功率的差值进行计算，其大小是衡量新能源发电企业运行管理水平的重要指标。如果场内弃电量较大，表明新能源发电企业及所属场站的设备运维管理水平有待提高。

新能源场站场外受阻电量可根据可用发电功率和实发功率的差值进行计算，结合调度日志中记录的电网设备检修和故障信息，将由场外原因导致的受阻电量细分为电网正常工况限电、电网检修故障限电等几种原因。针对每种原因分别进行统计分析，从而揭示电网设备运维管理中影响新能源发电消纳的关键环节，精准定位消纳瓶颈。

5.4.1.3 外送通道检修计划优化

通过对新能源历史运行数据的统计，开展风、光资源特性分析，挖掘新能源资源的季节特性。

在此基础上，开展新能源外送通道检修优化工作，优化原则主要包括以下两方面：

（1）在新能源资源少的时段安排新能源外送通道输变电设备检修。以风电外送通道为例，每年枯风期是安排风电场外送通道停电检修的最优时间，因此优化调整外送通道的停电检修计划，尽量将停电时间调整到枯风期，避免额外的电量损失。

（2）场内检修配合场外检修，调度机构协调场站内发电设备检修工作，在检修计划制订时做到"一停多用"，即当外送通道检修时，安排场内设备同时配合停电检修，减小重复停电造成的电量损失。

5.4.2 设备可靠性评估

把新能源发电单元看成可修复元件，结合不同型号新能源发电单元的运行数据和状态信息，可计算每种型号新能源发电单元的平均检修时间 T_r、平均故障时间 T_f 以及某个新能源场站的平均可用率 α 等可靠性指标。某型号新能源发电单元的可靠性指标计算公式为

$$T_r = \sum_{i=1}^{N} \sum_{j=1}^{n_i} T_{PO}(i,j)/N \qquad (5-1)$$

$$T_f = \sum_{i=1}^{N} \sum_{j=1}^{m_i} T_{UOF}(i,j)/N \qquad (5-2)$$

$$\alpha = 1 - \frac{\sum_{i=1}^{N}[T_{PO}(i) + T_{UOF}(i)]}{\sum_{i=1}^{N}[T - T_U(i)]} \qquad (5-3)$$

式中　　N——某型号新能源发电单元的总台数；

n_i——第 i 台新能源发电单元统计周期内的计划停运检修次数；

$T_{PO}(i,j)$——第 i 台新能源发电单元在第 j 次计划停运检修的持续时间；

m_i——第 i 台新能源发电单元统计周期内的非计划停运次数；

$T_{UOF}(i,j)$——第 i 台新能源发电单元在第 j 次非计划停运的持续时间；

T——统计周期；

$T_{PO}(i)$——第 i 台新能源发电单元计划停运检修总时间；

$T_{UOF}(i)$——第 i 台新能源发电单元非计划停运总时间；

T_U——新能源发电单元场内（外）受累停备、调度停运备用、通信中断持续时间之和。

例如，2017 年某省级电网统计了 10 家主流风电机组厂家的风电机组可用率。部分厂家风电机组平均可用率情况如图 5-12 所示。其中，各厂家风电机组检修时间均在 100h 左右，而平均故障时间差异性较大，是影响风电机组可用率的主要因素。对于平均可用率偏低的厂家 10 而言，可用率仅为 92.9%，而故障时间高达 457h。

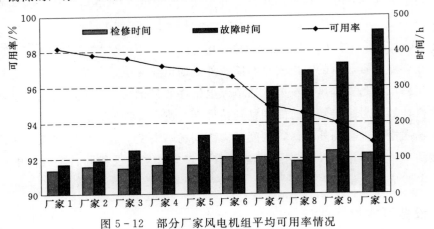

图 5-12　部分厂家风电机组平均可用率情况

5.4.3　场站利用水平评价

5.4.3.1　新能源场站可用率

对于新能源场站可用率而言，新能源发电单元的不可用状态除了新能源发电单元故

障、检修以外还包括场内设备故障导致发电单元的停备。因此，新能源场站平均可用率 γ 为

$$\gamma = 1 - \frac{\displaystyle\sum_{i=1}^{M}\left[T_{PO}(i) + T_{UOF}(i) + T_{PRI}(i)\right]}{\displaystyle\sum_{i=1}^{M}\left[T - T_{U'}(i)\right]} \tag{5-4}$$

式中　M——新能源场站发电单元的总数；

$T_{PO}(i)$——第 i 个新能源发电单元计划停运检修总时间；

$T_{UOF}(i)$——第 i 个新能源发电单元非计划停运总时间；

$T_{PRI}(i)$——第 i 个新能源发电单元场内受累停备的总时间；

T——统计周期；

$T_{U'}$——新能源场站发电单元场外受累停备、调度停运备用、通信中断持续的时间之和。

例如，2017 年某省级电网风电装机容量超过 50 万 kW 的新能源发电企业共有 8 个，各发电企业年平均利用小时数和风电机组平均可用率如图 5-13 所示。在风能资源一定的情况下，风电利用小时数与风电场可用率基本成正比，对于风电场可用率最高的新能源发电企业 A（95.9%），其风电利用小时数也最高，达到 2172h。

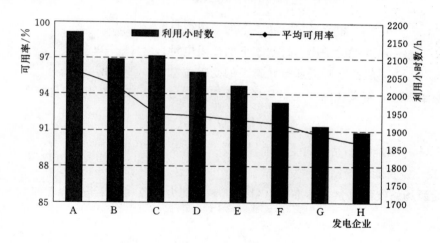

图 5-13　各发电企业年平均利用小时数和风电机组平均可用率

5.4.3.2　新能源资源利用率

新能源发电企业对场站的管理通常以新能源资源利用率为对标指标。相比于利用小时指标，该指标更加科学地反映了新能源场站在客观约束条件下的资源利用情况。

首先需要说明，新能源场站受阻电量是指由于相关设备维护、检修、故障停运、电

网送出阻塞以及系统调峰限制等原因，造成新能源场站不能充分利用新能源资源的弃电量。根据受阻电量产生的原因，可分为场内受阻电量和场外受阻电量。场内受阻电量是指由于新能源发电单元检修、故障和场内设备故障停备而造成的电量损失。场外受阻电量是由于电网送出阻塞以及系统调峰限制而造成的电量损失。

新能源场站场内受阻电量包含计划停运检修（planned outage，PO）、非计划停运（unplanned outage of failure，UOF）和场内受累停备（passive reserve from inside，PRI）的电量损失，其计算公式为

$$E_{in} = \sum_{i=1}^{M} [E_{PO}(i) + E_{UOF}(i) + E_{PRI}(i)] \tag{5-5}$$

式中　E_{PO}——计划停运检修状态下的受阻电量；

E_{UOF}——非计划停运状态下的受阻电量；

E_{PRI}——场内受累停备状态下的受阻电量。

新能源场站场外受阻电量包含调度指令降额运行（deregulated generation of dispatch，DGD）、场外受累停备（passive reserve from outside，PRO）和调度停运备用（dispatch reserve，DR）的电量损失，其计算公式为

$$E_{out} = \sum_{i=1}^{M} [E_{PRO}(i) + E_{DR}(i) + E_{DGD}(i)] \tag{5-6}$$

式中　E_{PRO}——场外受累停备运行状态下的受阻电量；

E_{DR}——调度停运备用运行状态下的受阻电量；

E_{DGD}——调度指令降额运行状态下的受阻电量。

为便于表述，定义实际发电量与场内受阻电量之和为标准发电量，即

$$E_B = Q + E_{in} \tag{5-7}$$

式中　E_{in}——新能源场站场内受阻电量；

Q——新能源场站实际发电量。

新能源场站实发电量与标准发电量的比率定义为资源利用率指标 β，即

$$\beta = \frac{Q}{E_B} \tag{5-8}$$

新能源发电企业可以利用资源利用率指标进行对标管理，量化分析新能源资源利用水平的差异，促进自身管理水平提升。

以某风电企业为例，2017 年利用率平均值为 92.5%，如图 5-14 所示。其中，对于利用小时数据偏低的风电场 W1（1616h）和风电场 W9（1477h），资源利用率却有显著差别。风电场 W1 利用小时偏低的主要原是风能资源较差，但其资源利用率最高；而风电场 W9 利用小时偏低的主要原因是场内设备可用率较低，导致受阻电量偏高，因此其资源利用率最低。

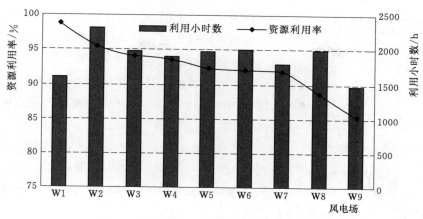

图 5-14 某风能发电企业 2017 年利用率

5.5 分布式电源运行信息

通过 380V/220V 电压等级并网的分布式电源，或者通过 10(6)kV 电压等级接入用户侧的分布式电源，可采用无线、光纤、载波等通信方式，采用无线通信方式时，应采取信息通信安全防护措施。

通过 10(6)kV 电压等级直接接入公共电网，或者通过 35kV 电压等级并网的分布式电源，应采用专网通信方式，具备与电网调度机构之间进行数据通信的能力，能够采集电源的电气运行工况，上传至电网调度机构，同时具有接受电网调度机构控制调节指令的能力。

通过 10(6)kV 电压等级直接接入公共电网，以及通过 35kV 电压等级并网的分布式电源，与电网调度机构之间通信方式和信息传输应满足电力系统二次安全防护要求，传输的遥测、遥信、遥调信号可基于《远动设备及系统 第 5-104 部分：传输规约采用标准传输协议集的 IEC 60870-5-101 网络访问》（DL/T 634.5104）和《远动设备及系统 第 5-101 部分：传输规约基本远动任务配套标准》（DL/T 634.5101）通信协议。

在正常运行情况下，分布式电源向电网调度机构提供的信息至少应当包括以下内容：

（1）通过 380V/220V 电压等级并网，以及通过 10(6)kV 电压等级接入用户侧的分布式电源，可只上传电流、电压和发电量信息，具备条件的分布式电源还应上传并网点开关状态。

（2）通过 10(6)kV 电压等级直接接入公共电网，以及通过 35kV 电压等级并网的分布式电源，应能够实时采集并网运行信息，主要包括并网点开关状态，并网点电压和电流，分布式电源有功、无功、发电量等，并上传至相关电网调度机构。同时，配置遥控装置的分布式电源，需要接收、执行调度端远方控制解/并列、启停和发电功率的指令。

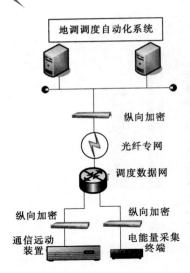

图 5 - 15　有线方式接入示意图

目前分布式电源运行信息接入地（县）调调度自动化系统的传输模式主要有光纤、GPRS 加隔离和无线专网三种，具体方式如下：

（1）有线方式。通过电力调度数据网双平面直接接入地调调度自动化系统，有线方式接入示意图如图 5 - 15 所示。

（2）GPRS 方式。通过 GPRS 装置将数据传送至分布式光伏安全接入区，经过安全隔离装置将数据传送至地调调度自动化系统，GPRS 装置接入示意图如图 5 - 16 所示。

（3）混合方式。利用有线和无线混合传输技术，采用地、县两级信息分层采集汇总方式，通过有线通道和无线专网经过安全接入区接入地（县）调调度自动化系统，混合方式接入示意图如图 5 - 17 所示。

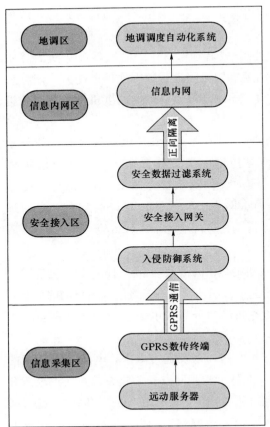

图 5 - 16　GPRS 装置接入示意图

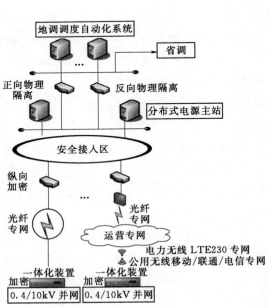

图 5 - 17　混合方式接入示意图

5.6 信息安全要求

根据《电力监控系统安全防护规定》（发改委 2014 年 14 号令）和《电力行业信息系统安全等级保护基本要求》（电监信息〔2012〕62 号）等相关要求，新能源场站在监控系统信息安全防护方面遵循"安全分区、网络专用、横向隔离、纵向认证"的原则。一般情况下，新能源场站监控系统划分为生产控制大区和管理信息大区两部分，生产控制大区可以分为控制区（又称安全 I 区）和非控制区（又称安全 II 区），新能源场站典型二次系统网络结构示意图如图 5-18 所示。

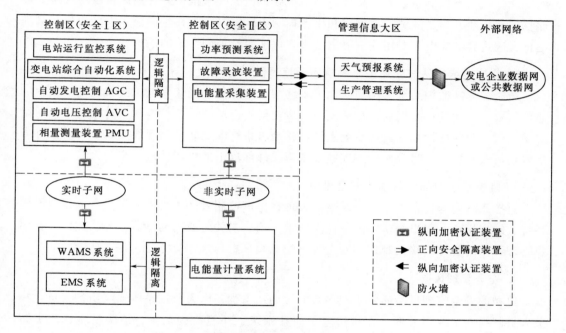

图 5-18 新能源场站典型二次系统网络结构示意图

控制区所属的业务系统或其功能模块（或子系统）是新能源电力生产的重要环节，直接实现对电力一次系统的实时监控，纵向传输使用电力调度数据网络或专用通道，是安全防护的重点与核心。控制区中的典型业务系统有电站运行监控系统、变电站综合自动化系统、自动发电控制（automatic generation control，AGC）和自动电压控制（automatic voltage control，AVC）等。

非控制区所属业务系统或其功能模块是电力生产的必要环节，在线运行但不具备控制功能，使用电力调度数据网络，与控制区中的业务系统或其功能模块联系紧密。非控制区中的典型业务系统有功率预测系统、故障录波装置和电能量采集装置等。

管理信息大区是指生产控制大区以外的电力企业管理业务系统的集合，其典型业务系统包括天气预报系统和生产管理系统等。

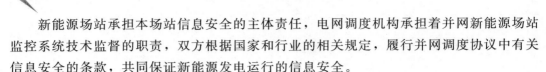

新能源场站承担本场站信息安全的主体责任，电网调度机构承担着并网新能源场站监控系统技术监督的职责，双方根据国家和行业的相关规定，履行并网调度协议中有关信息安全的条款，共同保证新能源发电运行的信息安全。

5.6.1　典型信息安全风险点

1. 生产控制大区网络边界安全风险

由于远程监控和远程运维的需求，新能源场站往往需要将电站运行数据传送至集团总部或其他第三方运维机构，且常采用公共数据网络、发电企业其他数据网等外部网络。此外，功率预测系统需要从外部网络接收数值天气预报信息。因此，生产控制大区面临外部威胁。为了隔离外部网络和生产控制大区网络，须在生产控制大区边界和管理信息大区边界部署电力专用安全隔离装置，保证生产控制大区的信息安全。

2. 监控系统主站与就地采集终端间通信风险

新能源场站监控系统主站与就地采集终端（如部署在光伏发电单元或风电机组内的通信装置）之间的以太网通信往往没有采取任何安全措施，容易造成生产控制大区网络遭受入侵。若新能源场站监控系统主站与就地采集终端之间采用无线方式进行通信且未采取任何安全措施，将致使生产控制大区遭受外部攻击的可能性进一步增大。

3. 监控系统内部设备本体安全风险

监控系统内部设备本体安全风险点表现在生产控制大区主机未使用安全或正版操作系统、缺省用户、弱口令、空闲硬件端口未停用、未关闭通用网络服务等。此外，在用户管理、网络管理、接入管理、安全策略配置和日志与审计等方面也存在风险。

4. 安全管理风险

典型的安全管理风险通常表现在新能源场站未配备电力监控系统安全防护人员，相关人员网络安全意识薄弱，在机房电子门禁系统、环境监测系统、消防设备、防水防潮、温湿度控制等物理安全方面未采取措施，未制定安全应急预案等。

5.6.2　等级保护与安全评估

为保证新能源场站运行与信息安全，需根据相关规定定期进行信息安全等级保护评估。可采用以自评估为主，检查评估为辅的方式，将安全防护评估纳入电力系统安全评价体系，掌握基本的评估技术和方法，配备必要的评估工具。

5.6.3　安全防护要求

新能源场站生产控制大区边界向管理信息大区单向传输数据时，应按照要求部署经有关部门检测认证的电力专用正向安全隔离装置，并正确配置安全策略。

新能源场站管理信息大区向生产控制大区单向传输数据时，如数值天气预报信息，应按照要求部署经有关部门检测认证的电力专用反向安全隔离装置，并正确配置安全策略。

生产控制大区内部控制区和非控制区之间应采取技术手段（如配置专用防火墙）实现逻辑隔离，并正确配置安全策略。

新能源场站涉网（电力调度数据网）部分需根据调度机构的要求，部署路由器、交换机和纵向安全认证加密装置，其技术方案和设备须经上级调度机构审核。

5.7 本章小结

本章详细介绍了集中式新能源发电运行信息的类别、采集传输方案、数据辨识重构方法、典型应用，以及分布式电源运行信息的采集传输方案，并描述了新能源发电运行信息交互过程中的信息安全要求。

新能源发电运行信息按种类可分为新能源场站信息和新能源发电单元信息，并利用安全Ⅰ区传输方案或安全Ⅲ区传输方案将其采集数据上传至调度机构。

结合上传的新能源发电运行信息，按照"先自校验、后互校验"的顺序逐步辨识信息中异常数据，并采用删除法或填充法对其进行重构，提高上传数据的质量。在此基础上，可以实现对新能源场站发电运行的实时监控、受阻电量的量化计算、外送通道检修计划的优化等，同时可对新能源场站的可靠性和资源利用水平进行评估，从而为调度机构优化调度计划提供辅助决策支持，为新能源企业改善管理水平提供科学依据。

参 考 文 献

[1] 国家能源局. 电力行业信息系统安全等级保护基本要求［M］. 北京：电子工业出版社，2015.
[2] GB/T 19963—2016 风电场接入电力系统技术规定［S］. 北京：中国标准出版社，2012.
[3] GB/T 19964—2012 光伏发电站接入电力系统技术规定［S］. 北京：中国标准出版社，2012.
[4] Q/GDW 1989—2013 光伏发电站监控系统技术要求［S］. 北京：中国电力出版社，2015.
[5] Q/GDW 432—2010 风电调度运行管理规范［S］. 北京：中国电力出版社，2010.
[6] Q/GDW 131—2006 电力系统实时动态监测系统技术规定［S］. 北京：中国电力出版社，2006.
[7] Q/GDW 588—2011 风电功率预测功能规范［S］. 北京：中国电力出版社，2011.

第6章　新能源发电并网管理

随着新能源接入电网装机规模的不断增加,新能源发电并网管理是保证电网安全稳定运行的一项重要工作。本章从新能源发电建模技术、并网技术、并网检测等方面阐述了新能源发电并网管理的基本要求。

6.1　新能源发电建模技术要求

新能源发电建模是开展高比例新能源接入条件下电力系统分析的基础,本节从新能源电站暂态模型、风电机组建模、光伏发电单元建模、新能源电站控制系统建模和新能源场站模型的管理等方面阐述了新能源发电建模技术的基本要求。

6.1.1　新能源电站暂态模型

随着新能源发电占比的增加,其对电网安全稳定运行的影响越来越大,需要采用新能源电站暂态模型开展电力系统稳定性分析与研究。根据电气电子工程师协会(Institute of Electrical and Electronics Engineers,IEEE)与国际大电网会议(International Council on Large Electric Systems,CIGRE)的工作组定义,电力系统稳定分析一般包括功角稳定、频率稳定和电压稳定三类。IEEE/CIGRE定义的电力系统稳定分类如图6-1所示。因此,新能源电站暂态模型应能应用于分析功角稳定、频率稳定和电压稳定问题,如电力系统短路事件、电力系统发电(负荷)丢失、同步区域解列等。这要求新能源电站暂态模型能够充分展现机端(风电机组机端、光伏逆变器交流侧)动态特性。

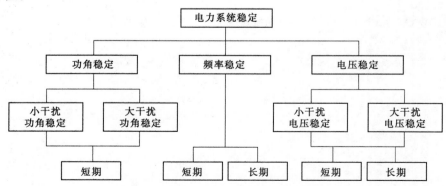

图6-1　IEEE/CIGRE定义的电力系统稳定分类

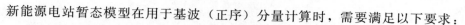

新能源电站暂态模型在用于基波（正序）分量计算时，需要满足以下要求：

（1）能模拟新能源电站的有功功率控制、无功功率控制、故障穿越等电气控制特性。

（2）能模拟环境变化、电力系统故障或扰动时新能源电站并网点的电气特性。

（3）能模拟新能源电站过/欠压、过/欠频保护特性。

（4）能满足步长为1～10ms机电暂态仿真计算的需求。

（5）能够根据潮流计算结果完成初始化。

（6）能够在短路比（新能源电站并网点短路容量与新能源电站额定容量的比值）不小于3的电网中进行仿真计算。

（7）可应用实测数据进行模型验证。

通用的新能源电站暂态模型包括新能源发电单元模型和场站控制系统模型，新能源电站暂态模型与电网接口关系如图6-2所示。

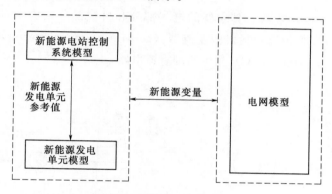

图6-2 新能源电站暂态模型与电网接口关系

6.1.2 风电机组建模

北美电力可靠性委员会（North American Electric Reliability Council，NERC）和国际电工委员会（International Electrotechnical Commission，IEC）将接入电力系统的风电机组分为四类。

（1）Ⅰ型：定速风电机组。

（2）Ⅱ型：转差控制变速风电机组。

（3）Ⅲ型：双馈变速风电机组。

（4）Ⅳ型：全功率变频风电机组。

通用化模型结构应该满足以上四种风电机组的建模需求，采用模块化建模思路，风电机组通用化模型结构如图6-3所示，中间四个模块表示从风能转换到电能的过程，保护模块和控制模块分别与其交互。

国内使用较多的风电机组类型是Ⅲ型和Ⅳ型，这里详细介绍Ⅲ型和Ⅳ风电机组模型及参数。

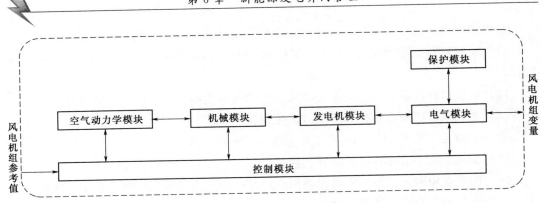

图 6 - 3　风电机组通用化模型结构

1. 双馈变速风电机组（double fed induction generator，DFIG）暂态模型

Ⅲ型风电机组使用双馈异步发电机，其定子回路与电网直接连接，转子回路通过"背靠背"变流器与电网连接，其主要的电气部分和机械部分结构示意图如图 6 - 4 所示，其中"背靠背"变流器包括机侧变流器（generator side converter，GSC）、网侧变流器（line side converter，LSC）和中间的直流电路。

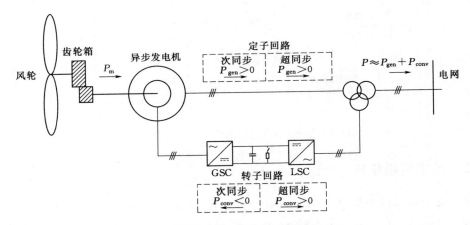

图 6 - 4　DFIG 主要电气部分和机械部分结构示意图

DFIG 暂态模型结构如图 6 - 5 所示，包括空气动力学模块、机械模块、发电机模块、电气模块、保护模块和控制模块。其中控制模型如图 6 - 6 所示，包括桨距角控制、有功功率控制、无功出力限幅、无功功率控制和电流限幅等。

图 6 - 5 和图 6 - 6 中，Θ 为桨距角；ω_{gen} 为异步发电机转速；ω_{ref} 为异步发电机转速参考值；ω_{WTR} 为风轮转速；f 为电网频率；F_{OCB} 为保护动作标志位；i_{gen} 为异步发电机电流；i_{WT} 为 DFIG 输出电流；i_{pcmd} 为 DFIG 有功电流指令；i_{qcmd} 为 DFIG 无功电流指令；i_{qmax} 为 DFIG 无功电流最大值；i_{qmin} 为 DFIG 无功电流最小值；P_{ag} 为 DFIG 电磁功率；P_{aero} 为风轮输出的有功功率；p_{WT} 为 DFIG 输出有功功率；P_{WTref} 为 DFIG 有功功率指令；q_{WT} 为 DFIG 输出无功功率；u_{gen} 为异步发电机机端电压；u_{WT} 为 DFIG 机端电压；x_{WTref}

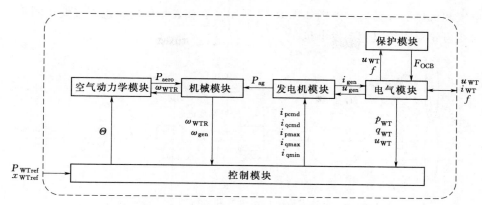

图 6-5　DFIG 暂态模型结构

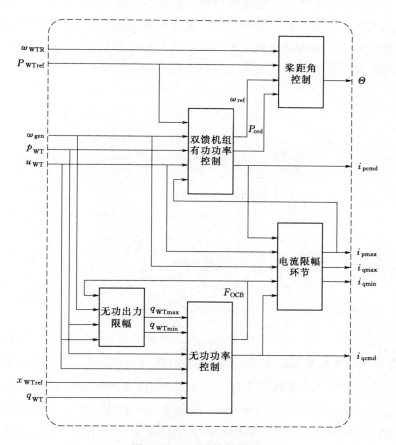

图 6-6　DFIG 控制模型

为 DFIG 无功功率参考值或电压偏差参考值。

2. 全功率变频风电机组暂态模型

Ⅳ型风电机组是使用同步发电机（synchronous generator，SG）或异步发电机（asynchronous generator，AG），一般通过全功率变流器与电网相连的风电机组，其主要的电气和机械部分结构示意图如图 6-7 所示。有些Ⅳ型风电机组直接使用同步电机，而不需要齿轮箱连接风轮和发电机。

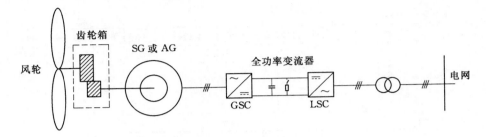

图 6-7　全功率风电机组电气和机械部分结构示意图

由于Ⅳ型风电机组的全功率变流器特性，其暂态模型可忽略空气动力学模型，不影响其接入电力系统暂态稳定仿真分析计算，全功率风电机组暂态模型结构如图 6-8 所示。与Ⅲ型风电机组控制模块相似，Ⅳ型风电机组的控制模型如图 6-9 所示，包括全功率风电机组有功功率控制、无功出力限幅、无功功率控制和电流限幅环节等。

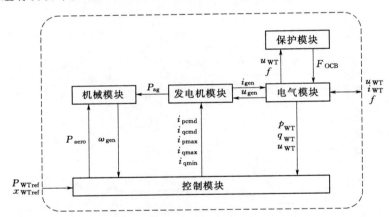

图 6-8　全功率风电机组暂态模型结构

图 6-8 和图 6-9 中，f 为电网频率；F_{OCB} 为保护动作标志位；i_{gen} 为发电机输出电流；i_{WT} 为全功率风电机组输出电流；i_{pcmd} 为发电机有功电流指令；i_{qcmd} 为发电机无功电流指令；i_{qmax} 为发电机无功电流最大值；i_{qmin} 为发电机无功电流最小值；P_{ag} 为发电机电磁功率；P_{aero} 为风轮输出的有功功率；p_{WT} 为全功率风电机组输出有功功率；P_{WTref} 为全功率风电机组有功功率指令；q_{WT} 为全功率风电机组无功功率；u_{gen} 为发电机机端电压；u_{WT} 为全功率风电机组机端电压；x_{WTref} 为全功率风电机组无功功率参考值或电压偏差参考值。

6.1.3　光伏发电单元建模

一定数量的光伏组件以串并联的方式连接，通过直流汇流箱和直流配电柜多级汇

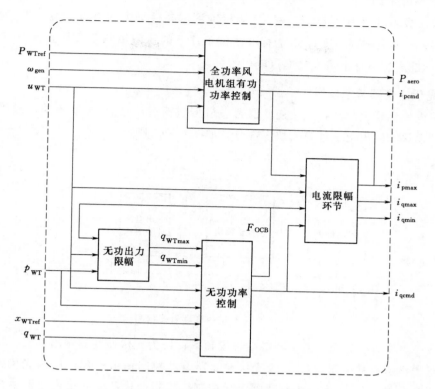

图 6-9 全功率风电机组控制模型

集，经过光伏逆变器变换成符合电网频率和电压要求的电源。光伏发电单元的电气连接关系如图 6-10 所示，由该图可知，光伏发电单元暂态模型需要包括光伏阵列模型和光伏逆变器模型。

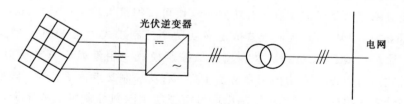

图 6-10 光伏发电单元的电气连接关系

图 6-10 也是《光伏发电系统建模导则》（GB/T 32826—2016）给出的光伏发电单元通用模型结构。

1. 光伏阵列数学模型

根据标准测试条件下的测试参数，推导出任意辐照强度 S 下的光伏阵列 I-U 特性，光伏阵列模型如图 6-11 所示。

图 6-11 中，b 为计算常数，由硅材料构成的光伏阵列典型值为 0.0005；e 为

$$S \rightarrow \boxed{P_m = U_{m\_sta}\, I_{m\_sta}\, \dfrac{S}{S_{ref}}\left[1 + \dfrac{b}{e}(S - S_{ref})\right]} \rightarrow P_m$$

图 6-11 光伏阵列模型

自然对数底数，其值为 2.71828；$I_{\rm m\_sta}$ 为标准测试条件最大功率点电流；$P_{\rm m}$ 为最大功率点功率；S 为太阳辐照度；$S_{\rm ref}$ 为标准测试条件下的太阳辐照度，其值为 $1000{\rm W/m^2}$；$U_{\rm m\_sta}$ 为标准测试条件下最大功率点电压。

2. 光伏逆变器暂态模型

采用模块化建模思路，光伏逆变器暂态模型包括有功/无功控制模块、故障穿越控制及保护模块和输出电流计算模块三部分，如图 6 - 12 所示。

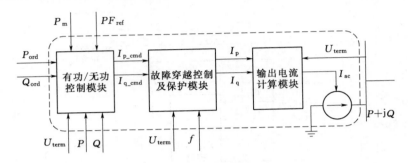

图 6 - 12　光伏逆变器暂态模型

图 6 - 12 中，f 为光伏逆变器机端母线频率；$I_{\rm ac}$ 为光伏逆变器输出电流；$I_{\rm p}$ 为光伏逆变器输出电流有功分量；$I_{\rm p\_cmd}$ 为光伏逆变器有功控制输出指令；$I_{\rm q}$ 为光伏逆变器输出电流无功分量；$I_{\rm q\_cmd}$ 为光伏逆变器无功控制输出指令；P 为光伏逆变器输出有功功率；$PF_{\rm ref}$ 为光伏逆变器功率因数参考值；$P_{\rm m}$ 为光伏阵列最大功率点功率；$P_{\rm ord}$ 为光伏逆变器有功功率控制指令；Q 为光伏逆变器输出无功功率；$Q_{\rm ord}$ 为光伏逆变器无功功率控制指令；$U_{\rm term}$ 为光伏逆变器机端母线电压。

有功（无功）控制环节的作用是根据场站级控制指令产生有功（无功）电流指令，随后输入至故障穿越及保护环节。有功控制模块可模拟最大功率跟踪（maximum power point tracking，MPPT）控制模式或定有功功率控制模式。在 MPPT 模式下，用一阶滞后环节来模拟 MPPT 过程，并在场站级控制模式中用延迟环节来模拟通信延时。选定控制模式后可以得到有功控制参考值 $P_{\rm ord}$。有功控制参考值 $P_{\rm ord}$ 的上限值是光伏阵列数学模型计算输出的 $P_{\rm m}$。无功控制模块可模拟功率因数控制模式或定无功功率控制模式，场站级控制模式必须选择定无功功率控制模式，无功功率控制的上下限分别为光伏逆变器输出无功功率能力的极限值。

故障穿越及保护环节是故障期间光伏逆变器动态特性的关键环节，描述了光伏逆变器在交流侧电压跌落（升高）及恢复过程的暂态特性。根据光伏逆变器机端电压值将逆变器的运行工况分为高电压穿越（high voltage ride through，HVRT）、正常运行工况和低电压穿越（low voltage ride through，LVRT）。非正常运行工况下逆变器输出的无功电流分量也可由该模块计算获得，然后根据故障穿越期间的电流限幅，计算逆变器输出的有功电流分量。在故障清除后，需要限制有功电流分量的上升速率。保护环节是对光伏逆变器保护控制逻辑的模拟，当光伏逆变器机端母线出现过（欠）压、过（欠）频且持续时间超过整定值时，保护动作，逆变器退出运行以防止损坏。

输出电流计算环节是光伏逆变器模型接入电网模型的接口，其功能是将有功电流分量和无功电流分量转换为向量形式，并将电流向量注入至电网模型中。

6.1.4　新能源电站控制系统建模

通常新能源电站配置有专门的电站控制系统，对于整个新能源电站进行类似常规发电厂的控制，对新能源电站的输出功率向上或者向下局部调节。当风速（太阳辐照度）增加时，能限制功率输出变化率，参与电力系统的功率平衡控制和频率控制；当电网发生危急情况时，新能源电站可迅速向下调节出力或退出电网。另外，无功功率可由电站控制系统按照协议对每个新能源发电单元进行控制。新能源电站控制系统结构示意图如图6-13所示。

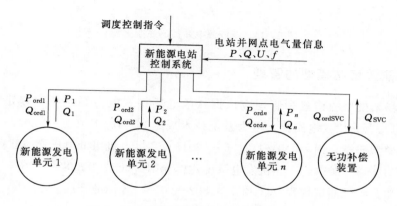

图6-13　新能源电站控制系统结构示意图

新能源电站通过电站控制系统来实现调压、调频和调峰功能，电站控制系统的响应时间为数十秒到数分钟，响应速度要远慢于新能源发电单元控制系统。在进行数十秒到数分钟的电力系统仿真时，必须考虑电站控制系统模型对系统的影响。

新能源电站控制系统模型的功能是模拟整个电站的有功、无功集中控制系统的响应特性，在接收到电网上级调度指令后，对站内各发电单元、无功补偿装置等设备进行控制。典型的新能源电站控制系统模型如图6-14所示，模型输出与风电机组、光伏发电单元模型的输入对应。有功控制系统可以接收上级调度指令，实现恒定有功功率控制模式，或可以根据并网点频率调节其输出有功功率，参与电力系统调频。无功控制系统可以根据上级调度指令，实现定无功电压控制模式、无功电压下垂控制模式、定无功功率控制模式或定功率因数控制模式。

图6-14中，f为电网频率；P_{POI_ref}为新能源电站控制系统的有功功率参考值；P_{POI}为新能源电站输出有功功率；PF_{ref}为新能源电站控制系统的功率因数参考值；Q_{POI_ref}为新能源电站控制系统的无功功率参考值；Q_{POI}为新能源电站输出无功功率；U_{POI_ref}为新能源电站控制系统的并网点电压参考值；P_{ord}为有功指令；Q_{ord}为无功指令。

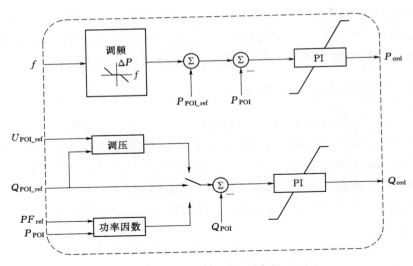

图 6-14　新能源电站控制系统模型

6.1.5　新能源场站模型的管理

新能源场站模型的构建和管理应依据《风电场接入电力系统技术规定》（GB/T 19963—2011）、《光伏发电站接入电力系统技术规定》（GB/T 19964—2012）、《风电机组电气仿真模型建模导则》（NB/T 31066—2015）、《风电机组低电压穿越建模及验证方法》（NB/T 31053—2014）、《光伏发电系统建模导则》（GB/T 32826—2016）及《光伏发电系统模型及参数测试规程》（GB/T 32892—2016）等标准开展。

1. 建模的基本要求

新能源场站的模型一般采用电力系统研究所 BPA 软件包（power system department-BPA，PSD-BPA）和电力系统分析综合程序（power system analysis software package，PSASP）已有的模型，或根据其他标准流程建模。为保证模型可准确反映新能源电站特性，新能源电站应委托具有认证资质的第三方测试机构进行参数测试和模型验证工作，并提供新能源电站模型参数报告。若无法确定模型能否准确反映新能源电站的特性，新能源电站应委托国家能源太阳能发电研发（实验）中心、国家能源大型风电并网系统研发（实验）中心及国家电网仿真中心，比对已有的仿真软件 PSASP、BPA 模型库，组织专家评审，评定是否需要加入模型库。

2. 模型参数测试要求

新能源发电单元的模型能够模拟环境变化、机端母线小扰动响应特性、故障穿越特性、指令控制响应特性、保护控制特性等。模型参数通过实验室或现场测试获取，参数测试流程及模型验证误差精度应满足相关标准要求。

新能源电站无功补偿装置的模型能够反映其容量与节点电压的静态特性、电网电压波动的响应特性及响应控制指令的特性等，静态参数根据设备铭牌、出厂测试报告确定，其控制参数通过现场测试获取。

新能源电站内部集电线路的模型参数采用实测数据。变压器参数根据设备铭牌、出厂测试报告确定。

新能源电站有功功率控制系统、无功功率控制系统的模型能够反映电站接收控制指令、分配下达新能源发电单元控制指令的特性，其参数通过现场测试获取。参数辨识数据通过现场测试获取，参数测试流程及模型验证误差精度应满足相关标准要求。

新能源电站的整站模型及参数由包含电站内所有元件的详细模型及参数进行等值处理得出，并与详细模型仿真结果对比验证。

3. 模型参数管理要求

对于新能源电站相关模型及其参数的管理，需要满足以下要求：

（1）新能源电站应在并网前3个月提供风电机组或光伏逆变器模型参数测试报告。

（2）新能源电站在并网前，应提供无功补偿装置的型式试验报告。

（3）新能源电站并网后6个月内，应向电站所在地省电力公司提供新能源电站模型参数检测报告和并网性能测试报告，报告应由具有新能源发电并网检测资质的第三方机构出具。

（4）新能源电站模型参数现场测试应由具备相应资质的单位或部门进行测试，并在测试前将测试方案报电站所在地省电力公司备案。

（5）当新能源电站更换风电机组、光伏逆变器或变压器等主要设备时，应重新提交测试与模型报告。

6.2 并网技术要求

新能源并网性能不仅影响电网安全稳定运行，也关系到自身的安全运行。若新能源故障穿越能力不足、继电保护配置不当等，都会造成新能源大规模脱网，甚至造成电网事故的扩大。

本节从新能源故障穿越能力、继电保护配置等方面阐述了新能源并网的基本技术要求。

6.2.1 故障穿越能力

6.2.1.1 低电压穿越

1. 风电场

我国 GB/T 19963—2011 标准的低电压穿越要求规定风电场应具备低电压穿越能力。风电场并网点电压跌至20%标称电压时，风电机组应保证不脱网连续运行625ms；风电场并网点电压在发生跌落后2s内恢复到标称电压的90%时，风电机组应保证不脱网连续运行。风电机组低电压穿越要求如图6-15所示。

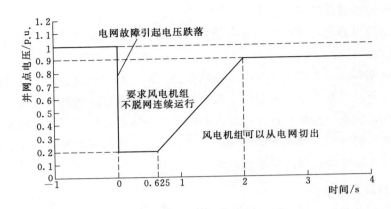

图 6 - 15　风电机组低电压穿越要求

对电力系统故障期间没有切出的风电机组，应具有有功功率在故障清除后快速恢复的能力，自故障清除时刻开始，以至少 $10\%P_n/s$ 的功率变化率恢复至故障前的状态。

2. 光伏电站

我国 GB/T 19964—2012 标准要求光伏电站应具备零电压穿越能力。光伏电站并网点电压跌至 0 时，光伏电站应能不脱网连续运行 0.15s；光伏电站并网点电压在发生跌落后 2s 内恢复到标称电压的 90% 时，光伏发电单元应保证不脱网连续运行，光伏电站零电压穿越要求如图 6 - 16 所示。

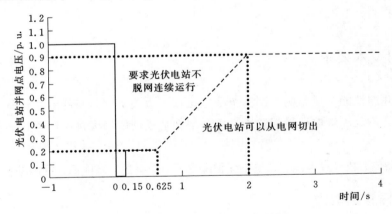

图 6 - 16　光伏电站零电压穿越要求

通过比较图 6 - 15 和图 6 - 16 可知，在低电压穿越能力方面，对光伏电站的要求更高些。

6.2.1.2　高电压穿越

1. 风电场

世界部分国家风电并网导则对风电机组高电压穿越的要求曲线如图 6 - 17 所示，要求风电机组在图中曲线以下区域不脱网连续运行。

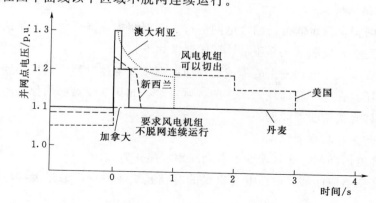

图 6-17 世界部分国家风电并网导则对风电机组高电压
穿越的要求曲线

澳大利亚率先制定真正意义上的并网风电机组高电压穿越要求：当高压侧电网电压骤升至 $130\%U_n$ 时，风电机组应维持 60ms 连续运行不脱网，并提供足够大的故障恢复电流；新西兰风电并网准则要求在电网电压升从 $120\%U_n$ 恢复至 $110\%U_n$ 的过程中，风电机组能够保持不脱网运行；美国 WECC 要求当电网电压上升至 $120\%U_n$ 时，风电机组应至少维持 1s 不脱网。

为保证电网安全稳定运行，结合我国电网运行的实际需要，有研究机构提出对风电机组高电压穿越能力要求，如图 6-18 所示。具体要求如下：

（1）基本要求。当电网发生故障或扰动引起高压侧电压升高时，风电机组高压侧各线电压（相电压）在电压轮廓线及以下的区域内时，风电机组必须保证不脱网连续运行，否则允许风电机组脱网。

（2）有功功率与无功功率要求。

1）电网高电压期间，风电机组有功功率应能正常输出。

2）风电机组应能够在电压升高出现的时刻快速响应，通过无功电流注入支撑电压恢复。

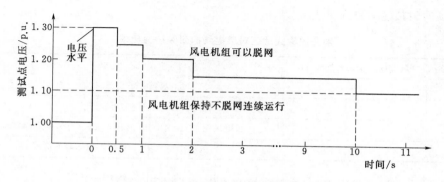

图 6-18 我国风电机组高电压穿越要求

2. 光伏电站

为保证电网安全稳定运行，结合电网运行实际需要，我国已制定了光伏逆变器高电压穿越能力的要求，如图 6-19 所示，具体要求如下：

（1）基本要求。当电网发生故障或扰动引起高压侧电压升高，光伏逆变器高压侧各线电压（相电压）在电压轮廓线及以下的区域内时，光伏逆变器必须保证不脱网连续运行；否则，允许光伏逆变器脱网。

（2）有功与无功功率要求。

1）电网高电压期间，光伏逆变器有功功率应能正常输出。

2）光伏逆变器应能够自电压升高出现的时刻起快速响应，通过无功电流注入支撑电压恢复。

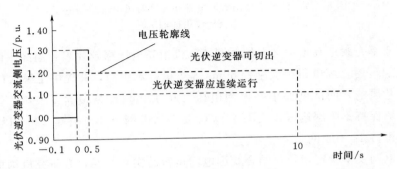

图 6-19　光伏逆变器高电压穿越要求

6.2.1.3　耐频能力及频率调节

1. 风电场

风电场频率耐受范围宽广。其中，丹麦要求在 47~52Hz 时运行 30s；德国要求在 51.5Hz 时可以连续运行 30min；英国要求在 47Hz 需运行 20s，52Hz 时至少运行 15min；爱尔兰要求在 47.5~52Hz 时，风电机组可以不脱网运行 1h。部分国家或地区对风电场的耐频能力要求见表 6-1。

表 6-1　　　　　　　　　　部分国家或地区对风电场的耐频能力要求

国家/地区	风电场耐受频率范围/Hz	要　　　求
丹麦	47~52	风电场在 47~52Hz 时运行 30s
德国	51.5	风电场在 51.5Hz 时可以连续运行 30min
英国	47~52	风电场在 47Hz 时需运行 20s，52Hz 时至少运行 15min
爱尔兰	47.5~52	风电场在 47.5~52Hz 时可以不脱网运行 1h

部分国家或地区对风电有功-频率控制也作出了规定，具体如下：

（1）加拿大魁北克电网要求额定容量大于 10MW 的风电场必须安装频率控制系统，

在出现大的频率偏差时提供辅助调频服务。在系统发生频率偏差大于 0.5Hz 且持续时间小于 10s 的快速频率变化时，要求风电场提供 5% 额定容量以上的调频功率持续 10s 以上，控制效果比常规发电机组更好。该规定是针对系统出现较大的短时频率偏差时，期望风电场能够提供类似于传统机组的惯性响应能力，以支持系统频率恢复。

（2）德国 E. ON Netz 电力公司并网导则要求装机容量大于 100MW 的风电场必须具备参与调频的能力。该导则指出风电场具备参与调频的功率容量应不小于其装机容量的 ±2%；在系统频率偏差大于 0.2Hz 的情况下，风电场需要在 15s 时间内启用全部的调频容量并持续至少 15min。对于额定功率小于 100MW 的风电场，根据相关协议，参与电网频率调整，维持电网有功平衡与频率稳定。

（3）英国并网准则规定正常运行的电力系统频率波动范围为 49.8～50.2Hz，发电机需对该频率波动范围提供持续响应；当频率跌落至 49.8Hz 以下或突增至 50.2Hz 以上时，风电场需根据实际负荷提供一次频率响应，最高可达到额定容量的 10%。

（4）由丹麦、芬兰、挪威、瑞典共同发布的北欧电网导则，要求风电场在一定的电压和频率范围内具备有功调节能力，要求风电机组具备随电网频率自动调节有功功率的能力，风电机组输出有功功率在一定的死区范围外与电网频率偏差呈正比例关系，具体技术指标由各个国家电网运营商决定。而挪威电网要求风电场应该具备依据系统频率改变有功输出的能力，要求风电场保持一定的有功备用。

我国 GB/T 19963—2011 要求，在 48～49.5Hz 时，风电场具有至少运行 30min 的能力；高于 50.2Hz 时，应至少运行 5min。风电场在不同电力系统频率范围内的运行规定见表 6-2。

表 6-2　　　　　　　　　　风电场在不同电力系统频率范围内的运行规定

电力系统频率范围/Hz	要　　求
低于 48	根据风电场内风电机组允许运行的最低频率而定
48～49.5	每次频率低于 49.5Hz 时要求风电场具有至少运行 30min 的能力
49.5～50.2	连续运行
高于 50.2	每次频率高于 50.2Hz 时，要求风电场具有至少运行 5min 的能力，并执行电网调度机构下达的降低出力或高周切机策略，不允许停机状态的风电机组并网

可以看出，我国标准整体上对机组的频率耐受能力要求较低，并且也未要求风电参与电网频率调节。在一些特殊地区，例如直流特高压线路送端附近，为适应特高压换相失败带来的电压及频率波动等问题，一些发电企业已开始尝试对风电机组进行升级改造，提高风电机组电压频率的适应性，目前，其改造的技术要求是：

当电网频率偏差值大于 ±0.05Hz，风电场有功出力大于 20% 额定容量时，通过功率协调控制系统调节风电场的有功出力参与电网一次调频，为电力系统提供持续的有功支撑，支撑电网频率恢复。

风电场参与一次调频的要求及步骤如下：

（1）风电场功率控制器根据各台机组的风速、有功功率和桨距角等信息，实时计算出当前该机组和风电场的有功调频裕度。

（2）为保证风电场具备一次调频所需的备用容量，风电场应预留当前风速下（6%～10%）P_n 的备用容量。

（3）风电场功率控制器根据各台机组的功率裕度，分配各台机组需要调节的有功功率，并按照风电场频率-有功曲线参与电网一次调频，如图 6-20 所示。

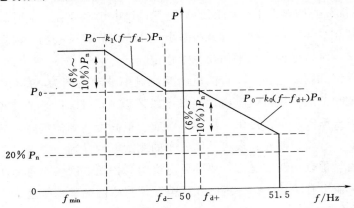

图 6-20　风电场频率-有功响应曲线

一次调频功能通过设定频率与有功功率折线函数实现，即

$$P = P_0 - kP_n(f - f_d) \tag{6-1}$$

式中　f_d——风电场一次调频控制死区频率值（推荐值为 0.05Hz）；

f——电网当前频率；

P_n——风电场额定功率，调频下垂系数推荐值 $k_1 = 0.5$，$k_2 = 1.0$；

P_0——风电场有功功率初值。调频死区与下垂系数可设置。

2. 光伏电站

我国 GB/T 19964—2012 要求，在 48～49.5Hz 时，光伏电站具有至少运行 10min 的能力；49.5～50.2Hz 时，应保持连续运行。光伏电站在不同电力系统频率范围内的运行规定见表 6-3。

表 6-3　　　　　　　　　光伏电站在不同电力系统频率范围内的运行规定

电力系统频率范围/Hz	要　　求
低于 48	根据光伏电站内逆变器允许运行的最低频率而定
48～49.5	每次频率低于 49.5Hz 时要求光伏电站具有至少运行 10min 的能力
49.5～50.2	连续运行
50.2～50.5	每次频率高于 50.2Hz 时，要求光伏电站具有至少运行 2min 的能力，并执行电网调度机构下达的降低出力或高周切机策略，不允许停机状态的光伏逆变器并网
高于 50.5	立刻终止向电网线路送电，且不允许处于停运状态的光伏电站并网

目前，大量光伏电站的接入对于光伏电站的耐频能力提出了新的要求，其中在 NB/T 32004—2013 标准中对光伏逆变器的耐频能力进行了更高的要求，光伏逆变器频率运行范围见表 6-4。

表 6-4   光伏逆变器频率运行范围

电力系统频率范围/Hz	要　　求
低于 46.5	根据逆变器允许运行的最低频率而定
46.5~47	频率每次低于 47Hz，逆变器应能至少运行 5s
47~47.5	频率每次低于 47.5Hz，逆变器应能至少运行 20s
47.5~48	频率每次低于 48Hz，逆变器应能至少运行 1min
48~48.5	频率每次低于 48.5Hz，逆变器应能至少运行 5min
48.5~50.5	连续运行
50.5~51	频率每次高于 50.5Hz，逆变器应能至少运行 3min
51~51.5	频率每次高于 51Hz，逆变器应能至少运行 30s
高于 51.5	根据逆变器允许运行的最高频率而定

6.2.1.4　电压调节

1. 风电场

风电场电压调压能力主要通过风电机组无功调节能力和风电场无功补偿装置的调节能力体现。我国 GB/T 19963—2011 要求，风电场的无功电源包括风电机组及风电场无功补偿装置，风电机组应满足功率因数在超前 0.95~滞后 0.95 的范围内动态可调。风电场应充分利用风电机组的无功容量及其调节能力，当风电机组的无功容量不能满足系统电压调节需要时，应在风电场集中加装适当容量的无功补偿装置，必要时加装动态无功补偿装置。

风电场的无功容量应按照分层和分区基本平衡的原则进行配置，并满足检修备用要求。对于直接接入公共电网的风电场，无功容量配置应满足下列要求：

（1）其配置的容性无功容量能够补偿风电场满发时场内汇集线路、主变压器的感性无功及风电场送出线路的一半感性无功之和。

（2）其配置的感性无功容量能够补偿风电场自身的容性充电无功功率及风电场送出线路的一半充电无功功率。

对于通过 220kV（或 330kV）风电汇集系统升压至 500kV（或 750kV）电压等级接入公共电网的风电场群中的风电场，无功容量配置应满足下列要求：

（1）其配置的容性无功容量能够补偿风电场满发时场内汇集线路、主变压器的感性无功及风电场送出线路的全部感性无功之和。

（2）其配置的感性无功容量能够补偿风电场自身的容性充电无功功率及风电场送出线路的全部充电无功功率。

我国也要求风电场无功电压控制系统具备无功电压闭环控制或电网无功给定控制模

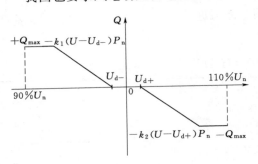

图 6 - 21   风电场电压-无功响应曲线

式。在风电场功率协调控制系统中设置无功电压控制曲线，增加与电压偏差成正比的无功功率，使得风电场具备无功调压功能。风电场电压-无功响应曲线如图 6 - 21 所示。图中，$U_d = 2\%U_n$，调压下垂系数 $k_1 = k_2 = 5$，且死区与下垂系数可设置。

以风电场并网点电压或无功功率为控制目标，采用闭环调节方式，充分考虑风电场安全约束后，得到风电场无功功率设定值，按照风电机组优先的原则进行无功分配，并保证风电场内无功合理流动，减小损耗，实现风电机组机端电压偏差最小，风电场无功裕度最大。

2. 光伏电站

与风电场类似，光伏电站电压调节能力通过光伏并网逆变器无功调节能力和光伏电站无功补偿装置的调节能力体现。GB/T 19964—2012 要求，光伏电站的无功电源包括光伏并网逆变器及光伏电站无功补偿装置，光伏电站安装的并网逆变器应满足额定有功出力下功率因素在超前 0.95～滞后 0.95 的范围内动态可调。光伏电站应充分利用并网逆变器的无功容量及其调节能力，当逆变器的无功容量不能满足系统电压调节需要时，应在光伏电站集中加装适当容量的无功补偿装置，必要时加装动态无功补偿装置。

光伏电站的无功容量应按照分（电压）层和分（电）区基本平衡的原则进行配置，并满足检修备用要求。

通过 10～35kV 电压等级并网的光伏电站功率因数应能在超前 0.98～滞后 0.98 范围内连续可调，有特殊要求时，可做适当调整以稳定电压水平。

对于通过 110(66)kV 及以上电压等级并网的光伏电站，无功容量配置应满足下列要求：

（1）容性无功容量能够补偿光伏电站满发时站内汇集线路、主变压器的感性无功及光伏电站送出线路的一半感性无功功率之和。

（2）感性无功容量能够补偿光伏电站自身的容性充电无功功率及光伏电站送出线路的一半充电无功功率之和。

对于通过 220kV（或 330kV）光伏发电汇集系统升压至 500kV（或 750kV）电压等级接入电网的光伏电站群中的光伏电站，无功容量配置宜满足下列要求：

（1）容性无功容量能够补偿光伏电站满发时汇集线路、主变压器的感性无功及光伏电站送出线路的全部感性无功功率之和。

（2）感性无功容量能够补偿光伏电站自身的容性充电无功功率及光伏电站送出线路的全部充电无功功率之和。

6.2.2 保护定值整定

6.2.2.1 继电保护配置要求

继电保护装置应满足可靠性、选择性、灵敏性和速动性的要求。保护配置、设备规范及二次回路应满足电力系统规定和反事故措施的要求。选用技术成熟、性能可靠、质量优良、有成功运行经验的继电保护装置，并考虑技术支持及售后服务等因素。

220kV及以上电压等级电力设备应配置双重化保护。继电保护双重化包括保护装置的双重化以及与实现保护功能有关回路的双重化。继电保护的配置和选型应满足工程投产初期和终期的运行要求。保护用互感器性能应符合《互感器　第2部分：电流互感器的补充技术要求》（GB/T 20840.2—2014）及《电流互感器和电压互感器选择及计算规程》（DL/T 866—2015）的要求，其配置应避免使保护出现死区。微机保护装置应使用满足运行要求的软件版本。汇集系统采用保护、测控一体化装置时，保护、测控功能应相互独立。具体继电保护配置要求如下。

1. 汇集线路保护

每回汇集线路在汇集母线侧配置一套线路保护，在光伏逆变器/风电机组侧可不配置线路保护。对于相间短路，配置三段式过电流保护，即选配三段式相间距离保护。线路保护应能反映被保护线路的各种故障及异常状态，满足就地开关柜分散安装的要求，也能组屏安装。

2. 汇集母线保护

汇集母线装设专用母线保护，主要有差动保护、分段充电过电流保护、分段死区保护、电流互感器（current transformer，CT）断线判别、抗CT饱和、电压互感器（potential transformer，PT）断线判别、复合电压闭锁等功能。母线保护允许使用不同变比的CT，通过软件自动校正，并能适应于各支路CT变比最大相差10倍的情况。各支路采用专用CT绕组，CT相关特性应一致。

3. 主变压器保护

220kV及以上电压等级变压器按双重化原则配置主、后备一体的电气量保护和一套非电量保护；110kV电压等级变压器配置主、后备一体的双套电气量保护或主、后备独立的一套电气量保护和一套非电量保护；35kV电压等级变压器配置单套电气量保护和一套非电气量保护。保护应能反映被保护设备的各种故障及异常状态。变压器保护各侧CT变比，不宜使平衡系数大于10。变压器低压侧外附CT宜安装在低压侧母线和断路器之间。

4. 无功补偿设备保护

（1）电抗器保护。配置电流速断保护作为电抗器绕组及引线相间短路的主保护。配置过电流保护作为相间短路的后备保护。

（2）电容器保护。配置电流速断和过电流保护，作为电容器组和断路器之间连接线相间短路保护，动作于跳闸。配置过电压保护，采用线电压，动作于跳闸。配置低电压保护，采用线电压，动作于跳闸。配置中性点不平衡电流、开口三角电压、桥式差电流或相电压差动等不平衡保护，作为电容器内部故障保护，动作于跳闸。

（3）SVG 变压器保护。容量在 10MVA 及以上或有其他特殊要求的 SVG 变压器应配置电流差动保护作为主保护。容量在 10MVA 以下的 SVG 变压器应配置电流速断保护作为主保护。SVG 变压器应配置过电流保护作为后备保护，并配置非电量保护。

5. 接地变压器保护

接地变压器电源侧配置电流速断保护、过电流保护作为内部相间故障的主保护和后备保护。配置二段式零序电流保护作为接地变压器单相接地故障的主保护和系统各元件单相接地故障的总后备保护。

6.2.2.2　继电保护整定原则

继电保护整定计算的参数包括线路、变压器、无功补偿设备、新能源场站等一次设备参数，以及相关阻抗。在整定计算中，新能源场站应采用符合实际情况的计算模型及参数。

继电保护整定计算以常见运行方式为依据，充分考虑新能源场站运行特点。110kV 及以下系统继电保护一般采用远后备原则。继电保护的运行整定以保证系统的安全稳定运行为根本目标。继电保护的整定需满足速动性、选择性和灵敏性要求，如果由于运行方式、装置性能等原因，不能兼顾速动性、选择性或灵敏性要求时，应在整定时合理地进行取舍，优先考虑灵敏性，并执行局部服从整体、下级服从上级、局部问题自行处理、兼顾局部和下级需要的原则。

继电保护之间的定值整定，一般应遵循逐级配合的原则，满足选择性的要求。对不同原理的保护之间的整定配合，原则上应满足动作时间上的逐级配合。下一级电压母线的配出线路（指与母线相连的线路）或变压器故障切除时间，应满足上一级电压系统提出的整定限额要求。在电流互感器变比选择时，应综合考虑系统短路电流、线路及元件的负荷电流、测量误差及其他相关参数等因素的影响，满足保护装置整定配合和可靠性要求。

为防止电压降低造成新能源场站大规模脱网，应快速切除单相短路、两相短路及三相短路故障，视情况允许适当牺牲部分选择性。新能源场站有关涉网保护的配置整定应与电网相协调，并报相应调度机构备案。

1. 汇集线路保护

过电流Ⅰ段应对本线路末端相间故障有足够灵敏度，动作时间宜取 0s。过电流Ⅱ段应躲过本线路最大负荷电流，尽量对本线路最远端光伏电站单元变压器低压侧故障有灵敏度，动作时间宜取 0.3s。过电流保护可不经方向控制和电压闭锁。

2. 汇集母线保护

母线保护是汇集母线相间故障的主保护，也是低电阻接地系统汇集母线接地故障的主保护，其差动电流元件应保证最小方式下母线故障有足够灵敏度。

3. 主变压器保护

主变压器保护按变压器内部故障能快速切除，外部故障可靠不动作的原则整定。变压器纵差保护最小动作电流按低压侧故障有灵敏度并躲过正常运行时不平衡电流整定。

变压器后备保护整定应考虑变压器热稳定的要求。指向变压器的阻抗不伸出（指不超出）变压器对侧母线；指向母线的阻抗按与本侧出线距离保护配合整定。变压器高压侧复压过电流保护电流元件按低压侧母线故障有灵敏度并躲过负荷电流整定。高压侧零序I段保护按本侧母线故障有灵敏度整定并与本侧出线零序电流保护配合。低压侧过电流按变压器低压侧汇集母线相间故障有灵敏度并躲过负荷电流整定，与本侧出线保护配合。

变压器后备保护以较短时限动作于缩小故障影响范围，以较长时限动作于断开变压器各侧断路器。

4. 无功补偿设备保护

电抗器保护。电流速断保护电流定值应躲过电抗器投入时的励磁涌流，在常见运行方式下，电抗器端部引线故障时有足够灵敏度。过电流保护电流定值应可靠躲过电抗器额定电流。

电容器保护。电流速断保护电流定值按电容器端部引线故障有足够灵敏度整定。过电流保护按躲过电容器额定电流整定。

SVG变压器保护。差动保护最小动作电流按躲过正常运行时不平衡电流整定。电流速断保护电流定值按高压侧引线故障有灵敏度并躲过低压侧母线故障和励磁涌流整定。过电流保护电流定值按低压侧故障有灵敏度并可靠躲过负荷电流整定。

5. 接地变压器保护

电流速断保护按保证接地变压器电源侧在最小方式下相间短路时有足够灵敏度，并躲过励磁涌流。过电流保护按躲过接地变压器额定电流整定，动作时间应大于母线各连接元件后备保护动作时间。零序电流I段按单相接地故障有灵敏度整定，动作时间应大于母线各连接元件零序电流II段的最长动作时间。零序电流II段按可靠躲过线路的电容电流整定，动作时间应大于接地变压器零序电流I段的动作时间。

6.2.3 汇集线系统单相故障快速切除

风电场汇集线系统单相故障要求快速切除，以避免事故扩大。汇集线系统应采用经电阻或消弧线圈接地方式，尽量避免不接地或经消弧柜接地方式。

经电阻接地的汇集线系统发生单相接地故障时，应配置动作于跳闸的接地保护，快速切除接地故障，应兼顾机组运行电压适应性要求。

经消弧线圈接地的汇集线系统发生单相接地故障时，应能可靠选线，快速切除，若小电流选线装置无法选线或选择失误，则利用主变低压侧开关快速切除故障，避免事故扩大。汇集线保护快速段定值应对线路末端故障有灵敏度。

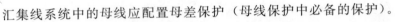
汇集线系统中的母线应配置母差保护（母线保护中必备的保护）。

汇集线系统的保护装置软压板与保护定值相对独立，软压板的投退不应影响定值。变压器保护应提供便于用户修改的跳闸矩阵，以实现不同接地方式的运行要求。汇集系统设备保护的配置和整定应与一次系统相适应，防止其故障造成主升压变压器跳闸。

6.3　并网检测要求

新能源电源并网检测是新能源电源必备能力的检查与核实。本节阐述了新能源场站并网检测的基本内容和要求，并以风电场低电压穿越能力现场检测为实例，介绍新能源电源现场检测的主要流程及注意事项。

6.3.1　风电并网检测要求

风电场并网检测的基本要求如下：

（1）当接入同一并网点的风电场装机容量超过 40MW 时，需要向电网调度机构提供风电场接入系统测试报告；累计新增装机容量超过 40MW，需要重新提交测试报告。

（2）风电场在接入电力系统测试前需向电网调度机构提供风电机组及风电场的模型、参数和控制系统特性等材料。

（3）风电场接入电力系统测试由具备相应资质的机构进行，并提前 30 日将测试方案报所接入地区的电网调度机构备案。

（4）风电场应当在全部机组并网测试运行后 6 个月内向电网调度机构提供有关风电场运行特性的测试报告。

风电场并网检测的内容如下：

（1）风电场有功、无功控制能力测试。

（2）风电场电能质量测试，包含闪变与谐波。

（3）风电机组低电压穿越能力测试与验证。

（4）风电机组电压、频率适应性测试与验证。

6.3.2　光伏并网检测要求

光伏电站并网检测的基本要求如下：

（1）光伏电站应向电网调度机构提供光伏电站接入电力系统检测报告；当累计新增装机容量超过 10MW，需要重新提交检测报告。

（2）光伏电站在申请接入电力系统检测前需要向电网调度机构提供光伏部件及光伏电站的模型、参数、特性和控制系统特性等材料。

（3）光伏电站接入电力系统检测由具备相应资质的机构进行，并在检测前 30 日将检测方案报所接入地区的电网调度机构备案。

（4）光伏电站应在全部光伏组件并网测试运行后 6 个月内向电网调度机构提供有关

光伏电站运行特性的检测报告。

光伏电站并网检测的内容如下：检测应按照国家或有关行业对光伏电站并网运行制定的相关标准或规定进行，应包括但不仅限于以下内容：

（1）光伏电站电能质量检测。

（2）光伏电站有功/无功功率控制能力检测。

（3）光伏电站低电压穿越能力验证。

（4）光伏电站电压、频率适应能力验证。

6.3.3　现场检测实例

2011年，我国发生多起因低电压穿越能力不满足要求的大规模脱网事故。事故发生后，涉事风电场对风电机组开展了低电压穿越能力改造，改造后的风电机组须通过现场检测才能并入电网运行。

以西北电网为例，为保证西北电网风电机组低电压穿越检测工作的有序开展，制订了风电低电压穿越现场检测细则，规定了现场检测的主要流程及注意事项，具体如下：

（1）由西北电力调控分中心统一制订西北电网风电机组低电压穿越检测计划，根据调管范围由相应的省级调度机构组织实施。

（2）待检测风电场应根据检测计划，提前10天向电网调度机构提出抽检测试申请并附机型配置说明、安全防范措施及现场联系人员名单。调度机构批准后，提前1周与检测机构联系，商定前期准备工作。

（3）同一型号的风电机组，主控或变流器不同的应视为不同机型。抽选风电机组时，每个风电场每种机型至少抽取1台。

（4）抽签前，风电场对因故障而无法参与抽签的风电机组需进行书面声明（附照片），并提交电网调度机构及检测机构。

（5）抽签确定待测机组后，风电场应通过调度直通电话向调度机构备案待测风电机组及所属集电线路编号。

（6）抽签结束后，检测机构会同风电场、主机厂商登记核定风电机组型号（含主控及变流器），确认风电机组无任何附加通信、监测设备后，封锁机组塔筒门。检测期间，不允许再进入风电机组塔筒。若发生风电机组故障等特殊情况，需要打开塔筒门，风电场必须得到调度机构许可方可开展相关工作。

（7）具备检测条件后，风电场与检测机构须签订准备工作确认单，并提交调度机构备案。风电机组低电压穿越抽检测试工作杜绝任何形式的预抽检。

（8）检测内容为：在大功率（大于90％额定功率）和小功率［（10％～30％）额定功率］工况下、三相及两相电压跌落至0.2倍额定电压时，检测验证风电机组是否具备低电压穿越功能。受检机组连续两次均穿越成功方可认为通过，若有一次穿越失败即认为未通过。

（9）检测期间，风电场可向电网调度机构书面申请退出风电场小电流接地选线装置，装置退出后，除待检测机组所属线路保持运行外，其余集电线路均应退出运行。

（10）风电场须在检测结束前，向检测机构提供风电机组测试参数说明。对于整个抽检测试的关键环节，风电场及检测机构应拍照确认，并报调度机构备案。

（11）每日测试工作开始前，风电场应向调度机构申请开工（工作内容包括待测试的机组编号、集电线路编号及测试工期），未经许可不得擅自操作。每日测试工作结束后，应及时向调度机构汇报当天测试工作完工。

（12）测试期间，严禁用非测试线路的 35kV 馈线开关带测试线路运行。

（13）风电场应针对检测工作提前做好事故预想和防范措施，并严格执行电力调度规程相关规定。因故需要变更检测时间或方案时，必须提前向电网调度机构提出申请并说明原因，得到电网调度机构许可后方可变更。

（14）检测各方应坚持公平、公正、公开的检测原则，严守检测纪律，确保检测结果能客观、真实地反映风电场同类机型的低电压穿越特性。

（15）电网调度机构可根据电网运行情况调整检测计划。可根据需要对检测过程进行监督，对不满足检测要求的环节，可要求风电场重新检测。

（16）电网调度机构根据检测结论安排完成检测的风电场或风电机组并网运行，检测机构在向电网调度机构提供检测结论的期间，必须附上测试曲线。

未通过检测的机型，在改造完成之后，按照新的检测计划，重新进行抽检测试。风电机组低电压穿越抽检测试流程示意图如图 6-22 所示，主要步骤为：

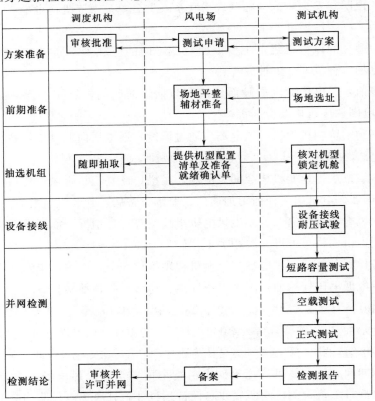

图 6-22　风电机组低电压穿越抽检测试流程示意图

（1）待检风电场向调度机构提出检测申请及工作方案。

（2）调度机构批复检测申请后，采取调度台抽签备案的方式确定待检机组，编制调度业务通知单并通知待检风电场及检测机构。

（3）检测机构在接到调度指令后 0.5h 内锁定待检机组的塔筒门，将封锁照片报调度备案，并开展测试设备接线。

（4）风电场与检测机构出具检测就绪确认单后向调度申请开始正式检测。

（5）调度批复后检测机构及风电场按照调度业务通知单流程开展检测工作。

（6）检测结束后，风电场向调度汇报检测完成情况，调度机构按照既定计划通知后续风电场开展检测准备工作。

（7）检测机构向完成检测的风电场出具检测结果，风电场将检测结果汇报调度备案。

（8）调度机构根据检测结果许可或暂停风电场正式并网运行。

6.4 新能源发电事故典型案例

随着大规模新能源发电并网以及大量电力电子设备接入，由于风电机组性能不足以及电力电子设备相互之间的影响，先后出现了多起大规模机组脱网和次同步振荡事故，引起了电力专家和相关企业的关注，并开展了广泛地深入调查研究。

6.4.1 冀北新能源电源大规模脱网事故

2011 年以来冀北发生多起容量超过 50 万 kW 的风电机组大面积脱网事件，对电网安全稳定运行造成一定影响，这些脱网事故均是由于风电场抗高电压和低电压扰动能力不足所引起的。

6.4.1.1 低电压引发的风电脱网

1. 事故概况

2011 年某 500kV 线路发生故障。故障引起 15 座风电场发生风电机组脱网，脱网风电机组共计近 800 台、损失风电电力共计超过 1000MW。

事故导致各风电场并网点电压大幅度跌落，部分运行风电机组因低电压保护动作脱网。各风电场并网点电压低于 90% 额定电压的持续时间一般为 100～150ms。经统计分析可看出越临近系统末端的厂站其并网点电压跌落幅度越深，持续时间越长。

2. 事故原因

事故中电网先后出现了低电压和高电压两种现象。相应的，风电场的风电机组根据脱网原因也分为了低压脱网和高压脱网两类。此次事故之前，部分风电场已进行了低电压穿越的改造。因此，线路故障期间，未经改造的风电机组因低电压导致脱网，而经过改造的风电机组穿越了低电压阶段，但当故障切除后，电压上升超过一定限额，部分风电机组又因高电压导致脱网。由于风电机组多为双馈机组，因此以双馈风电机组为例，对低压穿越改造前后的特性进行分析。

（1）未经低电压穿越改造的双馈风电机组故障期间特性。未经改造的双馈风电机组变流器配置被动式 crowbar，在电压跌落时，为保护变流器，5～10ms 内被动式 crowbar 投入运行，同时向风电机组并网开关发出跳闸指令，风电机组开关动作时间一般为 60～80ms，然后切机。

（2）经过低电压穿越改造的变速风电机组故障期间特性。经过低电压穿越改造的双馈风电机组电压跌落时，风电机组同样会瞬时失磁释放无功，电压跌落期间风电机组进入低电压穿越状态。故障清除时，风电机组还未切机，机组与变压器重建励磁将瞬时吸收较大无功，进一步拉低并网点电压，造成更多未经低电压穿越改造的机组脱网。

3. 事故结论

本次风电机组脱网的起因是 500kV 线路短路故障，各风电场站因处于电网末端，电压支撑能力较弱，加之风电机组在故障期间吸收大量无功，造成周边风电场电压严重跌落（大部分风电场电压低于 0.2p.u.），部分风电机组脱网。在大量风电机组脱网后，由于风电场内 SVC 装置电压调整不及时，且风电汇集站内风电大发时支撑系统电压和无功损耗投入的电容器仍处于投入状态，大量富裕无功补偿装置仍在网运行，系统电压大幅升高，引起大量风电机组又因过电压脱网。

6.4.1.2　高电压引发的风电脱网

1. 事故概况

2012 年冀北电网的 14 座风电场受电压波动影响发生风电机组脱网，共造成 584 台风电机组停运，损失电力超过 700MW，全部因高电压脱网。事故前，该地区全部 23 座风电场的 1191 台风电机组发电出力 1297.6MW。

2. 事故原因

系统电压与无功功率关系示意图如图 6-23 所示，每条曲线表示在一定风电机组有功出力水平下，电压与无功功率的关系。曲线的最低点为运行临界点，少量的无功变化会引起较大的电压变化，曲线右部分代表系统的正常运行区域，在此区域内增加无功补偿容量可以提高系统的电压水平，实际运行点距离临界点越远，电压稳定裕度越高。

从图 6-23 中可以看出，在相同电压水平下，风电出力越大，无功电压稳定裕度越小，运行点距离临界点越近，相同的无功变化量引起的系统电压变化量也越大。

在不同的风电出力水平下，某风电场投切电容器对系统电压的影响进行仿真分析。该地区风电出力 550MW 时，某风电场投退一组安装容量为 23760kvar 的电容器，引起系统 220kV 电压变化仅为 2～4kV；在风电出力 1300MW 时，投退一组电容器，引起系统 220kV 电压变化为 20～30kV。该仿真结果也说明，随着风电出力水平升高，相同

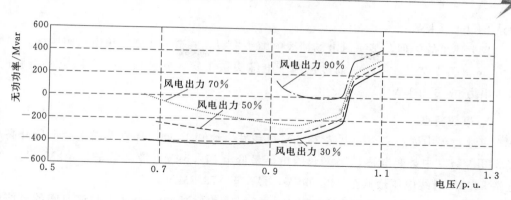

图 6-23 系统电压与无功功率关系示意图

的无功投切量引起的系统电压变化随之增大。从电网实际情况看，该仿真结果与该地区无功设备投切时系统电压的波动情况基本吻合。

3. 事故结论

（1）风电场风电机组缺乏无功调节能力。本次事故中风电场的风电机组在电压波动过程中无功出力接近 0，且保持恒定，没有起到自动无功调节、抑制电压升高的作用。

（2）大部分风电场的动态无功补偿装置不能满足快速、连续及按照并网点电压进行无功调整的要求，动态无功补偿设备的运行模式、响应时间、控制策略与目标等均不满足相关规定要求，无法满足事故期间快速、连续及按照并网点电压进行无功调整的要求。部分风电场的动态无功补偿装置在电压波动过程中未调节甚至反向调节；部分正确调节的风电场动态无功补偿装置也因调节幅度较小，未对电压升高起到有效的抑制作用。

（3）部分风电场风电机组及变频器等设备涉网保护定值不满足有关要求。根据故障录波分析，本次事故中部分风电机组在并网点电压不到 1.1 倍额定电压时就已脱网，导致地区电压加剧升高，引起更多风电场的风电机组脱网。

（4）电网的无功电压需要统一协调控制。因该地区风电并网线路较长，电网较为薄弱，且风电出力变化较大，不合理或较集中的无功投退会引起系统电压的大幅波动，进而造成风电机组的大面积脱网，因此风电汇集地区的无功电压需要统一协调控制。

6.4.2 甘肃省风电机组大规模脱网事故

1. 事故概况

甘肃酒泉某风电场馈线电缆头 C 相击穿并很快发展为三相短路，导致系统电压大幅跌落，附近风电场机组因低电压穿越能力普遍缺失而发生大规模脱网，损失出力37.71 万 kW。故障切除后，系统电压回升，而各风电场升压站的 SVC 装置和电容器支路因无法自动切除而继续挂网运行，引起系统电压升高，部分风电机组由于过电压保护动作而脱网，共损失出力为 42.42 万 kW。该事故共造成 598 台风电机组脱网，损失出力达 84.04 万 kW。

与上述事故类似，某一风电场馈线电缆头爆裂，共造成 400 台风电机组脱网，损失出力 56.8 万 kW；另一风电场接连两个电缆头被击穿，共造成 677 台风电机组脱网，损失出力 97.6 万 kW。

2. 事故特点

事故过程中周边多个变电站 330kV 母线发生约 0.1s 的电压跌落，之后电压升高超过 370kV。其中某变电站 330kV 母线电压最低至 272.5kV，最高至 381.14kV；另一变电站 330kV 母线电压最低至 269.95kV，最高至 378.75kV。

事故后分析，某风电汇集站上网出力在 0.1s 内突减 60 万 kW，与该时间的母线电压跌落时间一致，说明这 60 万 kW 风电机组跳闸为低电压所致。约 30s 后，该变电站主变压器上网电力又减少 28 万 kW，期间母线高电压至 1.1 倍，说明这 28 万 kW 风电机组为高电压导致风电机组跳闸。

根据现场事故报告统计数据，该次事故由于低电压导致风电机组跳闸损失出力 18.3 万 kW；由于电压高导致风电机组跳闸损失出力 52.1 万 kW；由于频率波动造成风电机组跳闸损失出力 7.7 万 kW。该风电机组脱网事故发展时序图如图 6-24 所示。

3. 事故结论

本次导致大规模风电机组脱网的起因是风电场馈线电缆头单相短路故障未能快速切除，然后发展为三相短路故障，由于该地区电压支撑能力较弱，造成周边电压严重跌落，部分风电机组脱网。在大量风电机组脱网后，由于风电场内 SVC 装置电压调整不及时，且风电汇集站内支撑系统电压投入的大量富裕无功补偿装置仍在网运行，系统电压大幅升高，进而引起大量风电机组因高电压而脱网。

6.4.3　新疆电网次同步振荡事故

±800kV 天中直流是国内第一条风火电打捆外送的直流示范工程。工程建成投运为新疆新能源规模化开发创造了条件。但运行过程中，在天中直流近区（哈密地区）多次发生次同步振荡，甚至波及周边火电厂机组运行，对交直流电网安全运行造成一定威胁。

1. 事故概述

2015 年 7 月 1 日，新疆电网天中直流某一配套火电厂的 3 台火电机组轴系扭振保护相继动作跳闸，扭振幅值达到 0.5rad/s（疲劳累计跳闸定值 0.188rad/s），共损失功率 128 万 kW；期间，另一火电厂的 2 台火电机组轴系扭振保护启动（模态 2，频率 31.25Hz），并于 20s 后复归。天中直流功率紧急由 450 万 kW 降至 300 万 kW。

2. 事故特点

哈密风电次同步振荡主要集中在北部地区，曾发生风电振荡共计 130 多次，振荡的频率范围较宽，为 7~85Hz，主要有 7Hz、25Hz、30Hz、75Hz 等多个频率段，且动态

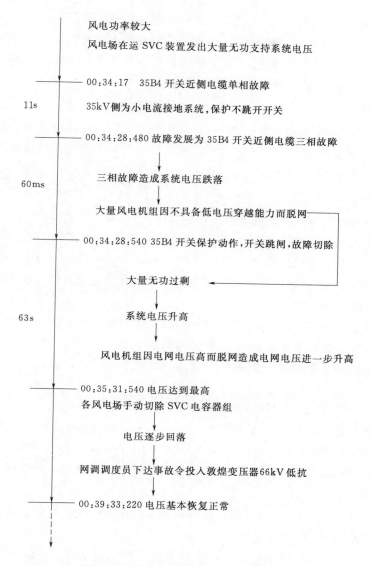

图 6-24 风电机组脱网事故发展时序图

漂移，高于 50Hz 的分量成分较大，存在次同步、超同步两种频带。功率振荡频率与风电出力大小存在一定关联关系，表现为风电出力大，功率振荡频率低，风电出力小，振荡频率高。

火电机组跳闸前、后，交流电网中持续存在 20Hz 左右的次同步谐波分量。从幅值上看，谐波分量主要分布于 5 个电压等级，100km 输电线路沿线；从频率上看，谐波频率随时间发生漂移，范围为 16～24Hz。当同步发电机定子绕组流过频率为 f（例如 20Hz）的次同步谐波电流时，会在火电机组轴系感应出频率为 50－f（即 30Hz）的交变力矩，当该频率（30Hz）等于或接近发电机轴系的自然振荡频率时，就会发生次同步谐振。根据 PMU 记录的谐波频率分析，当交流系统次同步振荡分量频率的漂移穿越火电机组相应模态的谐振点时，火电厂机组轴系相应出现振荡。

针对上述问题，主要从网架结构、谐波分量、动态无功补偿设备控制策略、扰动源（含强迫扰动源）定位、风电机组控制策略等角度开展了机理分析；从理论仿真分析、现场试验设备性能评价等方面开展抑制措施验证工作。

在机理研究方面，一是建立了哈密北山地区仿真模型，搭建哈密地区电磁暂态仿真环境，围绕次同步振荡发生机理，开展仿真模拟和试验验证；二是开展了振荡与网架结构关联分析；三是开展了其他风区、光伏汇集区次同步振荡分析；四是开展了数据积累和次同步振荡事件分析。

3. 事故结论

（1）次同步谐波/振荡与风电运行密切相关。

1）周边相关四个风电场全部停运时，电网中未监测到次同步谐波。

2）根据试验及火电机组的轴系扭振保护（torsional stress relay，TSR）记录，发现次同步谐波基本出现在风电低功率运行时段；在风电出力较高时，电网相对平稳，次同步谐波不易出现。

（2）多个风电场均是谐波源。试验中发现，多个风电场出力在不同时段均会出现明显振荡，不同风电场功率振荡时的次同步谐波频率有一定差异，谐波幅值在不同风电送出线路上的分布也有较大差别。这表明谐波来源并不唯一，多个风电场均是谐波源。

（3）SVG/SVC 投退对次同步谐波/振荡有直接影响。

1）风电汇集站的静止无功发生装置（static var generator，SVG）（无振荡抑制功能）与风电场出现的次同步谐波直接相关。在试验中，对某风电汇集站的 SVG 进行了两次退出、投入测试，每次退出时次同步谐波基本平息，每次投入时次同步谐波幅值显著增大。

2）根据相关文献分析，SVG 电压控制回路在系统电压变化时快速响应，若未配备次同步振荡抑制功能，将激发次同步振荡。

（4）系统扰动激发次同步谐波。试验中发现，在一定条件下（如风电低功率时），次同步谐波可由系统中的扰动所激发。

（5）特高压直流功率水平、直流功率升降与次同步谐波之间无明显关联。试验中发现，直流功率在 260 万～450 万 kW，或在功率升降过程中，都出现过次同步谐波/振荡现象，因此，可基本说明次同步谐波与直流功率无明显关联性。

6.4.4 冀北次同步振荡事故

冀北张家口沽源地区在 2016 年发生多起次同步振荡现象，并造成一定数量的风电机组脱网，不仅影响了风电的消纳，更影响电网的安全稳定运行。

1. 事故概述

2016 年 4 月 9 日晚 23：32：08—23：39：40 期间，沽源地区出现风电次同步谐振现象。以沽察线为例，电压振幅不超过 1%，电流振幅达到 19.3%，谐振频率为 7Hz，振荡持续约 8min，并最终通过退出一套串补装置而使谐振平息，第一次次同步谐振沽察线 PMU 波形如图 6-25 所示。

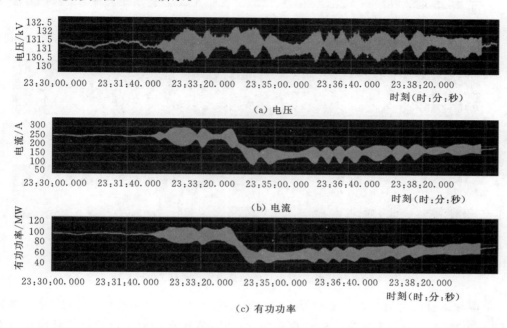

图 6-25　2016 年 4 月 9 日次同步谐振沽察线 PMU 波形

2016 年 6 月 7 日晚 22：16—23：43 期间，沽源地区又出现两次风电次同步谐振现象。仍以沽察线为例，出现谐振现象后次同步谐波电流发散较快，大约 10s 内从零增长到最大值。随后次同步谐波电流逐渐收敛，系统恢复稳定，此次谐振过程持续约 12min。之后再次出现谐振，最终退出一套串补装置，谐振现象消失，第二次次同步谐振沽察线 PMU 波形如图 6-26 所示。

第一次谐振过程中，电压振幅最大约为 2.6%，电流振幅最大约为 53.9%；第二次谐振过程中，电压振幅最大约为 2.5%，电流振幅最大约为 26.2%。谐振的频率变化范围较大，谐振初期频率约为 6.1Hz，在第一次谐振收敛之前频率降低至约 4.9Hz，第二次谐振的频率约为 4.4Hz。

2. 事故特点

统计表明，沽源地区谐振主要发生在夏季 6—8 月以及冬季 11 月至次年 1 月，而且冬季谐振发生更为频繁。

谐振频率为 4.4～8.6Hz，频率高低与风电总出力相关性较高，在风电出力较大时，谐振频率较高。夏季（6—8 月）谐振发生时，沽源地区风电出力较小，风电同时率不超过 2%，但地区负荷较大，为 50～84MW；冬季（11 月至次年 1 月）谐振发生时，风电出力有所提高，同时率最大达到 17%，但地区负荷较小，集中于 0～30MW。

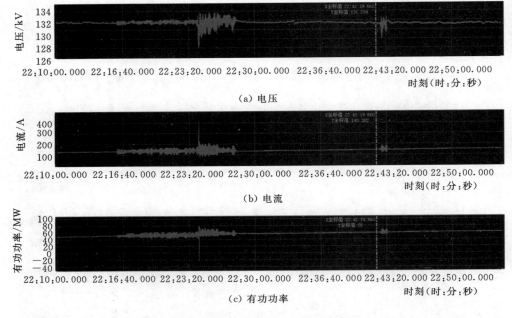

图 6-26　2016 年 6 月 7 日次同步谐振沽察线 PMU 波形

沽源地区有两个负荷站，主要为农业灌溉负荷，夏季最大负荷约为 100MW，通常为 50～100MW；而冬季负荷较小，通常为 0～30MW。理论上，负荷对系统阻尼具有改善作用，会降低谐振风险，因此推测沽源地区冬季较之夏季谐振更加频繁的原因主要是冬季负荷较小。

3. 事故结论

（1）负荷对系统阻尼具有改善作用。沽源地区为农业灌溉负荷，季节性明显，夏季虽然小风工况较多，但是由于负荷较大，需要在风电出力极小的情况下才具备发生谐振的条件，因此谐振发生的次数较少。在冬季，由于负荷较小，即使风电出力在 10% 附近仍然会出现谐振现象，因此谐振发生的更加频繁。

（2）谐振过程中，除直驱风电机组为主的风电场和风况较差的东湾风电场外，各风电场次同步电流振幅和幅值大小基本一致，并无较大差异，不同型号的双馈机组在谐振过程中的表现具有一致性。

6.5　本章小结

高比例新能源接入条件下，构建新能源发电单元暂态模型和新能源电站控制系统模型是开展系统稳定分析的基础，必须高度重视。为保证新能源场站和电网的安全稳定运行，新能源场站并网必须满足故障穿越、电压频率耐受等技术要求，且要满足继电保护定值整定原则，并与电网继电保护相适应。本章深入剖析新能源发电典型事故案例，总结经验，吸取教训，对加强新能源场站运行管理，提高新能源运行控制水平具有积极的意义。

参 考 文 献

［1］ A. D. Hansen，F. Iov，F. Blaabjerg，L. H. Hansen. Review of Contemporary WT Concepts and their Market Penetration ［J］. Wind Engineering，2004，28（3）：247－263.

［2］ 中国电力企业联合会. NB/T 31066—2015 风电机组电气仿真模型建模导则 ［S］. 北京：中国电力出版社，2016.

［3］ 国家质量监督检验检疫总局，国家标准化管理委员会. GB/T 32826—2016 光伏发电系统建模导则 ［S］. 北京：中国标准出版社，2016.

［4］ NERC Special Report. Standard Models for Variable Generation ［R］. 2010.

［5］ IEC 61400－27－1 Wind Turbines－Part 27－1：Electrical simulation models－Wind turbines ［S］. Ed. 2. CD.

［6］ FGW TR4：Technical Guidelines for Power Generating Units Part 4－Demands on Modelling and Validating Simulation Models of the Electrical Characteristics of Power Generating Units and Systems ［S］. Franklin German，2016.

［7］ CIGRE/CIRED Joint Task Force C4－C6. 35. Modelling of Inverter—based Generation for Power System Dynamic Studies ［R］. Paris CIGRÉ，2018.

［8］ WECC Renewable Energy Modelling Task Force. Generic Solar Photovoltaic System Dynamic Simulation Model Specification ［R］. Sep. 2012.

第7章 新能源发电计划

发电计划是电力调度中的重要环节，是保证电网安全、可靠、经济运行的基础。传统发电计划的编制是在考虑负荷预测和电网安全约束基础上，进行机组组合优化和发电计划安排。在新能源电源接入电网后，为最大化消纳新能源，需要在传统机组组合方式和发电计划编制中考虑新能源发电出力随机性、波动性和难以准确预测的特点，以及它们对电网安全稳定运行的影响。本章从新能源接纳能力评估出发，阐述了新能源发电计划编制的原则、方法和步骤。

7.1 新能源接纳能力评估

新能源接纳能力评估在指导电网建设、合理规划电源、科学调度运行等方面具有重要意义。新能源资源特性、新能源发电自身运行控制能力、电网网架结构、电源布局、电源调节特性、负荷特性等各种因素决定了电网能够接纳新能源的能力。本节将对新能源发电出力场景模拟和不同时间尺度下新能源接纳能力的评估方法进行详细介绍。

7.1.1 新能源发电出力场景模拟

新能源发电出力场景模拟是为新能源接纳能力评估提供出力输入数据，是新能源接纳能力评估的基础，不同时间尺度下的接纳能力评估能够为不同时间尺度下的发电计划安排提供决策参考。

7.1.1.1 场景生成

在涉及新能源接纳能力评估时，一种或者多种典型场景是求解问题的输入条件。新能源发电场景与实际特性之间的逼近程度，直接影响到评估结论的正确性与有效性。目前适用于新能源发电场景生成的方法主要有统计抽样法和时间序列法等。

1. 统计抽样法

统计抽样法主要指蒙特卡罗（Monte Carlo，MC）法，其基本原理是首先选取一个概率模型或一段随机过程，求解问题为随机变量的期望值，然后通过对模型观察或过程抽样试验，来计算所求参数的统计特征，最后给出求解的近似值，而解的精度可用估计值的标准误差来表示。

设待求量 x 是随机变量 ξ 的期望值 $E(\xi)$，那么近似确定 x 的方法是对 ξ 进行 N 次重复抽样，产生相互独立的 ξ 值序列 ξ_1，ξ_2，$\cdots$，ξ_N，并计算其算术平均值，即

$$\bar{\xi} = \frac{1}{N} \sum_{i=1}^{N} \xi_n \qquad (7-1)$$

当 N 充分大时，根据大数定理有

$$P(\lim_{N \to \infty} \bar{\xi}_N = x) = 1 \qquad (7-2)$$

可以证明

$$\bar{\xi}_N \approx E(\xi) = x \qquad (7-3)$$

因此，可用 $\bar{\xi}$ 作为待求量 x 的估计值。

2. 时间序列法

时间序列法是利用按时间顺序排列的数据预测未来变化的方法，分为定性描述和定量描述两类。其中，若利用定量描述生成新能源接纳能力评估所需的场景，需假定某时序系统过去的变化规律、发展趋势，在今后一段时间内是不变的或变化较小的。因此，时间序列预测之前，需要对大量的历史数据进行提取和分析，挖掘其内部统计规律。自然界中的许多现象都包含着一定的统计规律，可以将描述这些随机现象的观测值序列抽象为 $X(t)$ 的时间序列。对于风速和辐照度等数据来说，应用时间序列分析方法是可行的。

7.1.1.2　场景聚类

新能源发电接纳能力评估需要基于大量的历史数据，建立涵盖年、月、周、日等不同时间尺度的时序场景。对于时间跨度较长的出力场景，为了提高计算效率，需要采用聚类分析的方法，对场景进行聚类和缩减。

聚类分析是将一个数据单位的集合分割成几个称为簇的子集，每个簇中的数据具有较大的相似性。聚类主要用于在潜在的数据中发现有价值的数据分布和数据模式，是数据挖掘中的一个重要组成部分。聚类过程可以定义如下：给定 d 维空间的 N 个数据点，根据数据点间的相似程度把这 N 个数据点分成 k 个簇，即满足相似样本在同一簇中，相异样本在不同簇中，使得同一簇中的对象具有尽可能大的相似性，而不同簇中的对象具有尽可能大的相异性。如果将含有 N 个样本 x_1，$\cdots$，x_N 的数据集 X 聚成 c 个子类 X_1，$\cdots$，X_c，则要求 X_1，$\cdots$，X_c 满足

$$\begin{cases} X_1 \bigcup X_2 \bigcup \cdots \bigcup X_c = X \\ X_i \bigcap X_j = f \quad 1 \leqslant i \neq j \leqslant c \end{cases} \qquad (7-4)$$

经典的聚类分析方法包括以下类型：

（1）划分法，其典型代表算法有 K - MEANS、K - MEDOIDS、CLARANS 算法等。

（2）层次法，其典型代表算法有 CURE、Chameleon、ROCK 和 BRICH 算法等。

（3）基于密度的聚类方法，其典型代表算法有 DENCLUE、DBSCAN 和 OPTIC 算

法等。

（4）基于网格的聚类方法，常用的基于网格的聚类算法有统计信息网格法 STING、聚类高维空间法 CIQUE 以及基于小波变换的聚类法 Wave Cluster 等。

（5）基于模型的聚类方法，主要包括统计学方法和神经网络方法两类。

（6）群智能算法，其典型代表主要有蚁群算法和粒子群优化算法。

7.1.2 不同时间尺度下新能源接纳能力的评估方法

7.1.2.1 新能源发电中长期接纳能力评估

1. 中长期接纳能力评估影响因素

新能源发电接纳能力主要受系统调峰能力和电网输送能力的影响。

（1）系统调峰能力。一般来说，系统调峰能力与电源结构、储能能力以及跨区域外送能力等因素密切相关。

1）电源结构。由于电力系统的发电、输电、变电、配电、用电须同时完成，而负荷用电有峰荷、腰荷和低谷，并时时都在变化，电力系统中所有电源的总出力必须严格随负荷用电变化进行相应调节，时时保持电力平衡。我国电源结构以煤电为主，水电、燃气等灵活调节电源较少，是制约新能源消纳的重要因素。具体来讲，为满足高峰时段电力需求，须有足够煤电机组支撑，而其有限的调峰能力限制了在低谷时段的下调比例，进而限制了新能源消纳的空间。

2）储能能力。储能电站和抽水蓄能等储能电源的发展，增加了系统调峰能力。相比于大容量煤电机组，储能电源具有更大的调峰比例与更快的响应速率，且由于其往往布局在负荷周边，对传输网架不产生新的负担，方便实现就地平衡，并缓解电网调峰压力。此外，储能本身既可承担电源角色又可承担负荷角色，并具有良好的低碳潜力。因此，储能电源成为影响系统调峰能力的重要因素，有利于提升新能源接纳能力。

3）跨区外送能力。对于一个区域电网而言，外送功率可等效为机组或负荷。外送计划通常会规定各时段传输电力的可调整范围，即相当于定义了机组的调峰能力或负荷的最大峰谷差。从现有情况来看，外送计划都是"恒电力输送"或者仅是在大时段尺度上存在差异，这无法与新能源的波动时间尺度相协调，即现有外送形式对系统调峰能力的贡献十分有限，从而限制了新能源接纳能力。为提高新能源接纳能力，外送应在更短的时间尺度上规定差异化的传输电力容量，同时在满足安全稳定的约束下，放宽其在运行计划时波动的幅度。

（2）电网输送能力。作为连接新能源与负荷的载体，电网是新能源优化配置的平台。通过合理安排电网运行方式，可以最大限度地消纳新能源。

就我国情况来看，某些大规模新能源接入地区用电负荷较小，新能源就地消纳能力有限。而且当地网架结构也较为薄弱，输送能力有限，无法满足新能源外送需求，客观上限制了系统对新能源的接纳能力。

2. 新能源发电中长期接纳能力评估模型

新能源发电中长期接纳能力评估模型是基于新能源出力特性，按照新能源优先接纳的原则而设计的。新能源接纳能力评估必须要充分考虑实际电力系统的各类常规机组的运行特性，主要包括机组启停机约束、爬坡约束、最大（小）出力约束等，此外还需要考虑某些特殊类型机组的运行特性。

对于新能源汇集点来说，输送断面送出能力成为新能源出力受限与否的最直接影响因素。可将大规模风电、光伏等新能源所汇集的变电站或地区当作一个小型电网来考虑，分成多个区域进行设计。除了本地区的负荷和常规电源的调峰能力外，其他地区电力送入能力、电力送出能力以及电网中其他关键断面的稳定限制等因素也需要在建模时进行统筹考虑。在此基础上，计算网络约束下该地区能够接纳新能源的空间。当该地区新能源发电出力超过接纳空间时，需要对新能源发电出力进行控制。

（1）目标函数。新能源发电中长期接纳能力评估要以新能源接纳能力最大为目标，根据联络线交换计划、检修计划、新能源发电出力预测曲线（由新能源发电出力场景模拟得到）、系统负荷预测曲线、母线负荷预测曲线、网络拓扑、机组发电能力和电厂运行约束等信息，综合考虑系统电力电量平衡约束、电网安全约束、备用约束、电量约束和机组运行约束，采用考虑安全约束的优化评估算法，获得常规机组和新能源的电量计划，得出新能源接纳能力的评估结果。

为尽可能多地接纳新能源出力，提高电网的节能减排效益，目标函数为

$$\max \sum_{t=1}^{T} \sum_{n=1}^{N} P_w(t,n) + P_v(t,n) \tag{7-5}$$

式中　P_w——风电出力；

　　　P_v——光伏出力；

　　　t——时间；

　　　n——区域编号；

　　　T——时间长度；

　　　N——区域总个数。

（2）约束条件。

1）常规机组出力约束。常规机组出力约束包括机组出力上下限、爬坡速率。

2）常规机组最小启停机时间约束。由于受到机组的物理特性、机组能耗和运行成本的制约，机组不能频繁启停机，因此不同机组最小启停机时间都需要考虑。

3）供热机组的供热约束。热电厂与火电厂的最大区别是热电厂为了保障供热，发电机必须至少发出与供热量相应的一定数量电功率。其中背压式机组的电与热出力关系曲线如图 7-1 所示，其计算公式为

$$P = HC_b \tag{7-6}$$

式中　P——机组输出功率；

　　　H——机组热出力；

C_b——机组的发电出力和热出力的比值。

抽汽式机组的电与热出力关系曲线如图 7-2 所示，其计算公式为

$$P \geqslant HC_b$$

$$P \leqslant S^{Ex} - HC_v \tag{7-7}$$

式中　S^{Ex}——某一热出力值下机组最大发电出力。

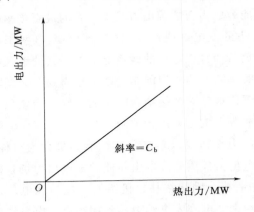

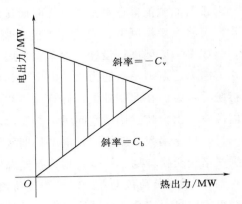

图 7-1　背压式机组的电与热出力关系曲线　　图 7-2　抽汽式机组的电与热出力关系曲线

当热出力固定时，抽汽式机组发电出力可以在一定的范围内变化，大小由 C_b 值和 C_v 值确定。

4）区域间传输容量约束。由于区域间的传输容量约束，电力负荷平衡必须以区域为单位分区进行平衡。在风电、光伏等新能源集中的区域，如果区域间传输容量不足，将会影响新能源的接纳能力。

5）系统备用约束。系统备用约束包括正旋转备用约束和负旋转备用约束。将风电、光伏发电出力按照各个时段的可信容量纳入常规机组开机容量计算范畴，可减小常规机组开机容量，提高新能源接纳空间。

7.1.2.2　新能源发电日前接纳能力评估

1. 日前接纳能力指标体系

从日前时间角度来看，在制定日前计划时，为保证尽可能多的接纳新能源发电，常规火电机组有时需要进行频繁的启停操作，产生额外的启停费用。若系统中缺乏可进行日内启停操作的灵活机组，为了接纳更多的新能源就需要在制定日前计划时优先开启调峰能力更强的机组，而这部分机组的发电成本可能较高，从而产生额外的费用。以上两部分费用可以看作新能源发电的接纳成本。新能源发电接纳水平不同时，新能源发电接纳成本也有所不同，因此，新能源接纳日前指标体系包括新能源发电接纳成本与接纳水平两个指标。

新能源发电接纳成本可表示为

$$C_G = \sum_{t=1}^{T} \sum_{i=1}^{N} \left[f_i(P_{i,t}) u_{i,t} + S_i u_{i,t}(1 - u_{i,t-1}) \right] \quad\quad (7-8)$$

式中　　T——调度时段数；

　　　　　t——调度时刻索引（$1 \leqslant t \leqslant T$）；

　　　　　N——机组数目；

　　　　　i——机组索引（$1 \leqslant i \leqslant N$）；

　　　　$P_{i,t}$——机组 i 在 t 时刻的输出功率；

　　　　　S_i——机组 i 的启停费用；

　　　　$u_{i,t}$——机组 i 在 t 时刻的运行状态（"0"表示停机，"1"表示开机）；

　　$f_i(P_{i,t})$——机组 i 在 t 时刻的燃料成本函数。

成本函数 $f_i(P_{i,t})$ 可以表示为

$$f_i(P_{i,t}) = a_i P_{i,t}^2 + b_i P_{i,t} + c_i \quad\quad (7-9)$$

式中　　a_i、b_i、c_i——机组 i 的燃料成本系数。

新能源接纳水平，用新能源限电电量期望来表示，即

$$C_w = \sum_{t=1}^{T} C_{w,t} \qu\quad (7-10)$$

式中　　$C_{w,t}$——调度时段 t 的限电量期望。

2. 日前新能源发电接纳能力评估模型

传统的电力系统日前调度计划模型以发电费用最小为目标函数，但单纯追求发电的经济性将会导致新能源发电利用率降低，不利于新能源消纳。反之，一味追求新能源发电接纳能力最大，也会导致发电成本过高。日前新能源接纳能力评估中将限电期望最小作为新增目标函数加入日前调度模型，构建考虑发电成本的日前新能源发电接纳能力评估模型。对该模型求解后，能够得出新能源发电的接纳成本 C_G 和接纳水平 C_w 两个指标值。

（1）目标函数。传统电力系统日前调度决策模型的目标函数为发电成本 C_G 最小，即

$$\min\left\{ \sum_{t=1}^{T} \sum_{i=1}^{N} \left[f_i(P_{i,t}) u_{i,t} + S_i u_{i,t}(1 - u_{i,t-1}) \right] \right\} \qu\quad (7-11)$$

为尽可能的接纳新能源发电，将调度日内的新能源限电电量期望 C_w 作为模型新增的最小化优化目标，即

$$\min\left[\sum_{t=1}^{T} C_{w,t} \right] \qu\quad (7-12)$$

（2）约束条件。

1）有功平衡约束为

$$P_{d,t} - \sum_{i=1}^{N} u_{i,t} P_{i,t} - P_{w,t} = 0 \qu\quad (7-13)$$

式中　　$P_{d,t}$——t 时刻的负荷预测值；

　　　　$P_{i,t}$——机组 i 在 t 时刻的输出功率；

　　　　$u_{i,t}$——机组 i 在 t 时刻的运行状态，"0" 表示停机，"1" 表示开机；

　　　　$P_{w,t}$——t 时刻的新能源发电上网电量。

　　2）常规机组出力约束

$$P_{\min,i} \leqslant P_{i,t} \leqslant P_{\max,i} \tag{7-14}$$

式中　　$P_{\max,i}$、$P_{\min,i}$——机组 i 的最大、最小技术出力。

　　3）爬坡约束

$$P_{i,t} - P_{i,t-1} \leqslant \Delta TR_{up,i} \tag{7-15}$$

$$P_{i,t-1} - P_{i,t} \leqslant \Delta TR_{down,i} \tag{7-16}$$

式中　　$R_{up,i}$——上爬坡率；

　　　　$R_{down,i}$——下爬坡率。

　　4）可靠性约束。大规模新能源发电并网前，通过预留旋转备用确保运行可靠性。一般来讲，可将旋转备用容量设为负荷预测值 $P_{d,t}$ 的某一固定比例或系统中最大一台火电机组的容量。新能源发电出力的不确定性增大了系统的随机性，这一确定性的处理方法将不再适用。因此，通过引入基于可靠性指标失负荷概率（the loss-of-load probability，LOLP）的约束保证调度计划的运行可靠性，即

$$V_{LOLP,t} \leqslant R_{LOLP} \tag{7-17}$$

式中　　$V_{LOLP,t}$——调度时刻 t 可靠性指标 LOLP 的值；

　　　　R_{LOLP}——调度运行人员期望达到的可靠性水平。

　　5）新能源发电功率约束。新能源是一种具有不确定性的电源，但在日前调度时可对未来日内的新能源发电功率进行预测。一般来讲，新能源发电功率预测值 $F_{w,t}$ 可作为 t 时刻新能源发电的上限值。故存在的约束为

$$P_{w,t} \leqslant F_{w,t} \tag{7-18}$$

　　6）机组最小启停机时间约束。此约束设置的原因主要是由于受到机组的物理特性及机组能耗和运行成本的制约，机组不能频繁启停。具体公式为

$$Y_i(t) + Z_i(t+1) + Z_i(t+2) + \cdots + Z_i(t+h_{o,i}) \leqslant 1 \tag{7-19}$$

$$Z_i(t) + Y_i(t+1) + Y_i(t+2) + \cdots + Y_i(t+h_{s,i}) \leqslant 1 \tag{7-20}$$

式中　　$Y_i(t)$、$Z_i(t)$——机组 i 在 t 时刻是否正在启机和停机，均为二进制变量，$Y_i(t)$ $=0$ 表示不处于启动状态，$Y_i(t)=1$ 表示正在启动，$Z_i(t)=0$ 表示不处于停机状态，$Z_i(t)=1$ 表示正在停机；

　　　　$h_{o,i}$、$h_{s,i}$——机组 i 的最小启机、停机时间。

3. 限电量期望与失负荷概率计算

　　计算各时段的限电量期望与可靠性指标 LOLP 是求解日前接纳能力评估模型的基础。计算中考虑的不确定性包括新能源发电功率的随机预测误差、负荷的随机预测误差以及常规机组的随机故障三种。

　　（1）新能源发电功率的随机预测误差描述。当进行日前接纳能力评估时，新能源发

电功率的不确定性体现为新能源功率预测误差。关于新能源功率预测误差，一般采用通用概率分布（versatile probability distribution，VPD）函数描述实际新能源发电功率（以标幺值形式表示，基准值取为新能源装机容量）在其预测值附近的随机变动，其概率密度函数、累积概率分布函数分别为

$$f(x) = \frac{\alpha\beta\exp[-\alpha(x-\gamma)]}{\{1+\exp[-\alpha(x-\gamma)]\}^{\beta+1}} \tag{7-21}$$

$$F(x) = \{1+\exp[-\alpha(x-\gamma)]\}^{-\beta} \tag{7-22}$$

需要指出的是，由于新能源发电功率的标幺值位于区间 $[0，1]$ 中，而新能源发电功率的随机波动特性与其预测值有关，即当预测值不同时，式（7-21）、式（7-22）中的参数 α、β 与 γ 应取不同的数值。

（2）负荷的随机预测误差描述。与新能源发电功率的随机预测误差相比，负荷的随机预测误差则相对简单，一般认为，实际负荷在其预测值附近的随机波动误差服从正态分布 $N(P_{d,t}，\sigma_{d,t})$，其标准差 $\sigma_{d,t}$ 大体与系统负荷容量的平方根成反比，约为负荷预测值的 $2\%\sim5\%$。

（3）常规机组的随机故障描述。常规机组的随机故障采用双状态模型表示，即机组有正常和故障两个状态。一般来讲，在日前调度时间尺度下，日前计划的制订提前时间 T_{LD} 为数小时，在如此短的时间内可忽略故障机组修复或替换的可能性。$f_{i,t}$ 表示机组 i 在调度时段 t 的故障概率。该指标随时间变化，可表示为

$$f_{i,t} = 1-\exp[-\lambda_i(T_{LD}+t)] \approx \lambda_i(T_{LD}+t) \tag{7-23}$$

式中 λ_i——机组 i 的故障率。

（4）可靠性指标计算。为计算可靠性指标 $V_{LOLP,t}$，做了如下两点假设：

1）新能源发电功率的随机波动、负荷的随机波动以及机组的随机故障是互相独立的随机事件。

2）各机组的随机故障也是互相独立的随机事件，且考虑到机组的故障概率较低，假定任意时刻最多只有两台机组同时故障。

假定 t 时刻有 $m(m\leqslant N)$ 台机组处于开机状态，此时 m 台机组发生故障的事件有 $m(m+1)/2$ 种。考虑到机组的随机故障，该时段的可用发电容量 G_t 为离散随机变量，其概率密度函数为

$$P\{G_t = G_j\} = p_j \quad j=0,1,2,\cdots,\frac{m(m+1)}{2} \tag{7-24}$$

式中 j——故障事件的编号，其中事件 0 为 m 台机组均正常运行事件，事件 1～事件 m 为 1～m 台机组中某台机组故障的事件，事件 $m+1$～事件 $m(m+1)/2$ 为 m 台机组中两台机组故障的事件；

G_j——m 台机组中某台机组单独故障时的可用发电容量，$j=1，2，\cdots，m$；

G_j——m 台机组中某两台机组同时故障时的可用发电容量，$j=m+1，m+2，\cdots，$
$m(m+1)/2$；

p_j——事件发生的概率。

另外有

$$G_0 = \sum_{i=1}^{m} P_{\max,i} \qquad (7-25)$$

$$p_0 = \prod_{j=1}^{j=m} (1 - f_{j,t}) \qquad (7-26)$$

式中　G_0——m 台机组均处于正常状态时的可用发电容量；

　　　p_0——该事件对应的概率；

　　$P_{\max,i}$——第 i 台机组的最大技术出力。

当单台机组 k 故障时，G_j、p_j 可分别表示为

$$G_j = G_0 - P_{\max,k} \qquad (7-27)$$

$$p_j = p_0 \frac{f_{k,t}}{1 - f_{k,t}} \qquad (7-28)$$

式中　G_j——m 台机组中某台机组单独故障时的可用发电容量；

　　　p_j——事件发生的概率。

若两台机组同时故障时，故障机组的索引为 k_1、k_2，G_j、p_j 可分别表示为

$$G_j = G_0 - P_{\max,k_1} - P_{\max,k_2} \qquad (7-29)$$

$$p_j = p_0 \frac{f_{k_1,t} f_{k_2,t}}{(1 - f_{k_1,t})(1 - f_{k_2,t})} \qquad (7-30)$$

假定时刻 t 的实际负荷在其预测值附近的随机变动服从正态分布 $N(P_{d,t}, \sigma_{d,t})$，为避免复杂的卷积运算，用 7 个离散概率点近似表示该时刻负荷的概率分布特性，其负荷取值 $P_{d,l}$ 及其对应的概率为 $p_{d,l}$，负荷的近似概率特性见表 7-1。

表 7-1　　　　　　　　　　　负荷的近似概率特性

负荷 $P_{d,l}$	概率 $p_{d,l}$	负荷 $P_{d,l}$	概率 $p_{d,l}$	负荷 $P_{d,l}$	概率 $p_{d,l}$	负荷 $P_{d,l}$	概率 $p_{d,l}$
$P_{d,t} - 3\sigma_{d,t}$	0.006	$P_{d,t} - \sigma_{d,t}$	0.242	$P_{d,t} + \sigma_{d,t}$	0.242	$P_{d,t} + 3\sigma_{d,t}$	0.006
$P_{d,t} - 2\sigma_{d,t}$	0.061	$P_{d,t}$	0.382	$P_{d,t} + 2\sigma_{d,t}$	0.061		

一旦系统实际负荷大于可用发电容量与新能源发电功率之和，就会导致部分负荷停电。基于此，时刻 t 可靠性指标 LOLP 的数值 $V_{\text{LOLP},t}$ 可表示为

$$V_{\text{LOLP},t} = \sum_{l=1}^{7} \sum_{j=0}^{m(m+1)/2} p_j p_{d,l} F\left(\frac{P_{d,l} - G_j}{G_{\text{wind}}}\right)$$

$$\begin{cases} P_{d,l} - G_j < 0 & P_{d,l} - G_j = 0 \\ P_{d,l} - G_j > G_{\text{wind}} & P_{d,l} - G_j = G_{\text{wind}} \end{cases} \qquad (7-31)$$

式中　　G_{wind}——新能源发电装机容量；

　　　　$P_{d,l}$——电网负荷；

　　　　$p_{d,l}$——负荷随机波动概率；

$F\left(\dfrac{P_{\mathrm{d},l}-G_j}{G_{\mathrm{wind}}}\right)$——新能源发电功率累积概率分布函数。

（5）限电量期望计算。弃风、弃光的主要原因是受系统调峰能力与输送能力的制约。由于考虑了新能源发电功率的随机预测误差、负荷的随机预测误差以及常规机组的随机故障不确定性，日前调度模型求解难度比较大，为降低求解难度，本章模型暂未考虑网络约束。为确保调度方案的可行性，这一重要的约束条件将在日内调整环节加以考虑。此处从调峰角度出发计算各调度时段的限电量期望 $C_{\mathrm{w},t}$。对任意时段来说，当新能源发电功率与运行机组的最小技术出力之和大于负荷需求时，该时段就会出现弃风或弃光，计算 t 时刻的限电量期望时，假设条件与可靠性指标 LOLP 计算的两点假设条件相同。

同样假定 t 时刻有 $m(m\leqslant N)$ 台机组处于开机状态。考虑到机组的随机故障，该时段开机机组总的最小技术出力 $G_{\mathrm{min},t}$ 同样也是离散随机变量，概率密度函数为

$$P\{G_{\mathrm{min},t}=G_{\mathrm{min},j}\}=p_{\mathrm{min},j} \quad j=0,1,2,\cdots,\dfrac{m(m+1)}{2} \tag{7-32}$$

最小技术出力 $G_{\mathrm{min},j}$ 及其对应的概率 $p_{\mathrm{min},j}$ 的计算方法与可靠性指标 LOLP 计算过程中可用发电容量的计算方法类似，可参见式（7-27）～式（7-31）。区别在于，此时式（7-27）、式（7-28）、式（7-29）计算的是机组的最小技术出力。

限电量期望计算时，同样将负荷的随机波动特性用表 7-1 所示的离散点及其对应的概率表示。一旦常规机组的最小技术出力与新能源发电功率之和大于负荷，就会导致新能源发电受限。基于此，t 时刻的限电量期望 $C_{\mathrm{w},t}$ 可表示为

$$\begin{cases} C_{\mathrm{w},t}=\displaystyle\sum_{l=1}^{7}\sum_{j=0}^{m(m+1)/2} p_j p_{\mathrm{d},l}\int_{x_0}^{1}(x-x_0)f(x)\mathrm{d}x \\[2mm] x_0=\dfrac{P_{\mathrm{d},l}-G_{\mathrm{min},j}}{G_{\mathrm{wind}}} \end{cases} \tag{7-33}$$

当 $x_0<0$ 时，取 $x_0=0$；当 $x_0>1$ 时，取 $x_0=1$

式中　$C_{\mathrm{w},t}$——限电量的标幺值；

　　　G_{wind}——新能源发电装机容量；

　　　$P_{\mathrm{d},l}$——电网负荷；

　　　$G_{\mathrm{min},j}$——最小技术出力；

　　　p_j——机组故障概率；

　　　$p_{\mathrm{d},l}$——负荷随机波动概率；

　　　$f(x)$——新能源发电功率概率密度函数。

4. 模型求解

由于在评估过程中同时考虑了发电成本，日前新能源发电接纳能力评估模型为典型的多目标优化问题，此类优化问题求解的难点在于多优化目标的处理。权系数法是最简单的多目标优化问题处理方法，即通过权系数将多目标优化问题转换为单目标优化问题

再进行求解。不过，此类方法存在权系数难以确定、主观性较大等缺点，局限性较强。对此，在求解时可在分析这两个优化目标之间关系的基础上，将两个优化目标模糊化，构建基于最大满意度的单目标优化问题，然后对模型进行求解，具体模型求解算法和过程不再赘述。

7.1.2.3　新能源发电日内接纳能力评估

1. 日内接纳能力指标体系

日内接纳能力指标体系包括新能源发电波动裕度、调峰裕度、网架输电裕度三个指标，这三个指标都是能直接表征制约新能源发电日内接纳能力的关键因素，通过这三个指标可以直观地表达电网新能源发电日内接纳能力的大小。

常规机组调节能力越好（调节速率快、调节范围大），跟踪新能源发电出力及负荷变化的能力就越强，因新能源发电波动过大而产生弃风、弃光的概率就越低。一般来讲，日内机组启停状态一般维持不变，机组的调峰速率及调峰裕度随着日前调度计划的制定也就已经确定。假设调峰机组 i 的调峰速率（爬坡速率）和调峰裕度分别为 R_i（MW/h）和 M_i（MW），则系统整体的调峰速率和调峰裕度 R 及 M 可以表示为

$$R = \sum_{i=1}^{NR} R_i \tag{7-34}$$

$$M = \sum_{i=1}^{NR} M_i \tag{7-35}$$

式中　NR——系统中参与调峰的机组台数；

$\quad\quad R_i$——调峰速率，根据机组 i 的爬坡速率可以求得；

$\quad\quad M_i$——调峰裕度，由机组当前出力与最小技术出力之差可求得。

于是，t 时刻新能源发电波动裕度指标 c_1 可表示为

$$c_1 = R - K \tag{7-36}$$

式中　K——负荷波动率；

$\quad\quad c_1$——t 时刻系统允许的新能源发电波动空间，超过此部分的新能源发电功率会因为系统调峰速率的限制而被弃掉。

t 时刻调峰裕度指标 c_2 可表示为

$$c_2 = M \tag{7-37}$$

式中，调峰裕度指标 c_2 为在 t 时刻不考虑其他新能源发电接纳的制约因素时，通过压低常规机组出力所能继续接纳的新能源发电容量，通过该指标可以直观地了解新能源发电的可消纳空间。

另外，接纳大规模新能源发电势必会对系统线路潮流产生影响，有可能使得某些线路过载，这在电力系统静态安全性要求中是不允许的。

在电网的某些薄弱环节，新能源发电出力过大可能会造成某些线路的阻塞，此时若通过调整常规机组的出力可能也无法消除阻塞，这就必须进行弃风、弃光来消除阻塞。

因此，某些输电线路的输电裕度可以在一定程度上反映电网的新能源发电接纳能力。电力系统中，输电线路的输电裕度 h_{ij} 可以表示为

$$h_{ij} = 1 - \frac{P_{ij}}{P_{ij,\max}}\qquad\qquad(7-38)$$

式中　h_{ij}——线路 ij 的输电裕度；

　　P_{ij}——线路 ij 的传输功率；

$P_{ij,\max}$——输电线路的最大传输功率。

由于电网中输电线路众多，且所有线路均需满足 $h_{ij} \geqslant 0$ 的约束，可以选择输电裕度最小的线路作为输电裕度指标，因此输电裕度指标为

$$c_3 = \min\boldsymbol{h}\qquad\qquad(7-39)$$

式中　$\boldsymbol{h}$——线路的输电裕度集合。

2. 新能源日内接纳能力评估模型

与中长期、日前尺度的新能源接纳能力评估相比，日内接纳能力评估考虑到系统实时运行状态和各类约束，实时性更强。

除评估时间尺度不同外，中长期、日前新能源发电接纳能力评估与日内新能源发电接纳能力评估的主要区别还在于：

（1）中长期、日前评估的时间尺度较长，系统随机性强，评估过程中需要考虑不确定性，而日内评估的时间尺度短，系统随机特性大为削弱，可不考虑不确定性。

（2）中长期、日前评估忽略了网络约束，而日内评估未忽略网络约束，且对网络潮流的模拟较为精确。

（3）中长期、日前评估是在综合考虑发电经济性的基础上进行，而日内评估并不主要考虑经济性，其评估的目的在于寻找当前运行方式下的最大新能源发电接纳潜力，为调度运行提供参考。

（4）中长期、日前评估对计算速度要求不高，而日内评估需要在较短时间内给出评估结果，对计算速度的要求较高。

新能源日内接纳能力评估模型的目标函数、约束条件和求解方法如下：

（1）目标函数。电网日内新能源发电接纳能力评估模型的目标函数为当前时刻及未来一段时间内新能源发电接纳能力最大，即依据系统当前的运行状态，通过合理安排机组出力，在考虑潮流等约束的条件下达到最大化接纳新能源发电的目的，目标函数为

$$\max F_{w} = \sum_{j=1}^{N_{w}} P_{wj,t}\qquad\qquad(7-40)$$

式中　F_w——新能源上网电量；

　　N_w——系统中新能源电站的个数；

　　j——新能源电站索引号；

$P_{wj,t}$——第 j 个新能源电站在 t 时刻的计划出力。

（2）约束条件。

1）潮流约束为

$$\begin{cases} P_{wi} + P_{Gi} - P_{Li} = U_i \sum_j U_j (G_{ij} \cos\delta_{ij} + B_{ij} \sin\delta_{ij}) \\ Q_{wi} + Q_{Gi} - Q_{Li} = U_i \sum_j U_j (G_{ij} \sin\delta_{ij} - B_{ij} \cos\delta_{ij}) \end{cases} \tag{7-41}$$

式中　P_{wi}——节点 i 的新能源发电注入的有功功率，若节点 i 未接新能源电站则 $P_{wi}=0$；

　　　P_{Gi}——节点 i 所接常规发电机组的注入功率，若节点 i 未接常规发电机组则 $P_{Gi}=0$；

　　　P_{Li}——节点 i 的负荷功率，若节点 i 为向负荷供电则 $P_{Li}=0$；

　　　Q_{wi}——节点 i 新能源发电注入的无功功率，若节点 i 未接新能源电站则 $Q_{wi}=0$；

　　　Q_{Gi}——节点 i 所接常规发电机组注入的无功功率，若节点 i 未接常规发电机组则 $Q_{Gi}=0$；

　　　Q_{Li}——节点 i 的负荷无功功率，若节点 i 未接负荷则 $Q_{Li}=0$；

　U_i、U_j——节点 i、j 的电压水平；

G_{ij}、B_{ij}——导纳矩阵的实部和虚部；

　　　δ_{ij}——节点 i、j 之间的相角差。

2）常规机组出力约束为

$$P_{Gmin,i} \leqslant P_{Gi,t} \leqslant P_{Gmax,i} \tag{7-42}$$

$$Q_{Gmin,i} \leqslant Q_{Gi,t} \leqslant Q_{Gmax,i} \tag{7-43}$$

式中　$P_{Gmax,i}$、$P_{Gmin,i}$——机组 i 的最大、最小有功出力；

　　　　　$P_{Gi,t}$——机组 i 在 t 时刻的有功出力；

　　$Q_{Gmax,i}$、$Q_{Gmin,i}$——机组 i 的最大、最小无功出力；

　　　　　$Q_{Gi,t}$——机组 i 在 t 时刻的无功出力。

3）机组爬坡约束为

$$P_{Gi,t} - P_{Gi,t-1} \leqslant \Delta TR_{up,i} \tag{7-44}$$

$$P_{Gi,t-1} - P_{Gi,t} \leqslant \Delta TR_{down,i} \tag{7-45}$$

式中　$R_{up,i}$、$R_{down,i}$——机组 i 最大增、减出力速率，即通常所说的爬坡率；

　　　$P_{Gi,t-1}$——上一时刻机组 i 的有功出力。

4）网络安全约束为

$$|F_{ij}| \leqslant F_{ij,max} \tag{7-46}$$

$$F_{ij} = U_i U_j (G_{ij} \cos\delta_{ij} + B_{ij} \sin\delta_{ij}) - U_i^2 G_{ij} \tag{7-47}$$

式中　F_{ij}——支路 ij 的有功潮流；

　$F_{ij,max}$——该支路最大传输功率；

　i、j——节点编号。

5）新能源电站出力约束。新能源电站 j 的计划出力 $P_{wj,t}$ 应小于其功率预测值 $W_{j,t}^f$，即存在如下约束

$$P_{wj,t} \leqslant W_{j,t}^{f} \tag{7-48}$$

6）节点电压约束。一般来说，常规机组出力及新能源电站的出力应使系统各节点的电压水平满足给定的要求，故有以下约束

$$U_{i,\min} \leqslant U_i \leqslant U_{i,\max} \tag{7-49}$$

式中 $U_{i,\min}$、$U_{i,\max}$——节点 i 的电压上、下限；

U_i——节点 i 的电压水平。

式（7-40）～式（7-49）构成了日内新能源发电接纳能力评估模型。该模型以电力系统交流最优潮流模型为基础，考虑了交流潮流约束、机组的调峰能力约束（包括调峰速率及调峰深度）、网络安全约束、电压约束及新能源发电出力约束等制约因素。

3. 模型求解

评估模型的待优化变量为各新能源电站的计划出力 $P_{wj,t}$ 及各常规机组的出力 $P_{Gi,t}$，是一个典型的大规模非线性规划问题。可采用通用代数建模系统 GAMS 对该优化问题进行求解。GAMS 是一种数学规划和优化的高级建模系统，特别为求解线性、非线性和混合整数最优化问题而设计，被广泛应用于科研及工程实际。

7.2 新能源中长期电量计划

以最大接纳新能源电量为目标，综合考虑新能源出力特性、负荷特性、机组调峰特性、不同种类供热机组热电耦合特性、开机方式和电网送出能力等因素，优化新能源中长期电量计划。基于时序生产模拟的方法，采用了分区的建模思想，综合考虑新能源分布情况及电网结构，对电网进行划分，优化中长期运行方式，科学合理地将新能源纳入电网年度运行方式，得到新能源中长期电量计划。

7.2.1 新能源中长期电量计划制定原则

考虑电网拓扑和面临的运行问题，根据实际电网情况确定每个分区的新能源装机容量、用电负荷、常规机组情况及各分区间的传输容量限制。将一个省级电网或区域电网划分为几个小型电网计算的建模思想，不仅能够显著提高模型计算效率，而且能够反映出电网的实际运行情况。

新能源发电集中的"三北"地区，火电装机容量的比重大，其调峰能力对新能源平衡能力产生巨大影响。因此，计算模型重点考虑不同类型火电机组的运行特性，特别是供热机组的建模，通常要考虑的火电机组类型包括凝汽式机组、背压式机组、抽汽式机组。特别注意的是，背压式机组和抽汽式机组一般运行在"以热定电"模式下，此类热电联产机组供热期和非供热期的建模对年度新能源消纳至关重要，需重点考虑其供热期内的热电耦合特性。

在新能源接纳空间充足的情况下，新能源场站的电量计划即为各新能源场站的电量

预测。当经过接纳能力评估后，接纳空间不足，需要对新能源出力进行控制时，可以按照各新能源场站的预测发电能力依据一定的规则进行修改，从而得到各个新能源场站的中长期电量计划。

7.2.2 新能源中长期电量计划制定方法

充分考虑不同区域间的传输功率约束，细化全网调峰能力约束，即各类火电机组运行特性（供热机组和非供热机组运行特性）。基于"理论出力总量→出力时间序列→出力限电总量"的计算方法，使得新能源中长期计划安排更加符合实际电网运行特性，计算结果科学合理。

以风电和光伏发电两种新能源进行分析，新能源中长期电量计划制定方法流程图如图 7-3 所示。

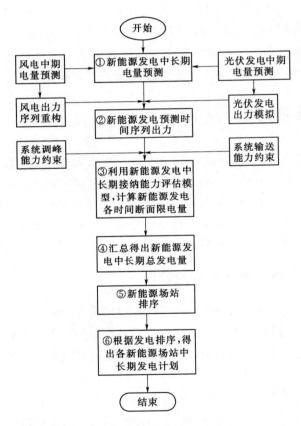

图 7-3 新能源中长期电量计划制定方法流程图

现结合图 7-3 对新能源中长期电量制定方法进行详细阐述：

（1）对新能源（风电、光伏）出力特性进行分析，预测新能源（风电、光伏）中长期发电电量。

（2）根据新能源发电中长期发电电量预测结果，对新能源功率时间序列进行建模。

（3）综合考虑新能源（风电、光伏）出力特性、负荷特性、机组调峰特性、电网送出能力等因素，逐时段优化全网含新能源（风电、光伏）发电的电力平衡，从而得到各时间断面下的风电、光伏限电量。

（4）将上述各时间断面下风电、光伏的限电量，按照新能源调度计划时间尺度（日、周、月）相加，得到该时间尺度下新能源发电总体的发电量。

（5）对于新能源非限电时段，各新能源场站可根据自身功率预测出力制定发电计划，各新能源场站只要保证在预测误差偏差范围内即可。但对于新能源控制出力时段，需考虑技术、管理、政策等多方面因素对各新能源场站进行排序。

（6）根据排序结果分配新能源场站受控电量，考虑各时间断面下的新能源场站受控电量相加，从而可以得出相应的新能源发电中长期接纳能力评估指标及各新能源场站中长期电量计划。

7.3　新能源日前发电计划

随着新能源并网容量的增大，其预测误差对系统的影响也越来越大，因此将新能源功率预测纳入到电力系统调度计划时，需考虑预测误差的影响，以保证电力系统安全运行。本节详细介绍了大规模新能源接入电网后，日前发电计划编制过程中应用的备用留取方法、新能源场站出力分配方法、含新能源发电的机组组合优化方法和新能源发电日前计划编制方法。

7.3.1　考虑新能源预测不确定性的备用留取方法

7.3.1.1　新能源消纳与旋转备用

以某省级电网 2011 年风电运行为例来分析新能源消纳与旋转备用的关系。2011 年风电预测误差曲线如图 7 - 4 所示。图 7 - 4 中风电预测误差基本保持在 −1000 ～ 500MW，个别点预测误差超过 −1000MW，风电预测误差远大于负荷预测误差，系统调峰容量需求会随着风电的增加而增大。为保证系统安全稳定运行，需要增加系统旋转备用容量，以化解系统调峰风险。

由于我国缺少快速调节电源，主要采用火电机组作为旋转备用。当需要留取的旋转备用增大时，火电机组开机就会增大，导致火电最小技术出力增大，从而挤占了新能源的消纳空间，影响了新能源的消纳，在某些时段造成新能源出力受限。因此，须考虑新能源接入后的旋转备用容量计算方法，在保证系统稳定运行的同时最大限度消纳新能源。

7.3.1.2　备用留取方法

由于传统的调度计划安排是基于负荷的可预测性和常规机组的可调节性，通过安排常规机组的出力计划来满足负荷的需要，而系统接入大规模新能源后，使得发电出力也

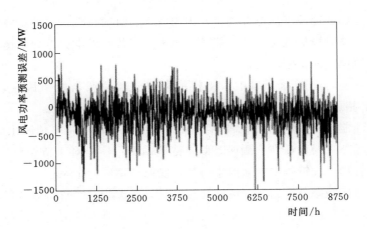

图 7 - 4 2011 年风电预测误差曲线

具有不确定性的特点。因此，为借鉴传统调度计划编制方法，引入等效负荷的概念，定义为负荷与新能源出力的差值，通过安排常规机组的出力计划来满足等效负荷的需求。

下面仍以风电为例来说明备用留取方法。为方便描述，引入等效负荷误差的概念，定义为等效负荷实际值与预测值的差值，即

$$P_{\text{error\_equal}} = (P_{\text{load\_real}} - P_{\text{load\_forecast}}) - (P_{\text{wind\_real}} - P_{\text{wind\_forecast}}) \quad (7-50)$$

式中　　$P_{\text{error\_equal}}$——等效负荷误差；

　　　　$P_{\text{load\_real}}$——负荷实际值；

　　　　$P_{\text{wind\_real}}$——风电出力实际值；

　　　$P_{\text{load\_forecast}}$——负荷预测值；

　　$P_{\text{wind\_forecast}}$——风电出力预测值。

以某省某年的原始负荷预测误差概率分布为例，负荷预测误差概率分布如图 7 - 5 所示，负荷预测误差近似服从正态分布，可用正态分布概率密度函数对其进行拟合，拟合参数为 $N(-31.26，230.80^2)$。负荷预测误差基本保持在 $-600 \sim 600$MW。已知该省全年最大负荷为 8866.38MW，负荷误差绝对值小于最大负荷 5% 的概率为 95% 以上。

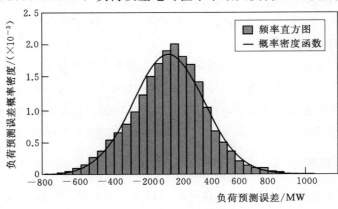

图 7 - 5 负荷预测误差概率分布

　　以某省某年的风电预测误差概率分布为例，风电预测误差概率分布如图7-6所示，图7-6中实线为用正态分布概率密度函数对风电预测误差概率分布进行拟合的结果，拟合结果存在较大的误差，说明风电预测误差概率分布不服从正态分布。非参数估计是对总体分布形式未知的情况下进行推断的统计方法，可用于对风电功率预测误差的分布情况进行建模和推演。图7-6中虚线为采用非参数估计的结果，能够较好地反映误差的实际分布情况，而正态分布优化拟合的结果与实际分布存在一定差距。已知该年全省风电装机容量为2936.3MW，风电误差绝对值小于20%的风电装机容量的概率大于95%。

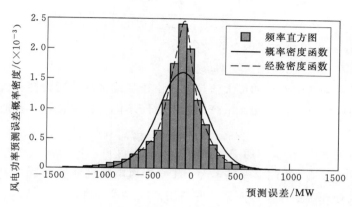

图7-6　风电预测误差概率分布

　　考虑风电接入的等效负荷误差概率分布如图7-7所示，正态分布概率密度函数拟合结果误差较大，可见等效负荷误差概率分布也不服从正态分布。由于负荷预测误差与风电预测误差不相关，等效负荷误差可表示为负荷预测误差与风电预测误差的差值，即

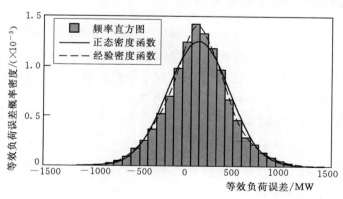

图7-7　等效负荷误差概率分布

$$P_{\text{error\_equal}} = (P_{\text{load\_real}} - P_{\text{load\_forecast}}) - (P_{\text{wind\_real}} - P_{\text{wind\_forecast}}) \quad (7-51)$$

　　考虑到传统电力系统设置备用容量的 $N-1$ 准则，备用容量应取最大负荷误差与网内最大机组装机容量的最大值，即传统旋转备用容量为

$$P_{\text{reserve}} = \max\{P_{\text{max\_error\_equal}}, P_{\text{max\_unit}}\} \quad (7-52)$$

式中　$P_{max\_error\_equal}$——系统最大负荷误差；

　　　　P_{max_unit}——网内最大单机容量。

由于风电接入会使等效负荷误差增大，因此需要重新考虑旋转备用容量的计算方法。以风电接入电网后备用容量的计算为例，为保证系统运行安全，在风电接入后，需要使系统的旋转备用容量满足最大等效负荷误差的要求。由于风电预测误差和负荷预测误差相互独立，因此最大等效负荷误差可表示为最大风电预测误差与最大负荷预测误差的方根值之和，即

$$P_{reserve} = \max\{ P_{max\_error\_equal}, P_{max\_unit} \}$$
$$= \max\{ \sqrt{P_{max\_error\_equal}^2 + P_{max\_error\_wind}^2}, P_{max\_unit} \} \qquad (7-53)$$

式中　$P_{max\_error\_equal}$——负荷预测误差的最大值；

　　　　$P_{max\_error\_wind}$——风电预测误差的最大值。

对于负荷及风电预测误差的最大值计算，由于各地区的负荷特性和气象条件有很大差别，因此各地区的负荷预测和风电预测精度有所不同，需要根据所在地区的历史数据进行分析。

通过对该省网 2011 年全年历史数据的统计分析可得，负荷预测误差基本都小于全网最大负荷的 5%，风电预测误差基本都小于全网风电装机容量的 20%。综上所述，提出以确定性方式处理考虑风电接入系统的备用留取方式，将式（7-53）改写为

$$P_{reserve} = \max\{ \sqrt{(5\% P_{max\_load})^2 + (20\% P_{wind\_total})^2}, P_{max\_unit} \} \qquad (7-54)$$

式中　P_{max_load}——全网最大负荷；

　　　　P_{wind_total}——全网风电总装机容量。

7.3.2　新能源场站计划出力分配方法

由于新能源场站受设备利用水平、资源利用情况、预测准确程度、管理水平等因素影响，难以采用常规机组的出力分配方法，从而采用排序原则进行出力分配。如东北各省区，电网调度部门均按照东北能监局 2012 年下发的《东北区域风电节能调度监管暂行办法》开展风电调度，进行考核排序和出力分配。

排序评分项目主要有场站基础信息管理指标、场（站）安全运行管理、场（站）调度运行管理、场（站）自动功率控制管理以及场（站）功率预测预报等，各分配一定的权重，电网调度机构根据各项得分进行权重评价。

1. 场（站）基础信息管理

新能源场（站）基础信息管理指标包括气象信息数据合格率、风电单机（光伏逆变器）实时信息上传合格率、场站运行上报数据合格率。风电场气象信息数据包括 10m、30m、50m 和轮毂高度的风速、风向、温度、湿度和气压；光伏气象信息数据包括法向直射辐照度、散射辐照度、总辐照度、组件温度、环境温度、风速、气压和相对湿度。风电单机实时上传信息包括有功、无功、机头风速和状态；光伏逆变器实时上传信息包

括有功、无功和状态。

2. 场（站）安全运行管理

新能源场（站）安全运行管理指标包括风电机组（逆变器）具备低电压（零电压）穿越能力情况、二次安全防护方案、卫星时钟设备和网络授时设备、新能源场（站）涉网保护配置（故障录波器接入数据完整性、母差保护配置、汇集线系统是否满足单相故障快速切除等）、事故预案编制等反措落实情况。

3. 调度运行管理

新能源场（站）调度运行管理指标包括调度指令执行情况、无功补偿装置投入情况和电气设备非计划停运情况等。

4. 自动功率控制管理

新能源自动功率控制管理指标包括系统投入率和调节合格率等。

调度机构通过 AGC 系统按月统计各风电场、光伏电站 AGC 投入率。投入率计算公式为

$$AGC 投入率＝（AGC 子站投入闭环运行时间/风电场、光伏电站 AGC$$
$$应投入闭环运行时间）×100\％$$

在计算 AGC 投入率时，扣除因电网原因或因新设备投运期间 AGC 子站配合调试原因造成的 AGC 装置退出时间。

调度机构通过 AGC 系统按月统计考核风电场、光伏电站 AGC 装置调节合格率。省调 AGC 主站下达出力指令后，子站 AGC 装置在省调规定的时间内调整到位。AGC 调节合格率计算公式为

$$AGC 调节合格率＝（子站执行主站调节指令合格点数/主站下发调节指令次数）×100\％$$

5. 场（站）预测预报

新能源场（站）预测预报指标包括日前预测准确率、合格率、上报率等。通常月预测预报准确率高于 80％、合格率高于 85％、上报率高于 90％，其中一项不达标时对应本月考评项得分为 0。

7.3.3　含新能源发电的机组组合优化方法

7.3.3.1　机组组合优化模型

包含新能源发电的机组组合模型可以将新能源纳入日前计划制定，在尽可能多接纳新能源的情况下，合理确定开机运行容量和机组组合方式，尽可能使常规机组能够实现安全、经济、高效运行，实现综合运行效益的最大化。

电力系统节能发电调度要求在确保电力可靠供应的前提下，按照节能、低碳、经济的原则，优先调度可再生能源发电资源，按机组能耗和污染物排放水平由低到高排序，依次调用化石类发电资源，最大限度减少能源资源消耗和污染物排放。融合以上节能调

度理念，并综合考虑日前和 3～7 天新能源功率预测的结果，可以建立相应的机组优化组合模型。机组组合模型目标函数为使未来 3～7 天的综合运行总煤耗量达到最小，即

$$\min \sum_{d=1}^{7} \sum_{h=1}^{24} \sum_{n=1}^{N_g} \left[C_g(d,h,n) + St(d,h,n) + Wd(d,h) \right] \qquad (7-55)$$

式中　　　　d——天数；

$\quad\quad\quad\quad h$——小时数；

$\quad\quad\quad\quad N_g$——参与组合的机组台数；

$\quad\quad\quad\quad n$——机组编号；

$\quad C_g(d,h,n)$——未来 3～7 天内各时段各台机组的运行煤耗量；

$\quad St(d,h,n)$——未来 3～7 天内各时段各台机组的机组启停耗费；

$\quad Wd(d,h)$——未来 3～7 天内各时段各台机组的弃风弃光损失。

其中，机组启停耗费和弃风弃光损失也可折算为相应的煤耗量，量纲统一，以便对比分析各种不同机组组合方式下的煤耗总量，供决策参考。

常规机组煤耗函数 $C_g(d,h,n)$ 可采用传统的二次函数来表达，即机组 n 在第 d 天第 h 时段的煤耗量，其中随机组负荷率的上升煤耗率呈现下降趋势。机组启停耗费函数 $St(d,h,n)$ 是指机组在连续两个时段之间的启停代价，指由新能源功率波动性带来常规机组的频繁调整和启停。弃风弃光损失函数 $Wd(d,h)$ 可通过设置高惩罚系数的线性方程式来表达，即表明弃风弃光损失的惩罚代价将很高，应尽量通过调节常规机组来达到目标最优化。

在未来 3～7 天综合运行总煤耗量最小的情况下，机组组合方式还需要满足维持系统安全运行的物理约束条件。模型的主要约束条件如下：

（1）各时段的功率平衡约束为

$$\sum_{n=1}^{N_g} P_g(d,h,n) + Wind_{predict}(d,h) - Wind_{cut}(d,h) = Load(d,h) \qquad (7-56)$$

式中　$Wind_{predict}$——风电（光伏）预测出力；

$\quad\quad Wind_{cut}$——风电（光伏）因调峰困难而限制的出力；

$\quad\quad P_g(d,h,n)$——机组 n 的计划出力；

$\quad\quad Load(d,h)$——电网负荷。

常规机组计划出力与风电（光伏）计划出力等于该时段的负荷预测值。

（2）各时段的旋转备用容量约束为

$$Reserve(d,h) \geqslant R(d,h)_{min} \qquad (7-57)$$

式中　$Reserve(d,h)$——该时段系统备用容量；

$\quad\quad R(d,h)_{min}$——该时段备用容量的下限值。

每台机组必须留有一定的旋转备用容量，可调节容量之和应不小于该时段备用容量的下限，以应对系统运行中的不确定因素。

（3）新能源出力控制约束为

$$0 \leqslant Wind_{\text{cut}}(d,h) \leqslant Wind_{\text{predict}}(d,h) \tag{7-58}$$

新能源出力受控时段的出力应在新能源功率预测值范围内，即该时段新能源场站不能进行超发。

（4）机组技术出力约束为

$$P_{\text{g}}^{\min}(n) \leqslant P_{\text{g}}(d,h,n) \leqslant P_{\text{g}}^{\max}(n) \tag{7-59}$$

式中　$P_{\text{g}}^{\min}(n)$——机组 n 的最小技术出力值；

　　$P_{\text{g}}^{\max}(n)$——机组 n 的最大技术出力值。

每台机组不同时刻都有其最大最小技术出力限制，根据电网运行方式不同以及供热机组热负荷不同，最大最小技术出力也是变化的，所有机组输出功率均不能超出该技术出力的范围。

（5）机组爬坡速率约束为

$$|P_{\text{g}}(d,h,n) - P_{\text{g}}(d,h+1,n)| \leqslant P_{\text{g}}^{\text{Ramp}}(n) \tag{7-60}$$

式中　$P_{\text{g}}^{\text{Ramp}}(n)$——机组爬坡率。

机组在运行时段内，由火电机组调节能力和调整时间所制约，其出力变化将不能超出给定范围，即火电机组在相邻时段内的出力之差应控制在其最大可调整范围之内。

（6）其他必要的约束条件为

$$(d,h,n) \in \Gamma; \forall d,h,n \tag{7-61}$$

根据机组的实际运行情况来添加其他约束条件 Γ。例如机组启停费用约束、最小启停机时间约束等。约束条件越多越能精细化描述机组的各种运行条件限制，但优化模型的求解速度也会受到影响。

如果不考虑弃风弃光损失，上述模型将转化为只考虑负荷预测的传统机组组合问题；若只将日前新能源功率预测纳入考虑，则转化为只考虑短期新能源功率预测的机组组合模型。因此，所构建模型具有良好的适应性和扩展性。

上述机组优化组合模型中综合考虑了日前和 3～7 天的新能源功率预测结果，协调考虑新能源出力与常规机组的关联牵制，将能够有效减少常规机组启停频次和煤耗量，从而提高系统的综合运行效益。

7.3.3.2　机组组合方式对比分析

采用某省级电网 30 天的负荷和联络线数据，并基于日前和 7 天的新能源功率预测结果，对前面提出的机组优化组合模型进行计算。通过考虑不同边界的限制条件，对不同调度方式进行了对比分析，以下给出 30 天的统计计算结果。不同机组组合方式下 30 天的系统综合效益见表 7-2。其中：方式 1 未将新能源功率预测纳入电网调度计划制定；方式 2 是将日前新能源功率预测纳入了电网调度计划的制定；方式 3 是将日前和 7 天新能源功率预测统一纳入电网调度计划的制订。

方式 1 忽略了新能源的有效电力和电量，会造成常规机组的组合台数过多和运行容量过大。在新能源接入电网后，一方面，常规机组运行在低负荷率水平，系统运行总煤耗量增大。另一方面，方式 1 将对应着最高的机组最小技术总出力，使得接纳新能源的下调空间最少，因此该方式下弃风弃光最多，弃风弃光损失折算对应的煤耗量也最大。若要接纳全部新能源将使得机组启停非常频繁，机组启停总数高达 69 台·次。

表 7 - 2　　　　　　　　　　不同机组组合方式下 30 天的系统综合效益

方式	总煤耗量/t	机组启停总数/(台·次)	弃风弃光折算煤耗量/t
方式 1	985325	69	2147
方式 2	977023	43	1759
方式 3	974901	31	1876

方式 2 机组组合模型中综合考虑了机组运行煤耗、启停耗费和弃风弃光损失三个因素，可以降低系统的运行总耗煤量和机组启停总次数。相较方式 1，系统运行总煤耗量可下降 8.42‰，弃风弃光损失可减少 18.1%，机组启停总数也减少到 43 台·次。

方式 3 是从更长时间尺度来综合制定电网的次日机组组合方式，系统运行总煤耗量将最小，机组启停总次数也最少。但方式 3 弃风弃光总损失较方式 2 略大，是因为连续数日间的新能源出力往往存在较大差异，适度限制新能源出力可以减少机组启停频次，而大型火电机组单次启停的耗费会很高，由此所节省的机组启停耗费将优于弃风弃光损失，故系统综合运行效益将得到提升。方式 3 所对应的系统运行总煤耗量较方式 2 进一步下降了 2.16‰，机组启停总数也减少到 31 台·次，参考系统的综合运行效益，方式 3 将为上述三种机组组合方式中的最优方案。

以上数据对比分析表明，所构建的机组优化组合模型符合节能发电调度理念，应用上述协调新能源发电的机组组合模型将新能源纳入调度计划，能够保证新能源的优先调度，减少对非可再生资源的消耗和依赖；能够最大限度挖掘常规机组的调峰容量，减少电网调峰难度，提高系统运行可靠性；可以减少因新能源发电的随机性和波动性造成常规机组的频繁调整和启停，降低机组运行成本，保证常规机组在高效、经济的状态下运行。

7.3.4　新能源发电日前计划编制方法

新能源场站日前发电计划应根据短期新能源预测，遵从新能源优先调度的原则，考虑电网安全运行约束进行制定，电力调度机构依据电网实际运行情况及新能源短期预测情况，有权调整发电（交易）计划，滚动调整火电机组组合，但后续应在月度或年度计划执行中进行电量滚动平衡，具体编制步骤如下：

（1）各新能源场站每日 09：00 前向调度机构上报次日 96 个时间序列数据点新能源发电计划曲线及未来 3～7 天新能源发电建议，调度机构利用发电功率预测系统预报次日新能源发电量及未来 3～7 天全网新能源发电趋势。

（2）电力调度机构根据发电功率预测系统预测结果修正新能源场站上报 96 个时间序列数据点发电计划曲线，制定无约束的新能源功率预计曲线。

（3）电力调度机构依据新能源送出断面输送限额，编制有约束的新能源场站 96 个时间序列数据点发电计划曲线。

（4）电力调度机构综合分析安全约束后电网高峰备用容量、调峰能力、受约束的机组最小运行方式、电网安全约束等要求，参考未来 3～7 天新能源发电预测趋势，滚动调整其他机组发电出力或机组组合，最大能力接纳新能源。

（5）电力调度机构根据运行方式预安排进行新能源接纳能力分析及安全校核。

（6）如果全网火电等常规机组组合已无能力调整，调峰能力仍然不足，造成新能源场站 96 个时间序列数据点发电计划曲线不能全部纳入平衡时，申请上级调度调整次日联络线交易计划，按上级调度批准联络线调整情况，调整新能源发电计划。

（7）如果上级调度也无能力调整联络线交易计划，按可消纳新能源能力调整新能源计划曲线。

（8）机组组合、联络线计划确定后，再次进行安全校核，形成安全校核后各新能源场站日前发电计划。

（9）电力调度机构应将发电出力、联络线交易计划调整协调结果做好记录，作为新能源优先调度评价的依据。

7.4 新能源日内滚动发电计划

实际运行中，如果出现新的新能源场接纳空间，而日前计划已安排控制新能源时，应在日前计划的基础上，根据超短期新能源功率预测结果和电网实际运行情况对新能源日前计划进行修正，形成新的实时发电计划。制订日内滚动发电计划应遵从新能源优先调度原则，考虑电网安全运行约束。电力调度机构依据电网实际运行情况及新能源短期预测情况，有权调整发电（交易）计划，但尽量在日内、月度计划执行中进行电量滚动平衡。具体编制步骤如下：

（1）各新能源场站滚动向调度机构上报未来 4h 超短期新能源功率预测曲线，同时调度机构滚动进行超短期新能源功率预测。

（2）电力调度机构参考新能源超短期预测趋势，综合分析电网负荷需求、送出通道输送能力、调峰需要、机组最小技术出力及运行方式约束要求，调整网内其他电源发电出力，尽最大能力接纳新能源。

（3）如果全网火电等可调整机组发电出力已无法调整，缺乏新能源消纳空间时，当值调度值班人员申请上级调度联络线支援，最大能力接纳新能源；如果上级调度也无能力调整区域或跨区电网机组出力能力，按可消纳新能源能力调整新能源计划曲线。

（4）机组出力、联络线计划确定后，再次进行安全校核。

（5）形成安全校核后各新能源场站滚动发电计划。

（6）电力调度机构应将发电出力、联络线交易计划调整协调结果做好记录，作为新能源优先调度评价的依据。

7.5　本章小结

为促进新能源充分消纳，评估新能源接纳能力，编制新能源不同时间尺度下的发电计划是调度计划的一项重要任务。为此，结合新能源发电出力场景，本章对不同时间尺度下新能源接纳能力的求解方法进行了详细描述，并将其应用到新能源中长期电量计划、日前发电计划和日内滚动发电计划的优化编制中。

本章结合中长期、日前、日内三个尺度下的新能源发电接纳能力评估模型，以优先消纳新能源电力为原则，总结了制定新能源中长期电量计划、日前发电计划和日内滚动发电计划的方法与步骤，为实际电网运行提供决策参考。

为保证电网安全稳定运行和新能源发电最优消纳，本章总结了考虑新能源不确定性的备用留取方法、新能源场站计划出力分配原则和新能源场站综合评分指标，为调度机构优化调度计划提供参考。

参 考 文 献

[1]　董存，李明节，范高峰，等. 基于时序生产模拟的新能源年度消纳能力计算方法及其应用 [J].
　　　中国电力，2015，48（12）：166-172.
[2]　刘纯，曹阳，黄越辉，等. 基于时序仿真的风电年度计划制定方法 [J]. 电力系统自动化，
　　　2014，38（11）：13-19.
[3]　张楠，黄越辉，刘德伟，等. 考虑风电接入的电力系统备用容量计算方法 [J]. 电力系统及其
　　　自动化学报，2016，28（3）：6-10.
[4]　刘德伟，黄越辉，王伟胜，等. 考虑调峰和电网输送约束的省级系统风电消纳能力分析 [J].
　　　电力系统自动化，2011，35（22）：77-81.
[5]　张程飞，刘纯，王跃峰，等. 基于模糊多目标优化的电网日前风电接纳能力评估模型 [J]. 电网
　　　技术，2015，39（2）：427-431.

第8章 新能源发电运行控制技术

随着新能源装机容量的不断增大，传统的运行控制模式难以适应优先消纳新能源的需要。在新能源高比例接入地区，原有人工调度的模式无法应对风电、光伏出力的快速波动，电网中常规机组的自动发电控制（automatic generation control，AGC）和自动电压控制（automatic voltage control，AVC）快速调节能力经常处于待耗尽状态，极大影响了电网应对扰动的安全运行能力。因此，新能源场站必须进行有功功率、无功电压的自动控制。本章结合新能源发电运行控制和新能源场站发电运行的特点，对新能源场站有功功率自动控制技术、新能源场站无功电压优化控制技术、有功-无功协同优化控制技术以及消纳新能源的热电联合调度控制技术进行了阐述。

8.1 新能源场站有功功率自动控制技术

在新能源高比例接入地区，为保证系统安全高效消纳大规模新能源，需要对传统电网调度控制体系的有功控制进行改造，将新能源优先调度的原则贯穿到从日前计划到实时功率调节的全过程发电控制中，以适应风电、光伏随机性和波动性的特点。

8.1.1 新能源场站有功控制策略

8.1.1.1 新能源场站有功控制基本要求

新能源场站应配置有功功率自动控制子站，可作为功能模块集成于新能源场站综合监控系统中，也可新增独立系统，子站负责监视场站内各机组的运行和控制状态，并进行在线有功分配，响应执行主站的调度指令或者人工指令。

场站侧有功功率自动控制具备远方与就地两种控制方式。在远方控制方式下，子站实时追踪主站下发的控制目标；在就地控制方式下，子站按照预先给定的有功功率计划曲线进行控制。正常情况下有功功率自动控制子站应运行在远方控制方式下。当新能源有功功率自动控制位于就地控制时，有功功率自动控制子站与主站要保持正常通信，子站上送调度主站的数据（包括但不限于全场总有功、有功最大可发、子站的运行和控制状态等）要保持正常刷新。

8.1.1.2 有功自动控制子站的功能及控制指标

1. 功能

（1）实时监视功能。有功自动控制子站要监视有功功率实时值、调度控制指令、最大可发出力等以及各风电机组（光伏逆变器）的运行状态、控制状态、有功功率等。

（2）有功功率控制功能，具体包括以下方面：

1）当有功功率自动控制子站接收到的当前有功计划值小于新能源场站当前出力时，执行降低总有功出力的控制，出力的合理分配需要综合考虑新能源发电单元的运行状态和当前有功出力。

2）当有功功率自动控制子站接收到的当前有功计划值大于场站当前出力时，执行增加总有功出力的控制，出力的合理分配需要综合考虑各新能源发电单元的运行状态和发电能力。

3）有功功率自动控制子站应能够对场站有功出力变化率进行限制，在场站并网以及风速、太阳辐照增长过程中，1min 有功功率变化和 10min 有功功率变化最大限值不应超过 GB/T 19963—2011、GB/T 19964—2012 中对有功功率变化的要求，以防止功率变化过大对电网的影响。

4）具备接收主站下发的紧急切除有功指令功能。在紧急指令下，在指定的时间内全站总有功出力未能达到控制目标值时，子站可以采用向新能源发电单元下发停运指令，或者通过遥控指令拉开集电线开关等方式，快速降低有功出力。

5）当场站并网点为多分段母线时，能够分别接收不同母线连接送出线的总有功设定值指令。

6）有功功率自动控制子站在生成有功控制指令时，还应考虑场站无功电压调节设备的调节能力和调节速率约束，避免无功调节速度不能跟踪有功的快速变化，导致新能源场站出现电压安全问题。

（3）异常处理功能，具体包括以下方面：

1）具备报警处理功能。在子站运行异常或故障时，能自动报警，停止指令下发，并形成事件记录。

2）具备自动切换就地控制功能。当超过一定时间无法接收到主站下发的控制指令或主站指令通不过校验时，应报警并自动切换到就地控制方式。

3）具备安全闭锁功能。当设备出现异常时应能自动闭锁，退出自动控制，并给出报警，正常后恢复自动控制。

4）对报警、闭锁原因、人员操作等形成事件记录。

（4）人工干预功能，具体包括以下方面：

1）可人工设置新能源场站有功功率自动控制子站的运行和控制状态。

2）可人工闭锁或解锁场站内各台风电机组/逆变器，退出或投入自动控制。

3）具备控制测试功能。可对参与控制的新能源发电单元下发测试指令，检查控制效果。

4）具备权限管理功能。能够对不同的登录用户赋予不同的权限，保证操作安全。

5）具备系统管理和参数设置功能。

（5）统计分析功能，具体包括以下方面：

1）存储新能源场站有功功率自动控制的关键历史数据，包括但不限于全场站总有功功率的预测值、实时值和控制值，各新能源发电单元的运行状态，有功功率自动控制功能的投入状态，有功功率实时值、预测值和设定值等。

2）统计各新能源发电单元有功功率自动控制的运行和控制信息，包括但不限于投运率和调节合格率等。

3）支持历史和统计数据的导出。

2. 性能指标

（1）子站投运率的计算公式为

$$子站投运率=\frac{子站投入闭环运行时间}{场站出力满足\ AGC\ 运行时间}\times100\%\qquad(8-1)$$

子站投运率宜不小于 99.9%。

（2）子站调节合格率，子站跟踪主站下发的有功指令，在规定时间内到达规定的死区范围内为合格。其计算公式为

$$子站调节合格率=\frac{子站执行合格点数}{主站下发调节指令次数}\times100\%\qquad(8-2)$$

子站调节合格率宜不小于 99%。

（3）控制精度要求。有功功率控制跟踪死区不大于 1MW。

（4）实时性要求，具体包括以下方面：

1）控制计算周期不大于 10s。

2）接收场站监控系统数据的采集周期不大于 5s。

3）接收升压站监控系统数据的采集周期不大于 5s。

4）向调度主站上送数据的刷新周期不大于 5s。

5）控制指令响应到位时间不大于 30s。

（5）历史数据存储时间。关键历史数据存储时间不小于 1 年。

8.1.1.3 新能源场站有功自动控制技术

新能源场站有功功率控制子站从调度主站接收当前总有功出力计划值，通过实时控制场站内各新能源发电单元的有功出力与运行状态，追随主站下发的总有功值。新能源场站有功自动控制功能包括降低总有功出力控制、增加总有功出力控制。

1. 新能源场站实时发电能力的计算

调度主站在分配各新能源场站出力时，需要实时获得各新能源场站的发电能力。其中，风电场实时发电能力计算主要有样板机法、测风塔外推法和机舱风速法三种方法，可根据具体情况，采用一种或多种计算方法。样板机法是在选定样板机基础上，建立样板机出力与全场出力之间的映射模型，获得全场理论发电功率；测风塔外推法是在测风塔优化选址基础上，根据风电场所处区域的地形、地貌，采用微观气象学、计算流体力

学理论，将测风塔风速、风向推算至风电场内每台风电机组轮毂高度处的风速、风向，并通过风速-功率曲线将其转化为单机理论发电功率，进而获得全场理论发电功率；机舱风速法是采用拟合的风速-功率曲线将风电机组机舱实测风速转化为单机理论发电功率，进而获得全场理论发电功率。

光伏电站实时发电能力计算主要有气象数据外推法和样板逆变器法两种方法，可根据实际情况采用一种或两种方法计算。气象数据外推法采用物理方法将实测水平面辐照强度转换为光伏组件斜面辐照强度，将环境温度转换为板面温度，综合考虑光伏电站的位置、不同光伏组件的特性及安装方式等因素，建立光伏电池的光电转换模型，得到光伏电站的理论功率；样板逆变器法是在选定样板逆变器的基础上，建立样板逆变器出力与全站出力之间的映射模型，获得全站理论发电功率。

2. 降低总有功出力的控制策略

当新能源场站的有功功率自动控制子站接收到当前有功计划值小于新能源场站当前出力时，执行降低总有功出力的控制，具体策略实施步骤如下：

（1）将全体新能源发电单元分为可控部分和不可控部分，并计算出不可控出力的总体功率变化值。不可控出力为故障、检修或通信异常的新能源发电单元，也可以是正常并网运行但不具备有功控制条件的新能源发电单元。对于不具备有功控制条件的，其有功出力不受有功控制子站的控制，需要根据新能源功率预测的数据，计算下一周期这些新能源发电单元有功功率的总体变化值。

（2）根据全场总有功控制要求，确定是否需要停止部分新能源发电单元发电，以及在最少停发数量控制策略下控制新能源发电单元停发的数量。根据对受控新能源场站总的有功控制要求，并结合下一周期新能源场站有功出力的预测值，计算受控场站中不需停发的新能源发电单元有功期望输出功率。

（3）在计算完成后，应将控制指令下发至新能源场站监控系统或发电单元。如果场站监控系统具备成组有功控制的功能，新能源功率控制子站系统则可以将成组的总有功控制要求发送到监控系统，由监控系统完成新能源发电单元减有功出力或停机的策略计算。当由各监控系统进行成组有功控制时，如在指定的时段内新能源发电单元总有功调节不能达到要求，新能源功率控制子站可以进行报警并自主下发停机指令，确保达到电网功率控制主站的控制要求。

3. 增加总有功出力的控制策略

当新能源场站的有功功率自动控制子站接收到当前有功计划值大于新能源场站当前出力时，执行增加总有功出力的控制。具体策略实施步骤如下：

（1）将全体新能源发电单元分为可控部分和不可控部分，并计算出不可控出力的总体功率变化值。由于不具备有功控制的新能源发电单元有功出力不受有功控制子站的控制，需要根据新能源功率预测的数据，计算下一周期这些发电单元有功功率的总体变化值以及下一周期各新能源发电单元可增加的有功出力。

（2）根据全场总有功控制要求，考虑受控新能源发电单元的有功发电能力，确定是否需要开启部分新能源发电单元，以及在最小或最大启机数量控制策略下可控新能源发电单元开启的数量。

（3）在计算完成后，应将控制指令下发至新能源场站监控系统或发电单元。如果场站监控系统具备成组有功控制的功能，新能源功率控制子站系统则可以将成组的总有功控制要求发送到监控系统，由监控系统完成新能源发电单元增加有功出力或启机的策略计算。

8.1.2 调度端有功控制策略

8.1.2.1 小时级在线滚动调度

一般来说，新能源预测误差随预测时间尺度的增加而增大，因此通过多时间尺度滚动优化能够更好地消除预测误差的影响。新能源场站每隔 15min 预测未来 4h 的发电功率，根据滚动预测结果实时对一天每个时段之后的 4h 的发电需求进行滚动修正，从而滚动地修正各个机组在剩余时段的出力计划，使得机组的总出力与实际发电需求逐渐接近，这样便可以降低日前计划的不确定性，保证各台机组的出力计划更加合理。另外滚动调度是基于超短期发电出力预测，对日前计划不断修正的过程，即对当前时段到未来 4h 时段之间的发电计划进行滚动在线优化。

滚动计划的制定，不仅需要考虑节能减排的经济效益，还要保证各机组在剩余时段出力的可行性，包括满足机组爬坡率约束、发电-负荷功率平衡约束及网络安全约束等。为了尽可能多地消纳新能源，电力调度机构需要根据新能源的最新预测值，对常规机组的发电计划进行在线滚动修正。发电计划的滚动修正属于动态经济调度范畴，是一个大规模的含时空耦合复杂约束的非线性规划问题，在线应用时对经济调度算法的准确度和速度提出了新的要求。

滚动计划是从当前时段到结束时段之间的动态优化，模型复杂且计算量大。因此，需要通过对动态优化模型进行时间维度和空间维度的解耦与协调，得到适于滚动计划在线应用的实用化模型，这对滚动计划算法的高效性提出了要求。此外，由于日负荷波动带来的不确定性，算法及其优化模型还需要具有很好的鲁棒性。滚动调度中的一类重要约束是断面安全约束，传输断面的潮流受到传输线路稳定极限的限制。实际运行电网不可能实时满足各种约束，在极端情形下可能会出现传输断面约束无法满足的场景，从而导致在线滚动调度计算无解，影响滚动调度决策。机组的爬坡速率约束、出力限制约束以及发电负荷平衡约束属于物理约束，是必须满足的硬性约束。旋转备用约束和断面潮流约束属于安全约束，其限值在电力系统的实际运行中具有一定的保守性，这些约束是软性约束，在极端情况下若遇到在线滚动计算无解，可以作适度的松弛，从而避免有功功率控制系统主站无法做出滚动调度决策。因此，在新能源滚动调度中及时地发现不可行断面约束并做出校正，是必要而有意义的。

8.1.2.2　5min 级鲁棒区间功率控制

5min 级功率控制作为控制系统承上启下的中间环节，需要修正滚动计划偏差并制定应对新能源出力不确定性的安全调度策略。根据新能源波动性的特点，为满足新能源控制实际需要，要接受新能源出力在一定范围内的鲁棒调度。

鲁棒优化方法是一种能够消除不确定参数变化对系统安全性影响的优化控制方法，能够使优化解免受参数不确定性的影响。因此，针对新能源出力特点的鲁棒区间调度模式，是以系统安全程度作为显式约束建立最恶劣情况的寻优模型，以满足最恶劣安全要求的新能源最大出力区间解作为新能源场站发电计划。区间调度模式提高了新能源场站出力实际跟踪控制的可操作性，提高了系统的经济性，符合新能源场站有功功率控制的实际需求。

从调度安全的角度考虑，鲁棒优化过程的最恶劣场景应包括以下方面：

（1）从系统动态响应能力的角度，新能源发电出力突变会导致常规机组的可调容量降至最小。显然，系统可调容量越小，其安全水平越低，情况也就越恶劣；极端情况下，当新能源出力变化量超出常规机组的可调容量范围时，将导致弃风弃光或切负荷。

这种恶劣场景可以进一步按照上调容量及下调容量约束分为以下情况：

1）新能源实际出力低于计划出力，导致常规机组的上调容量超出限值，据此可建立最恶劣情况判别条件。

2）新能源实际出力高于计划出力，导致常规发电机组的下调容量超出限值，据此可建立最恶劣情况判别条件。

（2）从断面安全的角度，新能源发电出力突然变化会导致断面负载率达到最大。断面负载率越高，系统安全水平越低，情况也越恶劣。

这种最恶劣场景按断面潮流的正反向也分为以下情况：

1）新能源出力突然变化导致断面正向负载率达到最大，据此可建立最恶劣情况判别条件。

2）新能源出力突然变化导致断面反向负载率达到最大，据此可建立最恶劣情况判别条件。

求解基于一定置信水平的新能源鲁棒区间调度模型为双层优化问题，可采用线性规划的对偶理论将其转化为单层非线性规划问题，新能源鲁棒区间调度建模示意图如图 8-1 所示。

在鲁棒优化过程中，对新能源场站采用区间控制模式。新能源场站出力区间的选择一方面应满足最小弃风弃光的要求，另一方面应满足区间内新能源场站极端出力情况下的系统运行安全性。新能源的经济最优计划出力应不超过允许的最大出力区间范围，同时允许出力区间上限不应高于预测出力区间上限，允许出力区间下限不应低于预测出力区间下限。

考虑新能源出力不确定的鲁棒区间动态调度控制模式如图 8-2 所示，在这种控制

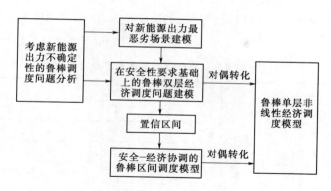

图 8-1 新能源鲁棒区间调度建模示意图

模式下，电力调度机构主站与新能源场站控制子站构成一个两级分布式的控制系统。

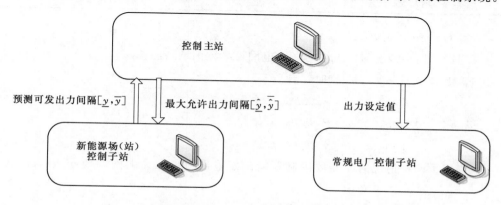

图 8-2 考虑新能源出力不确定的鲁棒区间动态调度控制模式

在新能源场站侧，周期性地将新能源预测结果上传到调度机构。在调度机构侧，基于新能源场站上传的预测结果，启动相应的鲁棒区间调度程序进行计算，然后将优化后的发电计划下发给子站。对新能源场站，下发的是未来时段最大允许的新能源出力区间；对常规电厂，下发的是未来时段的发电机出力计划值。

8.1.2.3 有功功率实时控制

在有功调度控制体系中引入快速的新能源调度实时控制，对保障电网安全，减少弃风弃光损失可以起到显著作用。下面介绍新能源分阶段有功功率实时控制方法。

对于基于多时间尺度协调的有功调度控制模式，分钟级的新能源调度实时控制的主要任务是根据当前电网 AGC 机组的下旋备裕度和联络线计划实际值与设定值的偏差，确定电网当前最大可消纳的新能源发电能力，然后根据各新能源场站上送的实际出力和最大可发电能力预估值进行控制决策，实时修正各新能源场站的有功出力计划值。

（1）电网可消纳新能源的裕度评估方法。若不考虑新能源送出断面约束，电网可消纳新能源裕度 $\Delta p_{\text{wind}}^{\text{cap}}$ 主要取决于电网调峰能力，由当前 AGC 机组的实时下旋备、联络线偏差、未来负荷变化趋势综合计算得出。

电网可消纳新能源裕度计算用变量见表 8-1。表 8-1 给出了计算 $\Delta p_{\text{wind}}^{\text{cap}}$ 使用到的变量和数据来源。

表 8-1　　　　　　　　　　　　电网可消纳新能源裕度计算用变量

变　量　含　义	符　号	来　　源
系统投入的 AGC 机组总容量	$p_{\text{agc}}^{\text{mva}}$	AGC 实时刷新
AGC 下旋备死区下限	$p_{\text{agc}}^{\text{dead,u}}$	人工指定
AGC 下旋备死区上限	$p_{\text{agc}}^{\text{dead,d}}$	人工指定
当前 AGC 下旋备	$p_{\text{agc}}^{\text{cap}}$	AGC 实时刷新
联络线有功实时值	$p_{\text{tie}}^{\text{curr}}$	SCADA 实时刷新
联络线有功计划值	$p_{\text{tie}}^{\text{sche}}$	AGC 实时刷新
联络线有功控制死区	$p_{\text{tie}}^{\text{dead}}$	人工指定

$\Delta p_{\text{wind}}^{\text{cap}}$ 的评估方法如下：

1）当以下两种情况时，$\Delta p_{\text{wind}}^{\text{cap}} > 0$，电网可继续消纳新能源。

①若 $p_{\text{agc}}^{\text{mva}} > 0$ 且 $p_{\text{agc}}^{\text{cap}} > p_{\text{agc}}^{\text{dead,u}}$ 时，有

$$\Delta p_{\text{wind}}^{\text{cap}} = p_{\text{agc}}^{\text{cap}} - p_{\text{agc}}^{\text{dead,u}} \tag{8-3}$$

②若 $p_{\text{agc}}^{\text{mva}} = 0$ 且 $p_{\text{tie}}^{\text{curr}} < p_{\text{tie}}^{\text{sche}} - p_{\text{tie}}^{\text{dead}}$ 时，有

$$\Delta p_{\text{wind}}^{\text{cap}} = (p_{\text{tie}}^{\text{sche}} - p_{\text{tie}}^{\text{dead}}) - p_{\text{tie}}^{\text{curr}} \tag{8-4}$$

2）当以下两种情况时，需要限制新能源发电出力以保证电网调峰安全（$\Delta p_{\text{wind}}^{\text{cap}} < 0$）。

①若 $p_{\text{agc}}^{\text{mva}} > 0$ 且 $p_{\text{agc}}^{\text{cap}} < p_{\text{agc}}^{\text{dead,d}}$ 时，有

$$\Delta p_{\text{wind}}^{\text{cap}} = p_{\text{agc}}^{\text{cap}} - p_{\text{agc}}^{\text{dead,d}} \tag{8-5}$$

②若 $p_{\text{agc}}^{\text{mva}} = 0$ 且 $p_{\text{tie}}^{\text{curr}} > p_{\text{tie}}^{\text{sche}} + p_{\text{tie}}^{\text{dead}}$ 时，有

$$\Delta p_{\text{wind}}^{\text{cap}} = (p_{\text{tie}}^{\text{sche}} + p_{\text{tie}}^{\text{dead}}) - p_{\text{tie}}^{\text{curr}} \tag{8-6}$$

3）其他情况下，新能源出力保持不变（$\Delta p_{\text{wind}}^{\text{cap}} = 0$），包括两种情况：

①$p_{\text{agc}}^{\text{mva}} > 0$ 且 $p_{\text{agc}}^{\text{dead,d}} \leqslant p_{\text{agc}}^{\text{cap}} \leqslant p_{\text{agc}}^{\text{dead,u}}$。

②$p_{\text{agc}}^{\text{mva}} = 0$ 且 $|p_{\text{tie}}^{\text{curr}} - p_{\text{tie}}^{\text{sche}}| \leqslant p_{\text{tie}}^{\text{dead}}$。

需要指出的是，在计算电网可消纳新能源裕度时，需要保留一定 AGC 下旋备裕度或联络线计划偏差裕度，用于应对未来 1min 内电网的调峰需求变化，而这种变化主要来源于 3 个方面：①其他不受控新能源场站出力增加引起的有功出力增加；②受控新能源场站有功实时值超出计划值的偏差；③未来 1min 内电网负荷有功需求减少或者频率变化。

（2）新能源打分指标及公平调节。如果新能源发电计划制定以新能源场站容量（或者最大可发电能力）为基准进行调度控制，仅简单考虑新能源场站发电能力，则无法充分调动各新能源场站跟踪控制主站调度指令的积极性。因此，为了公平调度，利用发电排序原则，引入新能源场站考核打分指标 c^{w}，其取值区间为

$$0 \leqslant c^{\text{w}} \leqslant 1 \tag{8-7}$$

其中，c^w 主要由电力调度机构确定并按月或周定期更新。

新能源场站考核打分结果需要重点考虑以下因素：

（1）考核新能源场站跟踪调度控制指令的响应情况（包括响应速度和响应精度），若指令执行不到位，则影响该新能源场站的打分结果。

（2）考核新能源场站上送的最大出力预估值准确度。若给出的控制策略为新能源场站可满发，但控制后的新能源出力小于其最大出力预估值，则影响该新能源场站的打分结果。

基于 c^w，引入新能源场站平均负载率指标，其计算公式为

$$\overline{r^w} = \frac{\sum\limits_{i \in \Omega^w} p_i^w}{\sum\limits_{i \in \Omega^w} (c_i^w \overline{p_i^w})} \tag{8-8}$$

式中 Ω^w——所有的受控新能源场站集合；

$\overline{p_i^w}$——新能源场站 i 的最大出力预测值。

基于 $\overline{r^w}$，引入新能源场站负载偏差率指标，其计算公式为

$$r_i^w = \frac{p_i^w}{c_i^w \overline{p_i^w}} - \overline{r^w} \tag{8-9}$$

式中 p_i^w——新能源场站 i 实时出力。

可见，在新能源场站实时出力 p_i^w 和预估最大出力 $\overline{p_i^w}$ 均相同的条件下，c_i^w 越高，则 r_i^w 越小，在新能源调度实时控制决策中将优先利用该新能源场站的资源。

因此，为保证新能源场站的公平调度，让新能源场站负载偏差率达到最小，可设定控制目标为所有新能源场站负载偏差率平方之和最小，目标函数为

$$\min\left[\sum\limits_{i \in \Omega^w} (r_i^w)^2\right] \tag{8-10}$$

8.2 新能源场站无功电压优化控制技术

新能源场站无功功率控制子站需要完成电力调度机构主站下发的场站电压控制目标，同时统计并上传场站本地总无功向上、向下可调裕度，以及新能源场站无功增磁、减磁闭锁信号，无功功率控制主站综合协调该区域内所有新能源场站、传统火电厂、水电站以及变电站，实现大规模新能源接入区域的电压安全优化控制。

8.2.1 新能源场站无功控制策略

8.2.1.1 新能源场站无功控制基本要求

新能源场站侧无功电压自动控制主要由无功电压自动控制子站、新能源场站监控系统、升压站监控系统、动态无功补偿装置监控系统等共同参与完成。无功电压自动控制子站可作为功能模块集成于新能源场站综合监控系统，也可新增为独立系统。

新能源无功电压自动控制子站负责监视新能源场站内各设备的无功电压运行状态，进行全场在线控制决策，将针对各调节设备的无功电压控制指令发送到相应的监控系统，将新能源场站的无功电压运行状态以及新能源无功电压自动控制子站的运行状态上送至主站。

新能源场站无功控制子站应具备远方与就地两种控制方式。在远方控制方式下，新能源无功电压自动控制子站追踪无功电压自动控制主站下发的无功（电压）控制目标；在就地控制方式下，无功电压自动控制子站按照预先给定的场站并网点电压目标曲线进行控制。

当无功电压自动控制子站位于就地控制时，无功功率自动控制子站与主站要保持正常通信，子站上送调度主站的数据（包括但不限于全场总无功、新能源场站无功电压可调节上下限、子站的运行和控制状态等）要保持正常刷新。

8.2.1.2　无功电压控制子站功能及控制指标

1. 功能

（1）实时监视功能：

1）可实时直观监视无功电压自动控制子站的运行和控制状态。

2）可实时直观监视新能源场站及各无功调节设备的无功电压运行和控制信息。

（2）无功电压控制功能：

1）在电网稳态情况下，无功电压自动控制子站充分利用新能源发电单元的无功调节能力来调节电压，当其无功调节能力不足时，启动动态无功补偿装置进行无功调节。在保证电压合格基础上，动态无功补偿装置应预留合理的动态无功储备裕度。

2）在电网暂态情况下，新能源发电单元和动态无功补偿装置可以自主动作，快速调节无功，满足 GB/T 19963—2011、GB/T 19964—2012 的要求。

3）在电网稳态条件下，无功电压自动控制子站应通过调节新能源发电单元的无功出力，将动态无功补偿装置已经投入的无功置换出来，使得无功补偿装置预留合理的动态无功储备裕度。

4）无功电压自动控制子站应能协调场站内的新能源发电单元和动态无功补偿装置，避免两者之间无功的不合理流动。

5）当升压站内有多组动态无功补偿装置时，无功电压自动控制子站能协调控制各组动态无功补偿设备，避免各组装置之间无功出现不合理流动。

6）无功电压自动控制子站在生成无功控制指令时还应考虑有功控制指令，避免有功变化造成机端电压或升压站内母线电压的异常。

（3）异常处理功能：

1）具备报警处理功能。在无功电压自动控制子站运行异常或故障时，能自动报警，停止分配指令，并形成事件记录。

2）具备自动切换就地控制功能。当超过一定时间无法接收到主站下发的控制指令或主站指令通不过校验时，应报警并自动切换到就地控制模式。

3）具备安全闭锁功能。当设备出现异常时应能自动闭锁，退出自动控制，并给出报警，正常后恢复自动控制。

4）可对报警、闭锁原因、人员操作等形成事件记录。

（4）人工干预功能：

1）可人工设置无功电压自动控制子站的运行和控制状态。

2）可人工闭锁或解锁新能源场站内各类控制设备，退出或投入自动控制。

3）具备控制测试功能。可以对新能源发电单元、动态无功补偿装置等控制对象下发测试指令，检查控制响应效果。

4）具备权限管理功能。能够对不同的登录用户赋予不同的权限，保证操作安全。

5）具备系统管理和参数设置功能。

（5）统计分析功能：

1）存储新能源场站无功电压自动控制的关键历史数据，包括但不限于全场并网点无功和电压的实测值和设定值，各新能源发电单元的运行状态、无功功率、机端电压、自动电压控制功能的投入状态，各动态无功补偿设备的运行状态、无功实测值及设定值、电压实测值及设定值等。

2）统计各新能源发电单元及各动态无功补偿设备的无功电压自动控制运行和控制信息，包括但不限于投运率和调节合格率等。

3）操作人员的操作记录，包括但不限于操作时间、操作用户、操作工作站、操作内容等。

4）支持历史和统计数据的导出。

2. 性能指标

（1）子站投运率的计算公式为

$$子站投运率 = \frac{子站投入闭环运行时间}{新能源场站出力满足 AVC 运行时间} \times 100\% \qquad (8-11)$$

子站投运率宜不小于 99.9%。

（2）子站调节合格率，子站跟踪主站下发的无功电压控制指令，在规定时间内到达规定的死区范围内为合格点，其计算公式为

$$子站调节合格率 = \frac{子站执行合格点数}{主站下发调节指令次数} \times 100\% \qquad (8-12)$$

子站调节合格率宜不小于 99%。

（3）新能源场站并网点无功控制跟踪偏差不大于 5Mvar。

（4）新能源场站并网点电压控制跟踪偏差不大于 1kV。

（5）实时性要求：

1）控制计算周期不大于 10s。

2）接收机组数据的刷新周期不大于 5s。

3）接收升压站数据的刷新周期不大于 5s。

4）接收动态无功补偿装置数据的刷新周期不大于 5s。

5）向调度主站上送数据的刷新周期不大于 10s。

6）主站指令调节到位时间不大于 30s。

（6）关键历史数据存储时间不小于 1 年。

（7）年可用率不小于 99%。

8.2.1.3 新能源场站无功电压自动控制技术

1. 新能源场站电压控制特点

与传统水电站、火电厂相比，新能源场站在电压控制上有以下特点：

（1）网络性特点。一个新能源场站，特别对于风电场，通常是在几十平方千米的范围内分布着数十台乃至上百台风电机组，相距最远的两台风电机组间的距离可达 10km 以上，各风电机组机端电压不同，发出的无功功率对各电气节点电压的灵敏度也不同，因此不能简单地将风电场内各风电机组等效为同一个电气节点，而应该考虑风电场的网络特点。

（2）多电压控制目标。新能源场站内无功电压系统不仅需要完成调度机构下发的对电压的控制目标（通常为升压站高压母线电压），更要保证场内不同地方的各新能源发电单元的机端电压均在安全范围内。

（3）多种控制设备须相互协调配合。新能源场站内往往配置有不同厂家生产的不同型号的 SVC、SVG、风电机组、逆变器等，而这些设备的无功电压控制性能各不相同，需要对它们进行统一协调控制。

2. 无功电压控制目标与控制模式

以风电场为例，介绍一种已经投入实际应用的无功电压控制目标与控制模式。建立含外网等值模型的风电场完整网络模型，并计算得到无功电压灵敏度矩阵，在此基础上搭建 AVC 控制系统。通过三种控制模式完成三个总体控制目标：①将风电场内所有风电机组的机端电压均控制在安全范围以内；②完成调度机构控制主站下发的风电场控制点（point of control，POC，通常为风场高压母线）电压控制目标 U_w^{Ref}；③优化风电场内无功分布，提高电压安全裕度。

风电场内具备无功电压调节能力的设备一般有风电机组本身、无功补偿装置和主变压器有载调压分接头。其中，无功补偿装置主要包括静止无功补偿装置（static var compensator，SVC）和静止无功发生器（static var generator，SVG）。风电场内的电容器组一般作为 SVC 的组成部分，由 SVC 主控系统统一管理。调节变压器分接头并不能提供实质性的无功支持，在重负荷、无功缺乏时，若调整不当，还可能引起电压崩溃。

因此，基于安全稳定性考虑，无功电压控制系统的控制对象为风电机组和无功补偿设备。

因为风电场电网电压存在三相不平衡现象，即三相电压大小存在差距，但在电压控制中，电压控制目标应是唯一的，因此采取"监视风电机组三相电压，控制一相电压"的方法。下面依据电压，定义两种风电场 POC 状态和四种风电机组状态。

（1）调度机构无功电压控制主站会选取风电场 POC 三相电压中的某一相，下发其控制目标 U_w^{Ref}。本书中所提到的风电场 POC 电压，若不加额外说明，均指该控制相的电压。设风电场 POC 的电压实际值为 U_w^{Real}，U_{Dead} 为电压合格门槛值，定义风电场 POC 具有以下两个状态：

1）正常状态（$|U_w^{Ref}-U_w^{Real}|<U_{Dead}$）：风电场 POC 电压满足无功电压控制主站下发的要求，电压合格。

2）追踪状态（$|U_w^{Ref}-U_w^{Real}|\geqslant U_{Dead}$）：风电场 POC 电压不满足无功电压控制主站下发的要求，风电场内无功电压控制系统需要控制风电机组、无功补偿设备的无功出力，追踪 U_w^{Ref}，使 $|U_w^{Ref}-U_w^{Real}|<U_{Dead}$。

（2）依照工程现场情况，统一选取某一相电压作为场内风电机组机端电压的控制相。但因为国内风电机组机端三相电压均需在一个既定范围内（一般为额定电压的 $\pm10\%$），风电机组才能正常运行，所以在无功电压控制系统中需同时监视风电机组机端三相电压。

设 U_G^{Ref} 为风电机组机端电压的安全参考值，取 $U_G^{Ref}=1$（额定电压的标幺值）。设风电机组机端三相电压为 U_{Gab}、U_{Gbc}、U_{Gca}，并设 $|U_{Gab}-U_G^{Ref}|$、$|U_{Gbc}-U_G^{Ref}|$、$|U_{Gca}-U_G^{Ref}|$ 中最大值为 $|U_G-U_G^{Ref}|$，即依据风电机组机端三相电压中离电压安全参考值差值最大的一相电压，来定义风电机组的四个状态（η_1、η_2、η_3 为三个判断门槛值，本书中设 $0<\eta_1<\eta_2<\eta_3<0.1$），具体如下：

1）正常状态（$|U_G-U_G^{Ref}|<\eta_1$）。风电机组机端电压处于安全状态，可给风电机组下发增无功或减无功命令。

2）闭锁状态（$\eta_1\leqslant|U_G-U_G^{Ref}|<\eta_2$）。风电机组机端电压相对偏高或偏低，若风电机组电压偏高，则该风电机组增无功闭锁，若风电机组电压偏低，则该风电机组减无功闭锁。

3）校正状态（$\eta_2\leqslant|U_G-U_G^{Ref}|<\eta_3$）。风电机组机端电压过高或过低，电压状态较为危险，因此若风电机组电压过高，则该风电机组需要减发无功，若电压过低，则该风电机组需要增发无功，将其电压控制回安全范围内（$|U_G-U_G^{Ref}|<\eta_1$）。

4）紧急校正控制状态（$\eta_3\leqslant|U_G-U_G^{Ref}|$）。风电机组机端电压极高或极低，该风电机组随时可能因为电压问题脱网，此时除了该风电机组本身，风电场内其他机组以及无功补偿设备也需要调整无功出力，帮助该风电机组的机端电压回到安全范围内。

（3）依据风电场 POC 的两个状态和风电机组的四个状态，构建出电压八区域控制图，如图 8-3 所示，图中定义风电场的八种状态，以此界定三种控制模式，分别实现上述三个控制目标。风电场内有多台风电机组，设定图 8-3 的纵坐标为 $|U_G-U_G^{Ref}|$，即风电场的状态取决于机端电压最危险（离安全值距离最大）的那台风电机组的状态和

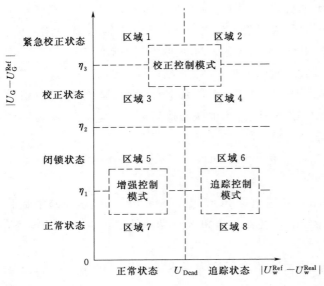

图 8-3　风电场电压八区域控制图

POC 点的状态。

1）校正控制模式（区域 1～4）：至少有一台风电机组处于（紧急）校正控制状态则进入该控制模式。其控制目标为将进入（紧急）校正控制状态的风电机组控制回闭锁或正常状态，若此时无功电压控制主站下发的 POC 控制目标 $U_{\rm w}^{\rm Ref}$ 与校正状态下风电机组机端电压的控制目标相反，则暂时放弃 $U_{\rm w}^{\rm Ref}$。

2）追踪控制模式（区域 6、区域 8）：没有风电机组处于（紧急）校正控制状态且 POC 处于追踪状态则进入该模式。其控制目标为控制场内的风电机组和无功补偿设备的无功出力追随区域控制中心无功电压控制主站下发的 $U_{\rm w}^{\rm Ref}$，提供区域电压支持辅助服务。

3）增强控制模式（区域 5、区域 7）：没有风电机组处于（紧急）校正控制状态且 POC 处于正常状态则进入该模式。其控制目标为优化风电场内无功分布，提高电压安全裕度，即首先保证风电场内不存在跨主变无功环流，再维持升压站同一低压母线下多台无功补偿设备间的无功出力平衡，消除无功补偿设备与风电机组间的无功环流。此外，由于风电场无功补偿设备还具备暂态电压的控制能力，故在保证风电机组机端电压安全，且维持 POC 电压稳定的基础上，通过调节风电机组无功出力，使无功补偿设备留有较大的无功调节裕度，以应对电网出现的突然扰动。

3. 无功电压控制策略

定义所有对象的无功（电压）裕度均为正值，无功向上可调裕度为无功上极限值减去当前值；无功向下可调裕度为无功当前值减去其下极限值；电压向上安全裕度为电压安全上限减去当前值；电压向下安全裕度为当前值减去电压安全下限。

（1）风电机组（无功补偿设备）独立控制策略。无功电压控制策略对风电机组和无功补偿设备采取不同的控制方式，其中对风电机组采取定无功控制；对无功补偿设备采取定电压安全上下限范围加无功设定值的控制方式，即无功补偿设备首先需要将某节点电压（一般为设备所连接的升压站低压母线电压或是风电场 POC 电压）控制回安全范围内，再追随无功设定值。若电压控制方向和无功控制方向出现矛盾，则放弃无功控制目标，优先保证电压在安全范围内。这样设计的目的是使无功补偿设备在正常稳态情况下，能够参与风电场的无功电压控制，而在暂态情况下（系统出现瞬时扰动时），也能够发挥其快速的无功响应能力，保证暂态电压安全。一般情况下，按照现场运行经验设定无功补偿设备的安全电压上下限控制指令，采用比例式的控制方法分别计算风电机组和无功补偿设备的无功指令。

（2）风电机组（无功补偿设备）控制性能评估。一个风电场里通常有不同厂家生产的几十台至几百台风电机组，以及若干套无功补偿设备。在实际运行中，不仅不同设备的控制性能差异很大，而且由于外界环境、内部元件故障等原因，可能出现有的设备虽然能够运行，但无法达到其应有控制性能的情况，因此在 AVC 控制中，需要根据设备的实际控制结果，对其控制性能进行评估，从而优先控制性能满足要求的设备，对控制性能出现明显问题的设备，给出报警信号，提醒风电场运行人员对该设备进行检查与维护。

（3）风电机组的排序选择。在无功电压控制中有时需要从风电场内可受控的 n 台风电机组中选出 m 台风电机组进行无功分配。此时需要综合考虑各台风电机组的无功功率、电压裕度，选出最适宜参与控制的 m 台风电机组。

（4）增强控制模式的控制策略。增强控制模式的控制目标是优化场内无功分布，提高电压安全裕度。主要由四个控制模块组成，分别为：①跨主变无功环流控制；②SVC/SVG 出力平衡控制；③SVC/SVG 与风电机组间的无功环流控制；④SVC/SVG 无功裕度控制。每轮控制中按照控制优先级判断并实际执行其中的一个模块。

由于无功不适宜远距离传输，在电压控制中，往往遵循无功就地补偿，电压分层分区控制的原则。对于风电场内电力网络，其升压站内有一到多台主变压器，每台主变压器所连接的低压母线上一般均会挂接有 1～2 台无功补偿设备和若干条风电馈线。因此在增强控制模式中，采取分组控制模式，将同一低压母线下连接的所有设备（风电机组和无功补偿设备）作为同一控制组，进行统一协调控制。

此外，在增强控制中，还需维持风电场 POC 电压稳定，使 POC 始终处于正常状态以防止无功电压控制系统在不同控制模式中来回切换，引起控制振荡。因为风电场内各风电机组和无功补偿设备的无功对风电场高压母线电压的灵敏度近似相等，所以在每轮控制中，只要保证所有设备的无功调节量之和为零，即可维持风电场 POC 电压相对稳定。

8.2.2　调度端无功电压控制策略

8.2.2.1　控制模式

以大规模风电接入电网为例，介绍一种基于双向互动的"多级控制中心-新能源场站"协调控制模式，其控制架构如图 8-4 所示。这种控制模式有以下关键点：

（1）在风电场内充分挖掘风电机组的无功调节能力，使得风电场发挥出类似于传统水、火电厂的无功调节和电压支撑外特性，抑制风电波动对电网电压的影响，同时协调控制风电场内电容电抗器、风电机组、动态无功补偿设备等特性各异的无功源。

（2）在控制中心内通过无功电压控制主站和风电场无功电压控制子站之间的双向互

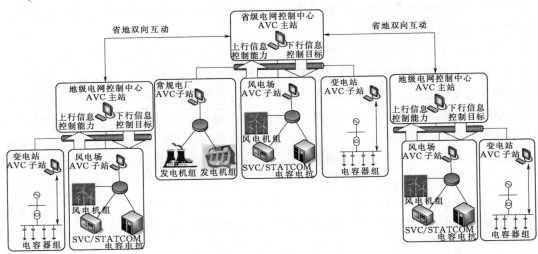

图 8-4 多级控制中心-新能源场站控制架构

动，实现风电场与电网其他常规厂站的协调电压控制，协调控制的周期自适应切换，满足敏捷性要求，抑制风电的快速波动。

（3）针对风电场分别接入省级调度机构 220kV 电网及地（市）调度机构 110kV（66kV）电网的运行特点，控制中心通过省地双向互动，一方面发挥地（市）调度的风电机组无功调节能力，实现地区电网无功电压本地控制，支撑末端电网电压；另一方面发挥省级调度机构所调风电场的调节能力，减小风电场波动对地区电网电压的影响，减少地区电网电容电抗器的投切次数。

8.2.2.2 无功电压超前敏捷控制

由于在风电汇集区域，风电功率波动对电网电压的波动影响明显，如果故障发生后风电场不能快速有效地支撑电网电压，有可能会影响全网的电压稳定。因此需采取适应风电功率快速波动的敏捷电压控制。

计及风电功率波动的敏捷电压控制流程如图 8-5 所示。其中：①需给定风功率波动判定门槛；②当风功率波动量超过给定门槛时，启动一次敏捷电压控制；③当风功率波动较小时，基于正常的控制周期进行控制。

敏捷电压控制的物理含义：

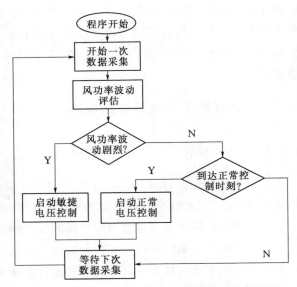

图 8-5 计及风电功率波动的敏捷电压控制流程

（1）目标函数。敏捷电压控制启动周期较短，因此需要以尽可能快的控制速度、尽可能小的调整步长来进行控制，因此其目标函数为电压控制量最小。

（2）约束条件。减少机组的动作次数，设置中枢母线电压控制动作死区参数，只有当中枢母线电压超出控制死区，才会产生需要动作的敏捷控制策略。

（3）控制策略。从控制效果来看，优先采用风电场的无功能力来抑制风电波动对电网的影响；当风电场来不及响应或者没有调节能力时，转由附近电厂调节，抑制电网电压波动。

（4）无功均衡。通过 5min 启动的二级电压控制实现场站间无功出力均衡调节。

8.3 有功—无功协同优化控制技术

对新能源场站而言，其本身相当于一个存在多源接入的低压配电网，因此新能源场站的有功/无功控制既有局部性也有全局性，必须将两者协调统一才能达到比较理想的全局控制效果。对此，需充分发挥新能源场站的有功、无功控制能力，做到场站内功率的合理分配、平抑电压波动，通过 AGC 和 AVC 充分调用新能源场站自身的有功无功调节能力，实时追踪调度主站的有功、无功电压控制指令，提高新能源场站并网运行性能。

AGC 和 AVC 是新能源场站能量管理和运行控制的核心功能，以风电场为例，其有功无功协同优化控制示意图如图 8-6 所示。

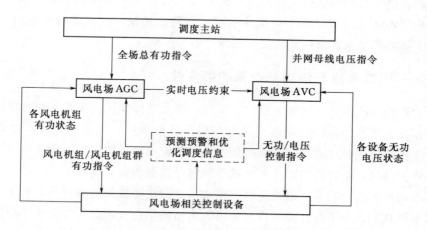

图 8-6　风电场有功无功协同优化控制示意图

有功/无功的协同优化控制包括控制设备之间的协调和 AGC 与 AVC 之间的协调两方面，缺一不可。

1. 控制设备之间的协调

以风电为例，在有功控制方面，需要协调机组离散投切和桨距角连续调节等多种控制手段，结合风电功率预测提前安排机组开机方式，避免频繁启停机操作，保留较多的连续快速调节裕度来实时追踪调度主站的有功指令，同时协调风电场内各风电机组间的有功分布，在长时间尺度上确保各风电机组利用小时数趋于一致，并降低风电场内不必要的有功损耗。

在无功电压控制方面，基于预测信息，协调场内的风电机组和无功补偿装置等控制设备，提前安排较慢速的风电机组无功出力，在保证风电机组机端电压满足安全要求、并网点电压满足主站要求的基础上，优化场内无功功率分布，使得风电场内保留足够的快速无功调节裕度来应对可能面临的电网扰动。

2. AGC 与 AVC 之间的协调

新能源场站线路多以架空线路为主，阻抗比较大，距离比较长，并且新能源场站一般位于电网末端，有功出力和无功出力均对电网电压有较大影响，因此 AGC 和 AVC 进行调节时，需要考虑有功和无功的协调，确保电网电压安全不越限。

另外，对于双馈风电机组，不同的运行工况对其机端电压有不同的下限要求。因此，在有功控制时，需要考虑机端电压下限约束。类似的，在无功电压控制时，需要考虑当前风电机组的有功出力水平，确保风电机组不会由于机端电压跌落触发 Crowbar 保护动作而脱网。

8.4　消纳新能源的热—电联合调度控制技术

利用城镇供热管网的储热功能和热惯性，协调优化电力系统和热力系统，从周前、日前、日内等不同的时间尺度上对供热机组、新能源场站、其他常规机组进行协调控制，可以大幅提升新能源消纳能力。

8.4.1　热—电联合运行消纳新能源的必要性

我国大规模新能源接入基地主要位于东北、西北寒冷地区。东北、西北地区火电机组多，还存在着很高比例的热电联产机组，用于冬季居民、工业的采暖。以吉林省为例，吉林省各城市供热以大型热电联产集中供热和大中型锅炉房集中供热为主，部分地方区域小锅炉供热，全省热电联产和区域锅炉房供热面积占比超过 70%。

热—电联产机组运行在"以热定电"模式下，即供热机组的发电出力取决于供热负荷。在冬季供热期，为了保证满足供热需求，大量的供热机组运行于由供热限制的最小和最大技术出力之间。供热机组的调峰能力十分有限，导致系统向下旋转备用容量不足，难以为消纳新能源提供向下调节空间。特别是在低谷负荷时段，为了保证供热质量和系统的有功功率平衡不得不大量弃风弃光。以吉林省为例，2011—2013 年冬季供热期间限电量占全年限电量的比例分别为 81%、80% 和 89%。可见，供热需求与新能源消纳之间的矛盾十分突出。

为了解决该问题，需要松弛"以热定电"模式下的热—电强制约关系。通过改进供热机组的热—电运行模式提升系统消纳大规模风电的灵活性。作为众多北方城镇的基础公共设施，区域集中供热网络能够为供热机组的运行提供额外的灵活性。区域集中供热网由成千上万的绝热管道组成，具有巨大的储热能力。区域集中供热网络的储热特性能够在供热机组的供热出力和热用户的热负荷需求之间提供缓冲环节，以松弛集中供热系统中供热和用热之间传统的强耦合关系，从而提高供热机组运行的灵活性，增强电力系统消纳新能源的能力。

8.4.2 城镇供热系统热惯性

集中供热系统本身具有巨大的蓄热能力，即集中供热系统具有"热惯性"。管网储热量由供水温度和管网容量决定，储热功率由供回水温差和供水流量决定。热用户的供水温度动态响应时间由管网拓扑结构和供水流量共同决定。管网中不同位置热用户的供水温度相比于热源有延迟和衰减，延迟时间与管道中工质流动时间相当，体现了管网的传输延迟和热惯性。利用集中供热系统的"热惯性"，即供热管网的热动态特性，可在保证供热质量的前提下，根据电力负荷的需要，在电力负荷高峰期，热电机组产热量大时，使供热介质和室内温度有限升高，将热量储存在热网和建筑物中。在电力负荷低谷期（可能是风电大发期），热电机组停止运行或产热量减小，使热网储存的热量释放出来，以满足供热要求。这样可以通过改变一天中不同时段的热电机组的产热量，使热电厂腾出参与电力调峰的空间。

8.4.3 热—电联合系统的机组组合及日前计划模型

8.4.3.1 目标函数

调度目标是尽可能地消纳风电，在将弃风转换为惩罚成本后，调度目标与系统运行成本最小化一致。运行成本主要包括常规火电、热—电联产运行成本，由于风电运行成本相对较小，在此忽略不计，仅考虑弃风成本。

8.4.3.2 约束条件

根据系统中所包含的热源不同，约束条件略有不同，总体可分为系统约束、常规火电机组约束、热电联产（cogeneration combined heat and power，CHP）机组约束、储热式电采暖约束和供热管网网络约束五类。

1. 系统约束

（1）系统电功率平衡约束。该约束因储热式电采暖存在与否而稍有不同，当不存在电采暖时，发电侧有常规火电机组、CHP机组和风电机组，负荷为常规电负荷；当存在电采暖时，发电侧不变，负荷侧将增加电采暖负荷。

（2）系统热功率平衡约束。该约束因热源的不同而有差异。

（3）系统备用约束。考虑热—电解耦对风电消纳的影响，对风电的不确定性仅以增加备用的方式进行应对。

2. 常规火电机组约束

（1）火电机组出力上、下限约束。

（2）机组爬坡速度约束。

（3）常规机组最小启停时间约束。

3. CHP 机组约束

（1）热—电耦合约束。

（2）供热的上下限和机组的爬坡约束。

（3）CHP 机组最小启停时间约束。

4. 储热式电采暖约束

（1）电采暖用电功率约束。当配置电采暖时，电采暖需满足一定的功率调节范围约束。

（2）储热约束。储热装置需要满足最大储热容量限制、充（放）热速度限制以及为了保证储热装置调度周期内的平衡，满足首末时段的储热量平衡等约束。

5. 供热管网网络约束

供热管网需要满足水力网络平衡约束和热力网络平衡约束。

8.4.4　热—电联合系统在线调控模型

在热—电联合系统在线调控模型中，将风电场视为最大出力等于风电出力预测值的确定性可调机组。模型采用实际热力管网常用的变流量调节方式，以最小化热—电联合系统运行总成本为目标，优化已启动机组的发电出力、风电场出力以及热源的供热出力，同时满足电力系统和供热系统的运行约束。

模型同时考虑电力系统和供热系统的运行和安全约束。在我国东北地区，大型热—电联产机组主要与 220kV 输电网络相连，因此，热—电联合优化调度模型主要考虑供热机组接入高压输电网的情况，电力系统侧的建模可以采用直流潮流模型。模型主要约束有：

（1）功率平衡约束。在忽略网损的情况下，每个调度时段的发电功率与负荷功率相等。

（2）旋转备用约束。火电机组需预留一定的旋转备用容量以应对电力系统可能发生的故障。

（3）网络约束。电力线路的潮流应在线路传输容量以内。

（4）爬坡速率约束。火电机组在相邻调度时段内的发电出力增量受到爬坡速率的限制。

（5）火电机组出力限制约束。火电机组出力受到其技术出力范围的限制。

（6）风电场出力限制约束。风电场出力受到可调度风电容量的限制。

（7）供热系统运行的约束条件。

8.4.5　热一电联合系统运行应用

以吉林省 220kV 及以上电网等效的 319 节点算例为例，含 40 台常规机组，6 台热电联产机组，34 台风电机组，共 80 台机组。系统中热电联产机组总开机容量为 1540MW，分别为热电四厂的 2 台（装机容量均为 350MW）和热电二厂的 4 台（装机容量分别为 200MW、200MW、220MW、220MW），且以上机组皆为抽汽凝汽式热电联产机组。调度时间周期为 72h，该地区典型供暖季调度时段内的 72h 风电预测出力和电热负荷曲线如图 8-7 所示。用热负荷的高峰期正好是用电负荷的低谷期，基本上也是风电大发期。

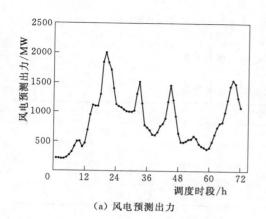

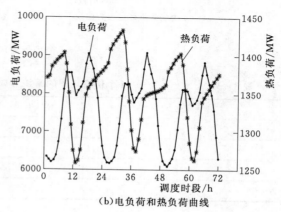

|（a）风电预测出力|（b）电负荷和热负荷曲线|

图 8-7　72h 的风电预测出力和电热负荷曲线

基于算例数据，综合考虑供热系统热惯性以及储热式电采暖的热特性，设置 4 个场景进行仿真研究。场景 1 为基础场景，不考虑供热系统热惯性和储热式电采暖；场景 2 仅考虑供热系统热惯性；场景 3 仅考虑储热式电采暖；场景 4 结合供热系统热惯性和储热式电采暖的双重作用。仿真场景设置见表 8-2。

表 8-2　　　　　　　　　　　　　4 个仿真场景设置

场景号	热力系统热惯性	储热式电采暖
1	×	×
2	○	×
3	×	○
4	○	○

4 个场景的风电出力仿真结果如图 8-8 所示。

4 个仿真场景的系统总成本和弃风电量结果见表 8-3。

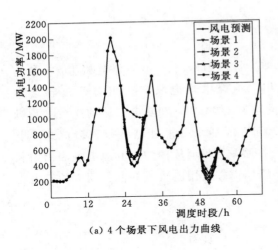

（a）4 个场景下风电出力曲线

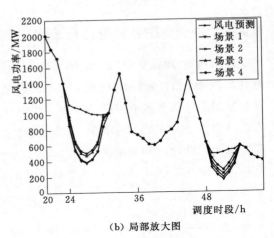

（b）局部放大图

图 8-8　4 个场景的风电出力仿真结果

表 8-3　　　　　　　　　　　4 个仿真场景的系统总成本和弃风电量结果

场景号	弃风电量/（MW·h）	总成本/元
1	5039.60	2320763.73
2	4743.4	2316547.38
3	3915.53	2310217.56
4	3798.17	2307520.14

　　场景 1 中，在供暖季，大部分的电负荷由热电联产机组满足，常规机组开机数很少，弃风量较大。场景 2 中，考虑供热管网热惯性，在电力负荷高峰期同时也是风电低谷期，加大 CHP 机组产热量，将热量储存在热网中。在电力负荷低谷期或风电大发期，CHP 机组停止运行或减小产热量，使热网储存的热量释放出来，以满足供热要求。这样通过改变一天中不同时段的热电机组的产热量，使热电厂预留出参与电力调峰的出力空间，提高风电消纳水平。场景 3 中，利用了储热式电采暖后，一方面电采暖可按需求适时增加电负荷；另一方面储热式电采暖在减少热电机组供暖时，可以降低热电机组供电，从而在传统经济调度模式的基础上提高风电接纳空间。场景 4 中，充分结合热惯性和储热式电采暖的热特性，可以最大限度地减少弃风量。

8.5　本章小结

　　针对新能源发电运行控制和新能源场站发电运行的特点，本章对新能源场站与调度端的有功功率自动控制策略、无功电压控制策略、有功-无功协同优化控制技术进行了详细阐述。关于热—电联合调度控制技术，本章对如何利用新能源发电运行控制技术和城市供热系统热惯性，促进新能源并网发电消纳的热—电联合调度控制技术进行了详细介绍。

利用新能源场站有功、无功功率自动控制策略和调度端有功、无功控制策略以及优化新能源场站的有功-无功协同控制技术，可以提高新能源场站的可观性和可控性。利用新能源场站有功功率、无功电压自动控制，可以缓解电网中常规机组快速调节能力经常处于待耗尽状态的困境，克服风电、光伏出力的快速波动对电网的负面影响，保证电网的安全稳定运行和新能源并网发电的优先消纳。结合供热系统热惯性和储热式电采暖的双重作用，利用热—电联合系统的机组组合及日前计划模型和在线调控模型，可以提高电网的调峰能力，促进新能源消纳。

参 考 文 献

［1］ 张伯明，吴文传，郑太一，等. 消纳大规模风电的多时间尺度协调的有功调度系统设计［J］. 电力系统自动化，2011，35（1）：1－6.

［2］ Wenchuan Wu, Boming Zhang, Jianhua Chen, et al. Multiple Time-scale Coordinated Power Control System to Accommodate Significant Wind Power Penetration and Its Real Application ［C］//2012 IEEE Power & Energy Society General Meeting, San Diego, California USA，2012.

［3］ 郑太一，范国英，孙勇，等. 大规模风电接入电网多目标电源的协调控制［J］. 电网技术，2013，37（11）：3091－3095.

［4］ 王彬，郭庆来，李海峰，等. 含风电接入的省地双向互动协调无功电压控制［J］. 电力系统自动化，2014（24）：48－55.

［5］ Q/GDW 11273—2014 风电有功功率自动控制技术规范［S］.

［6］ Q/GDW 11274—2014 风电无功电压自动控制技术规范［S］.

第9章　新能源发电运行评估

新能源发电运行会受到资源条件、设备发电能力、电网接纳能力等多种因素的影响。定量评估这些因素的影响，对指导新能源发电运行、提升消纳水平具有重要作用。本章从新能源场站涉网性能评估、发电能力评估和新能源消纳约束评估等方面阐述了新能源发电运行评估的基本要求、评估指标和评估方法。

9.1　新能源场站涉网性能评估

为保障电力系统安全稳定运行，规范新能源并网调度运行管理，根据 GB/T 19963—2011 和 GB/T 19964—2012 等标准和规定的相关要求，风电场或光伏电站自第一台机组并网运行 6 个月后应进行涉网性能评估。本节从新能源发电技术要求、调度管理要求和设备运行要求等三个方面详细介绍涉网性能评估的主要内容。

9.1.1　新能源发电技术要求

新能源发电技术要求包括低电压穿越能力、高电压穿越能力、耐频及频率调节能力、电压调节能力等，详细内容已在第 6 章中进行阐述。

9.1.2　调度管理要求

9.1.2.1　调度纪律

新能源场站应严格服从所属电网调度机构的指挥，迅速、准确执行调度指令，不得以任何借口拒绝或者拖延执行。接受调度指令的并网场站值班人员认为执行调度指令将危及人身、设备或系统安全的，应立即向发布调度指令的电网调度机构值班调度人员报告并说明理由，由电网调度机构值班调度人员决定该指令的执行或者撤销。

调度纪律执行评价要求各地依据自身情况有所差异。以下为某一电网制定的调度纪律评价标准：

（1）未经电网调度机构同意，擅自改变调度管辖范围内一次、二次设备的状态，以及与电网安全稳定运行有关的安全稳定控制装置、AGC 装置、AVC 装置等的参数或整定值（危及人身及主设备安全的情况除外，但须向电网调度机构报告）。

（2）拖延或无故拒绝执行调度指令。

（3）不如实反映调度指令执行情况。

（4）不满足每值至少有 2 人（其中值长 1 人）具备联系调度业务资格的要求。

（5）现场值长离开工作岗位期间未指定具备联系调度业务资格的接令者。

（6）不执行电网调度机构下达的保证电网安全运行的措施。

（7）调度管辖设备发生事故或异常，10min 内未向电网调度机构汇报（可先汇报事故或异常现象，详细情况待查清后汇报）。

（8）在调度管辖设备上发生误操作事故，未在 1h 内向电网调度机构汇报事故经过或造假谎报/虚报。

（9）未按要求向电网调度机构上报试验申请、方案。

（10）未能按照电网调度机构安排的测试计划开展并网测试，且未在规定时间内上报延期申请。

（11）其他依据有关法律、法规及规定认定属于违反调度纪律的事项。

9.1.2.2　新能源场站预测评价

（1）风电场预测评价。风电场预测评价主要包括以下内容：

1）通过 110（66）kV 及以上电压等级线路与电力系统连接的新建或扩建风电场应配置风电功率预测系统，系统具有 0～72h 短期风电功率预测以及 15min～4h 超短期风电功率预测功能。

2）风电场每 15min 自动向电网调度机构滚动上报未来 15min～4h 的风电场发电功率预测曲线，预测值的时间分辨率为 15min。

3）风电场每天按照电网调度机构规定的时间上报次日 0～24h 风电场发电功率预测曲线，预测值的时间分辨率为 15min。

（2）光伏电站预测评价。光伏电站预测评价主要包括以下内容：

1）装机容量 10MW 及以上的光伏电站应配置光伏发电功率预测系统，系统具有 0～72h 短期光伏发电功率预测以及 15min～4h 超短期光伏发电功率预测功能。

2）光伏电站每 15min 自动向电网调度机构滚动上报未来 15min～4h 的光伏电站发电功率预测曲线，预测值的时间分辨率为 15min。

3）光伏电站每天按照电网调度机构规定的时间上报次日 0～24h 光伏电站发电功率预测曲线，预测值的时间分辨率为 15min。

9.1.3　设备运行要求

开展新能源发电设备评价，可以帮助发电企业提高运维管理水平，进而提高发电量，同时降低电网发生事故的潜在风险，提高电力系统接纳新能源的能力和电网安全运行水平。

9.1.3.1　基于新能源单机信息的发电设备运行评价

1. 故障定位

风电场在上传遥测、遥信数据时，同时上传事先定义的故障代码，通过故障代码可区分受累停机和故障停机等不同状态，定位导致机组停运的故障设备。

以某品牌 GW82－1500 型风电机组为例，其故障代码共有 707 个，涵盖发电机、变流器、变桨系统、偏航系统、风速计等一次设备和子站电源、总线、UPS 等二次设备的所有故障类型。通过不同的故障代码，即可区分导致机组停运的故障设备，从设备层面进行精细化分析。

对于光伏发电单元而言，无论是集中式逆变器还是组串式逆变器，也都可以根据其状态和故障代码，定位导致其停运的故障设备。

2. 分析评价

一般采用设备平均可用率作为运行评估指标。

第 m 台风电机组或光伏发电单元的平均可用率 A_m 定义为

$$A_m = 1 - \sum_{k \in K} \frac{T_{m,k}}{T - T'_m} \tag{9-1}$$

式中　$T_{m,k}$——第 m 台风电机组或光伏发电单元因第 k 种故障导致的停机时间；

T——统计总时间；

T'_m——第 m 台风电机组或光伏发电单元因电网等原因造成的停机时间；

K——所有故障的集合。

9.1.3.2　电力监控系统安全防护评价

新能源场站应按要求配置横向隔离、纵向加密及防火墙等安全防护设备，未经电网调度机构许可不得自行退出运行。电力监控系统安全防护评价包括但不限于以下内容：

（1）新能源场站应提供实际网络拓扑图，并与现场实际情况吻合。电力监控系统应按要求配置横向隔离、纵向加密及防火墙等安全防护设备。

（2）所有安全设备应在启用状态。

（3）调度数据网接入交换机不应存在网络跨区连接。

（4）新能源场站电力监控系统Ⅰ、Ⅱ区业务不应存在不经安全防护设备进行的跨区访问。

（5）生产控制大区不应存在违规外联和远程运维，不使用无线公网。

（6）现场提供的设备安全策略配置文件应正确。

（7）电力监控系统及调度数据网硬件设备、基础软件应符合安全要求，需进行安全加固。

（8）不存在非安全硬件或非安全操作系统。

（9）现场设备的账号配置不存在缺省账户、弱口令等情况。

（10）功率预测、单机信息等数据的导出上送应通过正向隔离装置。

（11）移动介质端口应进行封闭。

（12）应有安全防护应急预案及演练记录。

9.2 新能源涉网性能评估方法

为了衡量风电场、光伏电站是否满足涉网性能要求，需要进行新能源场站涉网性能评估。本节从有功功率、无功功率、低电压穿越能力和电网适应性等四个方面详细介绍风电场和光伏电站涉网性能的评估方法。

9.2.1 风电涉网性能评估

9.2.1.1 有功功率评估

（1）风电机组有功功率控制能力。根据风电机组功率控制检测报告，计算风电场内各型号风电机组有功功率设定值控制的最大偏差和响应时间。

根据《风电场并网性能评价方法》（NB/T 31078—2016）要求，风电机组有功功率控制性能指标要求如下：

1）风电机组有功功率设定值控制允许的最大偏差不超过 $5\%P_n$。

2）设定值变化量低于 $0.2P_n$ 时，响应时间不超过 10s；设定值变化量达到 $0.8P_n$ 时，响应时间不超过 30s。

3）风电机组有功功率设定值控制超调量不超过 $10\%P_n$。

风电机组有功功率按设定值控制期间有功功率允许运行范围如图 9-1 所示。图中实线为风电机组有功功率设定值控制目标曲线，两条虚线分别为风电机组有功功率实际输出的上下限。

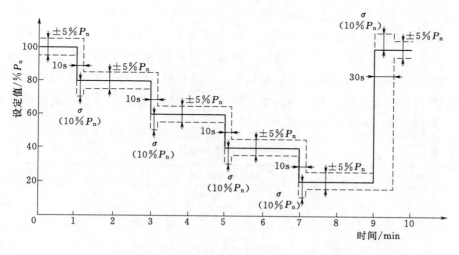

图 9-1　风电机组有功功率按设定值控制期间有功功率允许运行范围

（2）正常运行情况下有功功率变化。根据风电场并网检测报告，查看风电场 10min 和 1min 有功功率变化的最大值，判定风电场正常运行情况下的有功功率变化控制能力是否符合 GB/T 19963 的要求。

（3）风电场有功功率控制能力。根据风电场并网检测报告，计算风电场有功功率设定值控制的最大偏差和响应时间。风电场有功功率控制性能指标要求如下：

1）风电场有功功率设定值控制允许的最大偏差不超过风电场装机容量的 3%。

2）风电场有功功率控制响应时间不超过 120s。

3）有功功率控制超调量 σ 不超过风电场装机容量的 10%。

9.2.1.2　无功功率评估

（1）风电机组功率因数调节能力。根据风电机组功率控制检测报告，查看风电机组功率因数运行范围，判定风电机组功率因数调节能力是否符合 GB/T 19963—2011 的要求。

（2）风电场无功容量配置。根据风电场并网检测报告，查看风电场配置的无功装置类型及其容量调节范围与风电场无功接入审查意见的符合性。

（3）风电场无功功率调节能力。根据风电场并网检测报告，计算风电场无功功率的调节速度。风电场无功调节性能指标要求是无功调节的稳态控制响应时间不超过 30s。

风电场无功功率调节响应时间的判定方法与风电机组/风电场有功功率设定值控制响应时间的判定方法相同。

9.2.1.3　低电压穿越能力评估

（1）模型要求。风电场低电压穿越能力采用仿真的手段进行评价。仿真模型包括风电场内所有电气设备，如风电机组（含单元升压变压器等）、风电场汇集线路、无功补偿装置、风电场主变压器、风电场继电保护等，各种电气设备模型参数应为设备实际参数或等效值，风电机组模型应通过低电压穿越性能仿真验证，外部电网可采用等效模型。

（2）仿真方法和步骤。设置风电场并网点分别发生三相短路故障、两相接地短路故障、两相相间短路故障和单相接地短路故障。以三相短路故障、两相接地短路故障和两相相间短路故障的线电压以及单相接地短路故障的相电压跌落后的残压幅值设置电压跌落程度，并网点电压跌落程度见表 9-1。

表 9-1　　　　　　　　　　　　并网点电压跌落程度

程　　度	残压幅值/p. u.	故障持续时间/ms
1	0.90—0.05	2000
2	0.75±0.05	1705
3	0.50±0.05	1214
4	0.35±0.05	920
5	0.20±0.05	625

具体低电压穿越仿真步骤如下：

1）按照上述工况设置并网点短路故障，进行仿真计算。

2）记录故障前至少 0.5s 到故障清除的有功功率、无功功率及稳定后至少 0.5s 的仿真结果。

3）记录故障期间和故障清除后风电机组机端电压、有功功率和无功功率波形。依据风电机组的保护设置，对照故障期间和故障清除后的电压值及相应的持续时间，判断风电机组是否会脱网。

4）记录每个工况下风电场并网点电压、有功功率波形。核查故障清除后风电场有功功率的恢复情况，给出每种工况下风电场有功功率曲线。

5）记录每个工况下风电场并网点无功功率和无功电流波形，计算动态无功电流注入的响应时间和持续时间，核查故障期间风电场的动态无功支撑能力。

6）根据每个工况下风电机组机端电压、有功功率和无功功率波形，分析风电场内风电机组在故障期间的动态响应特性。

（3）仿真结果评价。根据仿真计算结果，评价风电场低电压穿越能力。若仿真结果满足以下情况，则风电场低电压穿越能力满足 GB/T 19963—2011 的要求。风电场有功功率恢复判定方法示意图如图 9-2 所示。图中，P_1 为故障消失时刻风电场有功功率；P_2 为故障前风电场有功功率的 90%；t_{a1} 为故障清除时刻；t_{a2} 为有功功率恢复至持续大于 P_2 的起始时刻；U_{dip} 为并网点跌落电压幅值与额定电压的比值。

1）场内风电机组故障期间维持并网运行。

2）自故障清除时刻开始，风电场有功功率恢复速率不小于 $10\% P_n/s$。

3）功率恢复期间的有功功率值不低于图 9-2 中每秒 $10\% P_n$ 恢复曲线对应的有功功率。

4）风电场注入电力系统的动态无功电流值应满足 GB/T 19963—2011 中对动态无功电流注入的要求。

9.2.1.4　电网适应性评估

（1）电压偏差、闪变、谐波和频率适应性。根据风电机组电网适应性检测报告，评估风电机组电压偏差、闪变、谐波和频率适应性与 GB/T 19963—2011 要求的符合性。

（2）三相电压不平衡度适应性。根据风电机组电网适应性检测报告，开展三相电压不平衡度适应性评估。若风电机组三相电压不平衡度为 2% 时，三相电流不平衡度不大于 3%，且风电机组三相电压不平衡度为 4% 时，三相电流不平衡度不大

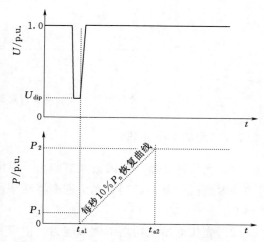

图 9-2　风电场有功功率恢复判定方法示意图

于 5%。

9.2.2　光伏涉网性能评估

9.2.2.1　有功功率评估

（1）光伏电站有功功率变化。根据光伏电站并网检测报告，查看光伏电站正常启动、正常停机以及太阳能辐照度增长过程中有功功率最大变化速率，评估光伏电站的有功功率变化是否符合 GB/T 19964—2012 的要求。

（2）光伏电站有功功率变化控制能力评估。根据光伏电站并网检测报告，计算有功功率控制的最大偏差和响应时间。光伏电站有功功率控制性能指标要求如下：

1）光伏电站有功功率设定值控制允许的最大偏差不超过光伏电站装机容量的 5%。

2）光伏电站有功功率控制响应时间不超过 60s。

3）有功功率控制超调量 σ 不超过光伏电站装机容量的 10%。

图 9-3 为光伏电站有功功率按设定值控制期间有功功率允许运行范围。图中实线为光伏电站有功功率设定值控制目标曲线，两条虚线分别为光伏电站有功功率实际输出的上下限。

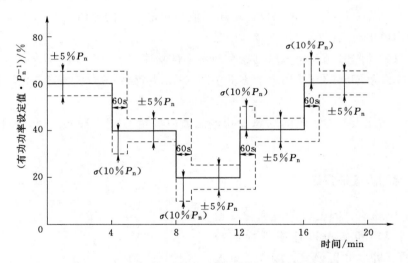

图 9-3　光伏电站有功功率按设定值控制期间有功功率允许运行范围

9.2.2.2　无功功率评估

（1）光伏逆变器功率因数调节能力。根据光伏逆变器并网检测报告，查看光伏逆变器功率因数运行范围，判定光伏逆变器功率因数调节能力是否符合 GB/T 19964—2012 的要求。

（2）光伏电站无功功率调节能力。根据光伏电站并网检测报告，计算光伏电站电压指令控制期间无功功率的调节速度，光伏电站无功调节性能指标要求是无功功率调节的稳态控制响应时间不超过 30s。光伏电站无功功率调节响应时间的判定方法与光伏电站有功功率设定值控制响应时间的判定方法相同。

9.2.2.3 低电压穿越评估

（1）模型要求。光伏电站低电压穿越能力宜采用仿真手段进行评价。仿真模型应包括光伏电站内所有电气设备，如光伏发电单元（含光伏组件、逆变器、单元升压变压器等）、光伏电站汇集线路、无功补偿装置、光伏电站主变压器、光伏电站继电保护等，各种电气设备模型参数应为设备实际参数或等效值，光伏发电单元模型应通过低电压穿越性能仿真验证，外部电网可采用等效模型。

（2）仿真方法和步骤。在光伏电站全部光伏发电单元在 P_n 和 $20\% P_n$ 的运行工况下，仿真分析光伏电站在并网点电压不同故障跌落深度下的低电压运行特性，给出故障期间及故障清除后光伏电站及光伏发电单元的电压、有功功率和无功功率波形。对于通过 220kV（或 330kV）光伏发电汇集系统升压至 500kV（或 750kV）电压等级接入电网的光伏电站群中的光伏电站，还应给出故障期间光伏电站注入电力系统的动态无功电流波形。具体步骤如下：

1）在规定的电网运行方式和光伏电站运行工况下，分别设置光伏电站并网点发生三相短路故障、两相接地短路故障、两相相间短路故障和单相接地短路故障。以三相短路故障、两相接地短路故障和两相相间短路故障的线电压和单相短路故障的相电压跌落幅值设置电压跌落规格，并网点电压跌落程度见表 9－2。

表 9－2 并网点电压跌落程度

程 度	残压幅值/p. u.	故障持续时间/ms	程 度	残压幅值/p. u.	故障持续时间/ms
1	0.80±0.05	1804	4	0.20±0.05	625
2	0.60±0.05	1410	5	0＋0.05	150
3	0.40±0.05	1017			

2）记录故障前至少 0.5s 到故障消失的有功功率、无功功率及稳定后至少 0.5s 稳定运行的仿真结果，其中有功功率、无功功率和无功电流仿真结果应记录正序基波分量。

3）计算分析故障期间和故障清除后光伏发电单元变压器低压侧电压、有功功率和无功功率波形。根据光伏发电单元的保护设置，对照故障期间和故障清除后的电压值及持续时间，判断光伏发电单元是否会因过/欠电压保护而切出。

4）计算分析每个工况下光伏电站并网点电压、有功功率波形。核查故障清除后光伏电站有功功率的恢复情况，给出每种工况下光伏电站有功功率变化曲线。

5）计算分析每个工况下光伏电站并网点无功功率和无功电流波形，给出动态无功电流注入值和响应时间，核查故障期间光伏电站的动态无功支撑能力。

6）计算分析每个工况下光伏发电单元变压器低压侧电压、有功功率和无功功率波形，给出光伏电站内光伏发电单元在故障期间的动态响应特性。

（3）仿真结果评价。根据仿真计算结果，评价光伏电站低电压穿越能力。若仿真结果满足以下情况，则光伏电站低电压穿越能力满足 GB/T 19964—2012 的要求。光伏电站有功功率恢复判定方法示意图如图 9-4 所示。图中，P_1 为故障消失时刻光伏电站有功功率；P_2 为故障前光伏电站有功功率的 90%；t_{a1} 为故障消失时刻；t_{a2} 为有功功率恢复至持续大于 P_2 的起始时刻；U_{dip} 为并网点跌落电压幅值与额定电压的比值。

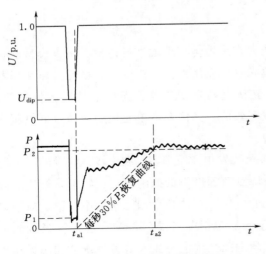

图 9-4　光伏电站有功功率恢复
判定方法示意图

1）站内光伏发电单元故障期间维持并网运行。

2）自故障清除时刻开始，光伏电站有功功率恢复速率每秒不小于 $30\%P_n$。

3）同时功率恢复期间有功功率值不低于图 9-4 中每秒 $30\%P_n$ 恢复曲线对应的有功功率。

4）光伏电站注入电力系统的动态无功电流值和响应时间应满足 GB/T 19964—2012 中对动态无功电流注入的要求。

9.2.2.4　电网适应性评估

（1）电压偏差、闪变、谐波、间谐波和频率适应性。根据光伏逆变器型式检测报告，查看光伏逆变器的电压偏差、闪变、谐波、间谐波和频率适应性与 GB/T 19964—2012 要求的符合性。

（2）三相电压不平衡度适应性。根据光伏逆变器型式检测报告，开展三相电压不平衡度适应性评估，若光伏逆变器三相电压不平衡度为 2% 时，三相电流不平衡度不大于 3%，且光伏逆变器三相电压不平衡度为 4% 时，三相电流不平衡度不大于 5%。

9.3　新能源发电能力评估

评估新能源理论发电能力是进行新能源电力输出和设备运行分析的基础。本节介绍风电场和光伏电站的理论发电功率、可用发电功率，以及受阻电量的计算方法，并以此为基础介绍全网理论发电量、全网可用发电量和全网受阻电量计算方法。

9.3.1　基于资源信息的理论发电功率和可用发电功率计算

理论发电功率是指在不考虑站内设备原因和电网接纳受阻因素，新能源场站理论上能够发出的功率。可用发电功率指考虑场内设备故障、缺陷或检修等原因引起受阻后能够发出的功率。理论功率计算是受阻电量评估的前提条件。

9.3.1.1 风电场理论发电功率计算

风电场理论发电功率主要有样板机法、测风塔外推法和机舱风速法三种方法。

1. 样板机法

样板机法是在选定样板机的基础上，建立样板机出力与全场出力之间的映射模型，获得全场理论发电功率。风电场理论发电功率和可用发电功率公式为

$$P_j = \sum_{k=1}^{K} \frac{N_k}{M_k} \sum_{m=1}^{M_k} p_{j,k,m} \qquad (9-2)$$

$$P'_j = \sum_{k=1}^{K} \frac{N'_k}{M_k} \sum_{m=1}^{M_k} p_{j,k,m} \qquad (9-3)$$

式中　P_j——风电场 j 理论发电功率；

　　　P'_j——风电场 j 可用发电功率；

　　　k——风电机组型号编号；

　　　K——风电机组型号数量；

　　　M_k——型号 k 的风电机组的样板机数量；

　　　N_k——型号 k 的风电机组的全场总数量；

　　　N'_k——型号为 k 的风电机组的开机运行总数量；

　　　$p_{j,k,m}$——风电场 j 型号为 k 的风电机组第 m 台样板机的实际功率。

2. 测风塔外推法

测风塔外推法是在测风塔优化选址的基础上，根据风电场所处区域的地形、地貌，采用微观气象学、计算流体力学理论，将测风塔风速、风向推算至风电场内每台风力机轮毂高度处的风速、风向，并通过风速-功率曲线将其转化为单机理论发电功率，进而获得全场理论发电功率。按如下步骤计算：

（1）将测风塔风速外推至每台风机轮毂高度处的风速、风向，推算方法如下：

综合考虑风电场所处区域的地形、粗糙度变化情况，结合风电场布局，采用微观气象学理论或计算流体力学的方法，建立各风向扇区的风速转化函数，将测风塔风速外推至每台风电机组轮毂高度处，具体公式为

$$v_{外推} = f(v_{测风塔}, k_1, k_2, \cdots, k_n) \qquad (9-4)$$

式中　　　$v_{外推}$——由测风塔外推至风电机组轮毂高度处的风速；

　　　　　$v_{测风塔}$——测风塔实测风速；

$k_1, k_2, \cdots, k_n$——影响因子（地形、粗糙度、尾流效应等）；

　　　　　　f——转化函数。

（2）采用经过试验验证的风速-功率曲线或拟合的风速-功率曲线将风电机组轮毂高度处的风速转化为风电机组理论发电功率。风速-功率曲线确定方法如下：

对于经过认证机构测试的功率曲线，可根据实测空气密度进行校正；无法提供测试功率曲线的机型，需根据风电机组机舱风速及单机功率进行拟合。

1）空气密度。空气密度可根据实测气温及气压计算得到，平均空气密度可根据每 5min 空气密度平均得到，计算公式为

$$\rho_{5min} = \frac{B_{5min}}{R T_{5min}} \tag{9-5}$$

$$\bar{\rho} = \frac{1}{N} \sum_{i=1}^{N} \rho_i \tag{9-6}$$

式中　ρ_{5min}——5min 平均空气密度；

$\quad\quad B_{5min}$——5min 平均气压；

$\quad\quad R$——气体常数，$R = 287.05\text{J}/(\text{kg} \cdot \text{K})$；

$\quad\quad T_{5min}$——5min 平均气温；

$\quad\quad N$——样本个数；

$\quad\quad \bar{\rho}$——平均密度。

2）功率曲线的校正。若风电机组的功率曲线经过实验验证，且实测空气密度在 $(1.225 \pm 0.05)\text{kg}/\text{m}^3$ 范围内，功率曲线无需校正；若在此范围以外，则功率曲线需根据以下方法进行校正。

对于失速控制、具有恒定桨距和转速的风电机组，校正功率曲线可表示为

$$P_{校正} = P_0 \frac{\bar{\rho}}{\rho_0} \tag{9-7}$$

对于功率自动控制的风电机组，校正功率曲线可表示为

$$V_{校正} = V_0 \left(\frac{\rho_0}{\bar{\rho}} \right)^{1/3} \tag{9-8}$$

上两式中　$P_{校正}$——折算后的功率；

$\quad\quad P_0$——折算前的功率；

$\quad\quad \rho_0$——标准空气密度，$\rho_0 = 1.225\text{kg}/\text{m}^3$；

$\quad\quad V_0$——折算前的风速；

$\quad\quad V_{校正}$——折算后的风速；

$\quad\quad \bar{\rho}$——实测平均密度。

3）功率曲线的拟合。若风电机组的功率曲线未经过实验验证，需根据风电机组的机舱风速及单机功率进行拟合。

a. 数据选择准则：①应根据机组运行日志剔除机组故障、人为限制出力、测风设备故障等时段的数据；②风速及功率数据宜采用 5min 平均值（校正后数据的平均值），数据长度应不少于 3 个月。

b. 功率曲线拟合方法：拟合的功率曲线应采用机舱平均风速及单机平均功率，根据比恩法（method of bins）进行处理，采用 0.5m/s 宽度为一组，每个风速分组（bin）所对应的功率值可表示为

$$P_i = \frac{1}{N_i} \sum_{j=1}^{N_i} P_{i,j} \tag{9-9}$$

$$V_i = \frac{1}{N_i} \sum_{j=1}^{N_i} V_{i,j} \tag{9-10}$$

式中　P_i——第 i 个 bin 的平均功率值；

　　$P_{i,j}$——第 i 个 bin 中第 j 个数据组的平均功率值；

　　V_i——第 i 个 bin 的平均风速值；

　　$V_{i,j}$——第 i 个 bin 中第 j 个数据组的平均风速值；

　　N_i——第 i 个 bin 的 5min 数据组的数组数量。

（3）单机理论发电功率加和获得全场理论发电功率，其计算公式为

$$P_j = \sum_{m=1}^{M} p_{j,m} \tag{9-11}$$

式中　P_j——风电场 j 理论发电功率；

　　M——全场风电机组台数；

　　$p_{j,m}$——风电场 j 第 m 台风电机组的理论发电功率。

（4）风电场可用发电功率为

$$P'_j = \sum_{m=1}^{M-M'} p_{j,m} \tag{9-12}$$

式中　P'_j——风电场 j 可用发电功率；

　　M'——场内受累停运的风电机组台数。

3. 机舱风速法

机舱风速法是采用拟合的风速-功率曲线将风电机组机舱实测风速转化为单机理论发电功率，进而获得全场理论发电功率。按如下步骤进行计算：

（1）采用机舱平均风速和单机平均功率拟合的风速-功率曲线，将机舱风速转化为风电机组理论发电功率 $p_{j,m}$。

（2）单机理论发电功率加和获得风电场理论发电功率，其计算公式为

$$P_j = \sum_{m=1}^{M} p_{j,m} \tag{9-13}$$

式中　P_j——风电场 j 理论发电功率；

　　M——全场风电机组台数；

　　$p_{j,m}$——风电场 j 第 m 台风电机组的理论发电功率。

（3）风电场可用发电功率为

$$P'_j = \sum_{m=1}^{M-M'} p_{j,m} \tag{9-14}$$

式中　　P'_j——风电场 j 可用发电功率;

　　　　M'——非限电停运的风电机组台数。

9.3.1.2 光伏理论发电功率计算

光伏电站理论发电功率主要有气象数据外推法和样板逆变器法两种方法。

1. 气象数据外推法

气象数据外推法采用物理方法将实测水平面辐照强度转换为光伏组件斜面辐照强度,将环境温度转换为板面温度,综合考虑光伏电站的位置、不同光伏组件的特性及安装方式等因素,建立光伏电池的光电转换模型,得到光伏电站的理论发电功率。按如下步骤进行计算:

(1) 根据气象监测设备的实测水平辐照强度和环境温度,将水平辐照强度转化为光伏组件斜面的有效辐照强度,将环境温度转化为光伏组件的有效温度,有条件的宜使用直采光伏组件温度数据。

(2) 根据光伏组件标准工况下的设备参数,计算当前气象条件下光伏组件输出的直流功率。

(3) 综合考虑光伏组件的有效数量、光伏组件老化、光伏组件失配损失、光伏组件表面尘埃遮挡、光伏电池板至并网点的线路传输及站用电损失、逆变器效率等因素,得到光伏电站并网点的交流功率。

具体详细计算步骤为:

1) 根据气象监测设备的实测水平辐照强度和环境温度,将水平辐照强度转化为光伏组件斜面的有效辐照强度,将环境温度转化为光伏组件的有效温度,具体如下:

光伏组件斜面的有效辐照强度可以采用水平辐照度数据结合太阳高度角、赤纬角、当地纬度、时角、方位角、倾角来计算。

环境温度可转化为光伏组件的板面温度,有条件的宜使用直采光伏组件温度数据。转化公式为

$$T_m = T_a + KG_e \tag{9-15}$$

式中　　T_m——光伏组件板面温度;

　　　　T_a——环境温度;

　　　　G_e——光伏组件斜面的有效辐照强度;

　　　　K——温度修正系数,每年通过采集实际运行数据,利用自回归方法对 K 值进行修正。

2) 根据光伏组件标准工况下的设备参数,计算当前气象条件下组件的最佳输出电流 I_{MPP} 和最佳输出电压 U_{MPP},其计算公式为

$$I_{MPP} = I_{mref} \frac{G_e}{G_{ref}}(1 + a\Delta T) \tag{9-16}$$

$$U_{MPP} = U_{mref} \ln(e + b\Delta G)(1 - c\Delta T) \tag{9-17}$$

$$\Delta G = G_{e} - G_{ref} \qquad (9-18)$$

$$\Delta T = T_{m} - T_{ref} \qquad (9-19)$$

式中　G_{ref}——标准太阳辐照强度，$G_{ref} = 1000\text{W}/\text{m}^2$；

$\quad\quad T_{ref}$——标准组件温度，$T_{ref} = 25\text{℃}$；

$\quad\quad I_{mref}$——光伏组件在标准工况下的最佳输出电流；

$\quad\quad U_{mref}$——光伏组件在标准工况下的最佳输出电压；

$\quad\quad \Delta G$——实际辐照强度与标准辐照强度的差；

$\quad\quad \Delta T$——实际组件温度与标准组件温度的差；

$\quad\quad e$——自然对数的底数，其值可取 2.71828；

a、b、c——补偿系数，根据光伏组件实验数据进行拟合得到，并根据实测数据定期
修正。

最终，计算光伏组件的直流输出功率 P_{dc}，其计算公式为

$$P_{dc} = U_{MPP} I_{MPP} \qquad (9-20)$$

3）综合考虑光伏组件的有效数量、光伏组件老化、光伏组件失配损失、光伏组件表面尘埃遮挡、光伏电池板至并网点的线路传输及站用电损失、逆变器效率等因素，计算光伏电站并网点的理论发电功率 P_{acj} 和可用发电功率 $P_{acj'}$，其计算公式为

$$P_{acj} = n_j P_{dc} K_1 K_2 K_3 K_4 \eta_{inv} \qquad (9-21)$$

$$P_{acj'} = n_{j'} P_{dc} K_1 K_2 K_3 K_4 \eta_{inv} \qquad (9-22)$$

$$K_1 = 1 - k y_a$$

式中　n_j——并网运行光伏组件的全部数量；

$\quad\quad n_{j'}$——并网运行光伏组件有效数量；

$\quad\quad P_{dc}$——光伏组件直流输出功率；

$\quad\quad K_1$——光伏组件老化损失系数，无量纲，每年按照一定比例递减；

$\quad\quad y_a$——不同太阳能电池材料年衰减率，以太阳能电池制造厂家提供的相关衰减率
参数为依据；

$\quad\quad k$——并网光伏电站投入使用年数；

$\quad\quad K_2$——光伏组件失配损失系数，无量纲；

$\quad\quad K_3$——尘埃遮挡损失系数，无量纲；

$\quad\quad K_4$——线路传输及站用电损失系数，无量纲；

$\quad\quad \eta_{inv}$——并网逆变器效率，无量纲，采用欧洲标准 EN 50530 进行等效。

每年通过采集实际运行数据，利用自回归方法对 K_1、K_2、K_3、K_4 值进行修正。

2. 样板逆变器法

样板逆变器法是在选定样板逆变器的基础上，建立样板逆变器出力与全站出力之间的映射模型，获得全站理论发电功率。

光伏电站理论发电功率为

$$P_j = \sum_{k=1}^{K} \frac{N_k}{M_k} \sum_{m=1}^{M_k} p_{j,k,m} \qquad (9-23)$$

式中　　P_j——光伏电站 j 理论发电功率；

$\quad\quad k$——逆变器型号编号；

$\quad\quad K$——逆变器型号数量；

$\quad\quad M_k$——型号为 k 的逆变器的样板逆变器数量；

$\quad\quad N_k$——型号为 k 的逆变器的全站总数量；

$\quad\quad p_{j,k,m}$——光伏电站 j 型号为 k 的逆变器第 m 台样板机的实际输出功率。

光伏电站可用发电功率为

$$P'_j = \sum_{k=1}^{K} \frac{N'_k}{M_k} \sum_{m=1}^{M_k} p_{j,k,m} \qquad (9-24)$$

式中　　P'_j——光伏电站 j 可用发电功率；

$\quad\quad N'_k$——型号为 k 的逆变器的开机运行总数量。

9.3.2　新能源场站受阻电量计算方法

从新能源发电过程来看，新能源场站受阻有场内原因，如机组检修或故障停机等，也有场外原因，如输送断面极限等。开展新能源场站场外、场内受阻电量的评估，是发电企业进行新能源运行分析的基础。

1. 新能源场站场内受阻电量

新能源场站的场内受阻电力是场站的理论发电功率与可用发电功率之差，其对时间的积分即为场内受阻电量，其计算公式为

$$E_{1,j} = \Delta t \sum_{i=1}^{n} (P_{j,i} - P'_{j,i}) \qquad (9-25)$$

式中　　$E_{1,j}$——新能源场站 j 的场内受阻电量；

$\quad\quad P_{j,i}$——i 时刻新能源场站 j 的理论发电功率；

$\quad\quad P'_{j,i}$——i 时刻新能源场站 j 的可用发电功率；

$\quad\quad n$——统计时段内样本数量；

$\quad\quad \Delta t$——时间分辨率。

2. 新能源场站场外受阻电量

新能源场站的场外受阻电力是场站的可用发电功率与实际发电功率之差，其对时间的积分即为场外受阻电量，其计算公式为

$$E_{O,j} = \Delta t \sum_{i=1}^{n} (P'_{j,i} - T_{j,i}) \qquad (9-26)$$

式中　　$E_{O,j}$——风电场 j 的场外受阻电量；

$\quad\quad P'_{j,i}$——i 时刻新能源场站 j 的可用发电功率；

$\quad\quad T_{j,i}$——i 时刻新能源场站 j 的实发功率；

n——统计时段内样本数量；

Δt——时间分辨率。

3. 新能源场站受阻电量

新能源场站受阻电力是理论发电功率与实际发电功率之差，其对时间的积分即为场站受阻电量，其计算公式为

$$E_{\mathrm{T},j} = \Delta t \sum_{i=1}^{n} (P_{j,i} - T_{j,i}) \tag{9-27}$$

式中　$E_{\mathrm{T},j}$——新能源场站 j 的总受阻电量；

$P_{j,i}$——i 时刻新能源场站 j 的理论发电功率；

$T_{j,i}$——i 时刻新能源场站 j 的实发功率；

n——统计时段内样本数量；

Δt——时间分辨率。

9.3.3　全网受阻电量计算方法

从电网来看，新能源限电有调峰困难、断面限额等多种原因，正确区分和计算全网不同原因导致的受阻电量是进行新能源运行评价的基础，也是提出改进措施、不断提高电网新能源消纳水平的基础。

9.3.3.1　全网理论发电功率和全网可用发电功率的计算方法

1. 全网理论发电功率

全网理论发电功率是网内所有并网新能源场站的理论发电功率之和，其计算公式为

$$P = \sum_{j=1}^{N} P_j \tag{9-28}$$

式中　P——全网理论发电功率；

P_j——新能源场站 j 的理论发电功率；

N——网内所有并网新能源场站的数量。

2. 全网可用发电功率

全网可用发电功率是在网内所有并网新能源场站可用发电功率之和的基础上，考虑断面约束后的可用发电功率。全网可用发电功率计算步骤如下：

（1）按照断面约束将所有新能源场站分为不同的新能源场站群，共计 S 个新能源场站群，计算每个新能源场站群的可用发电功率，其计算公式为

$$R_s = \min \left[(P_{\mathrm{L},s} + L_s - G_s), \sum_{j \in \Theta_s} P'_j \right] \tag{9-29}$$

式中　R_s——新能源场站群 $s(s=1,\ 2,\ \cdots,\ S)$ 的可用发电功率；

Θ_s——新能源场站群 s 中所有新能源场站的集合；

$P_{\mathrm{L},s}$——新能源场站群 s 对应约束断面的传输极限；

L_s——该约束断面下的当前负荷；

G_s——该约束断面下的其他电源实际出力；

P'_j——新能源场站 j 可用发电功率。

不受断面约束的新能源场站群 $P_{L,s}$ 取值无穷大。

（2）多级嵌套断面中，根据下级断面新能源场站群的可用发电功率修正上一级断面新能源场站群的可用发电功率，若存在多个下级断面则进行合并，一直计算到最上级约束断面对应新能源场站群的可用发电功率，其计算公式为

$$R_{s'} = \min\Big[(P_{L,s'} + L_{s'} - G_{s'}), \Big(R_s + \sum_{j \in \Theta_s - \Theta_s} P'_j\Big)\Big] \qquad (9-30)$$

式中 $R_{s'}$——上一级断面对应新能源场站群 s' 的可用发电功率；

$P_{L,s'}$——新能源场站群 s' 对应约束断面的传输极限；

$L_{s'}$、$G_{s'}$——上一级断面下的负荷和其他电源出力，含所有下级断面的负荷和其他电源出力。

（3）除最上级断面外，剔除嵌套断面中已经合并的新能源场站群，则新能源场站群个数变为 S'，将其可用发电功率相加，可得全网可用发电功率，其计算公式为

$$P' = \sum_{s=1}^{S'} R_s \qquad (9-31)$$

式中 P'——全网可用发电功率；

R_s——新能源场站群 s 的可用发电功率。

断面约束和新能源场站群划分随着运行方式的改变而变化。

3. 算例分析

以典型的 3 层嵌套断面风电汇集外送系统为例，介绍全网可用发电功率的计算方法。风电场群嵌套断面示意图如图 9-5 所示。图 9-5 中，$P_{L,1}$ 为嵌套线路有功功率极限；$P_{L,2}$ 为主变压器有功功率极限；$P_{L,3}$ 为外送线路有功功率极限。L_1 为嵌套线路断面下的等效负荷；L_2 为主变断面下的等效负荷；L_3 为外送线路断面下的等效负荷；T_i（$i=$1，2，3）为第 i 层嵌套断面下新能源场站的实际发电功率；P'_i（$i=1$，2，3）为第 i 层嵌套断面下新能源场站的可用发电功率；P_i（$i=1$，2，3）为第 i 层嵌套断面下考虑新能源场站的理论发电功率。

步骤 1：按照断面约束将所有风电场分为 3 个风电场群，计算每个风电场群的可用发电功率，其计算公式为

$$R_1 = \min\Big[(P_{L,1} + L_1), \sum_{j \in \Theta_1} P'_j\Big] \qquad (9-32)$$

$$R_2 = \min\Big[(P_{L,2} + L_2), \sum_{j \in \Theta_2} P'_j\Big] \qquad (9-33)$$

$$R_3 = \min\Big[(P_{L,3} + L_3), \sum_{j \in \Theta_3} P'_j\Big] \qquad (9-34)$$

式中 $P_{L,i}$（$i=1$，2，3）——新能源场站群 i 对应约束断面的传输极限。

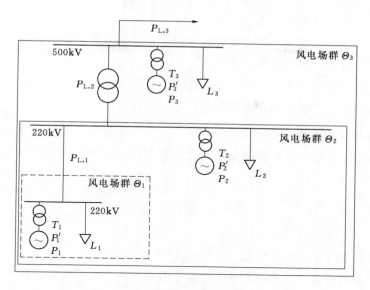

图 9-5　风电场群嵌套断面示意图

由于嵌套断面原因，风电场群 Θ_2 和 Θ_3 的可用发电功率 R_2、R_3 计算结果可能会出现偏差，需要进行修正。

步骤 2：根据嵌套断面的层级，由下至上逐级修正，其计算公式为

$$R_2 = \min\left[(P_{L,2} + L_1 + L_2), \left(R_1 + \sum_{j \in \Theta_2 - \Theta_1} P'_j\right) \right] \qquad (9-35)$$

$$R_3 = \min\left[(P_{L,3} + L_1 + L_2 + L_3), \left(R_2 + \sum_{j \in \Theta_3 - \Theta_2} P'_j\right) \right] \qquad (9-36)$$

步骤 3：剔除下级嵌套断面对应的风电场群 Θ_1 和 Θ_2，保留最高层级嵌套断面对应的风电场群 Θ_3，R_3 即为该嵌套断面的全网可用发电功率。

9.3.3.2　全网受阻电量计算方法

1. 全网站内受阻电量

全网站内受阻电量是网内所有并网新能源场站站内受阻电力之和，其计算公式为

$$\Delta P_I = \sum_{j=1}^{N} (P_j - P'_j) \qquad (9-37)$$

式中　ΔP_I——全网站内受阻电量；

　　　P_j——新能源场站 j 的理论发电功率；

　　　P'_j——新能源场站 j 的可用发电功率；

　　　N——网内并网新能源场站数量。

全网站内受阻电量是全网站内受阻电量全时段的积分，其计算公式为

$$E_I = \sum_{j=1}^{N} E_{I,j} = \Delta t \sum_{i=1}^{n} \Delta P_{I,i} \qquad (9-38)$$

式中　$\Delta P_{I,i}$——全网站内受阻电量；

E_1——全网站内受阻电量；

$E_{1,j}$——新能源场站 j 站内受阻电量；

n——统计时段内样本数量；

Δt——时间分辨率；

N——网内并网新能源场站数量。

2. 全网断面受阻电量

全网断面受阻电量是所有新能源场站可用发电功率之和与全网可用发电功率之差，其计算公式为

$$\Delta P_{G} = \sum_{j=1}^{N} P'_j - P' \tag{9-39}$$

式中　ΔP_{G}——全网断面受阻电量；

P'——全网可用发电功率。

全网断面受阻电量是全网断面受阻电量全时段的积分，其计算公式为

$$E_{G} = \Delta t \sum_{i=1}^{n} \Delta P_{G,i} \tag{9-40}$$

式中　$\Delta P_{G,i}$——i 时刻的全网断面受阻电量；

E_{G}——全网断面受阻电量；

n——统计时段内样本数量；

Δt——时间分辨率。

3. 全网调峰受阻电量

全网调峰受阻电量是全网可用发电功率与实发电量之差，其计算公式为

$$\Delta P_{S} = P' - \sum_{j=1}^{N} T_j \tag{9-41}$$

式中　ΔP_{S}——全网调峰受阻电量；

T_j——新能源场站 j 实发功率；

N——网内并网新能源场站个数。

全网调峰受阻电量是全网调峰受阻电量全时段的积分，其计算公式为

$$E_{S} = \Delta t \sum_{i=1}^{n} \Delta P_{S,i} \tag{9-42}$$

式中　$\Delta P_{S,i}$——第 i 时刻的全网调峰受阻电量；

E_{S}——全网调峰受阻电量；

n——统计时段内样本数量；

Δt——时间分辨率。

9.4　新能源消纳约束分析

新能源的消纳情况受资源分布、设备性能、电源结构、电网结构等多种因素影响。

但从电网运行角度来看，制约新能源消纳的因素主要有两个方面：一是新能源与其他电源不协调，系统电源结构不合理，调节灵活性不足；二是新能源发展与电网建设不协调，电网输送能力不足。本节将从调峰约束和断面约束两个方面分析制约新能源消纳的因素，给出相关的评价模型和评价指标。

9.4.1 调峰约束

我国"三北"地区电源结构较为单一，除西北有部分水电机组外，东北、华北地区电源主要以火电装机为主，缺少灵活性调节电源，在夜间或午间的负荷低谷时段，电网调峰困难会影响新能源消纳。

在冬季供热期，供热机组调峰能力降低20%以上，而为保证供热民生需求，供热机组必须开机运行。大量供热机组投入运行抬高了全网最小技术出力，导致电网调峰能力进一步下降。冬季后半夜低谷时段（主要集中在02：00—05：00），电网负荷较低，而往往又是风电大发时段，因此导致风电因电网调峰能力不足而限电。与此相似，在午间负荷低谷时段，光伏发电出力较大，当电网调峰能力不足时也可能导致光伏限电。

风电接纳能力示意图如图9-6所示，在电网调峰约束下，新能源的接纳空间是系统负荷与常规机组最小技术出力之差，若在某一时段风电的出力大于该接纳空间，为了保证系统的安全稳定运行，将不得不采取限制风电出力的措施。

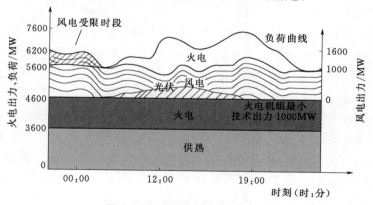

图9-6　风电接纳能力示意图

电力系统调峰能力作为影响新能源消纳的原因之一，受到新能源功率预测精度、常规机组最小技术出力以及负荷特性等因素的影响。具体情况分析如下。

1. 新能源功率预测精度对消纳的影响

日前风电功率预测精度对系统备用容量的留取有重要影响，当功率预测精度较低时，电网运行人员不得不增加开机以留取更多旋转备用，这占用了新能源接纳空间，导致新能源限电量增大。风电功率预测误差与风电接纳能力关系图如图9-7所示，图9-7给出了不同风电功率预测误差下某省级电网的风电接纳情况，可以看出，随着风电预测误差的增加风电限电量占比有少量的增加。

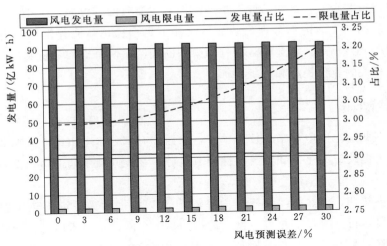

图 9 - 7　风电功率预测误差与风电接纳能力关系图

2. 不同火电机组对新能源消纳的影响

在我国，常规机组主要是指火电机组，根据发电的同时是否供热，火电机组又分为纯发电的凝汽式机组及兼供热的背压式和抽汽式机组。凝汽式机组的电出力与热出力无关，背压式和抽汽式机组电出力范围随着热出力的不同而变化。

热电厂是既发电又供热的火电厂，热电厂与纯火电厂的最大区别是热电厂为了保障供热，必须从汽轮机抽取一定数量的蒸汽，即发电机必须至少发出与供热量相应的有功功率。在冬季供热期，部分地区火电供热机组占比较高，供热机组在保证供热的条件下，火电机组可调出力范围有限，导致电力系统调峰能力降低。

常规机组的最小技术出力直接决定着新能源接纳空间的大小，如果能采取有效的措施降低常规机组的最小技术出力，将增加电网新能源接纳空间。某省级电网降低常规机组最小技术出力与风电接纳能力关系图如图 9 - 8 所示。图 9 - 8 给出了常规机组不同最小技术出力系数（火电机组最小技术出力系数等于最小技术出力除以额定装机容量）情况下，电网接纳风电的情况。

从图 9 - 8 可以看到，在常规机组最小技术出力低于 0.6 时，系统不因调峰困难而限电；而当常规机组最小技术出力超过 0.6 时，将会明显增加限电比例。实际运行中，常规机组最小技术出力下降空间非常有限，甚至需要向锅炉中投注柴油来维持锅炉燃烧的稳定性以进行深度调峰，因此要综合考虑新能源弃电和深度调峰之间的经济性。

3. 负荷特性对新能源消纳的影响

电网的负荷特性对新能源接纳空间影响很大，当负荷峰谷差增大时，所需调峰容量增大，开机数量增多，最小技术出力随之增加，导致新能源接纳空间变小。如果通过加强需求侧管理，以削峰填谷的方式降低系统的峰谷差，尤其是提高低谷时段的负荷，可扩大新能源接纳空间，提高接纳能力。某省级电网负荷峰谷差与风电接

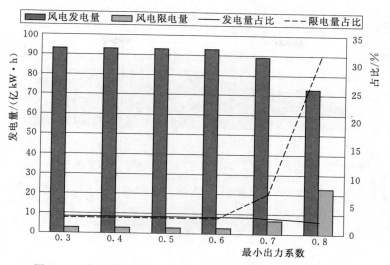

图 9-8 降低常规机组最小技术出力与风电接纳能力关系图

纳能力关系图如图 9-9 所示。其中，峰谷差减小的百分比是指电网减小的峰谷差占最大负荷的比例。可以看到，通过缩小负荷峰谷差，能够减小限电比例，提高新能源的接纳能力。

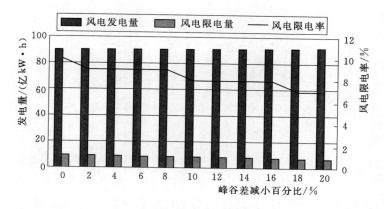

图 9-9 负荷峰谷差与风电接纳能力关系图

9.4.2 调峰约束运行评价模型

调峰约束运行评价可分为实时调度运行评价和日前机组计划评价两类，其中实时调度运行评价通过电源出力面积图进行评价，日前机组计划评价通过备用评判柱状图及相关指标进行评价。

典型的发电出力面积图如图 9-10 所示，图中包括火电、水电、风电、负荷、风电限电和联络线电力数据，通过该图可实时查看电网运行情况。调峰限电时，若火电机组出力已降至最小技术出力，则说明风电得到了充分消纳。

备用评判柱状图如图 9-11 所示，该图分别给出负荷最大时刻和最小时刻风电的消

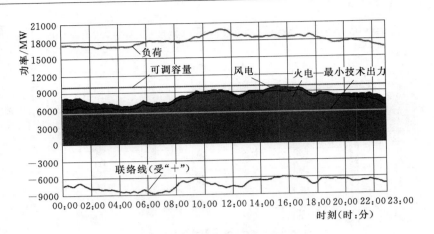

图 9-10　发电出力面积图

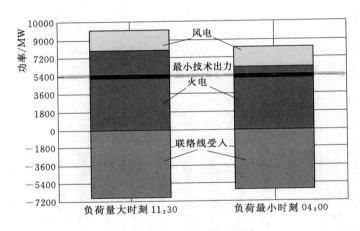

图 9-11　备用评判柱状图

纳情况，通常，负荷低谷时段风电会因电网调峰能力不足而限电。因此，在满足电力系统安全运行的前提下，为优先消纳风电，日前机组计划应在负荷低谷时期根据风电功率预测结果为风电预留出充足空间。通过该图可判断负荷最小时刻是否发生了风电限电，以及在此时刻火电机组最小技术出力和火电的实际出力。根据联络线出力，也能够判断联络线是否为消纳风电而做出实时的调整。

由图 9-11 可见，在负荷最小时段，火电机组并未降至最小技术出力，联络线也有调减的空间，说明该时刻不会发生弃风限电的情况。

电网备用评判相关指标包括正备用率、火电最小负备用率、弃电量及占比、新能源最大功率及占比、新能源占用电负荷最大比例和火电高峰（低谷）时段平均负荷率。通过以上指标并配合备用评判柱状图，可实现对系统备用留取的全面评价。

9.4.3　调峰约束运行评价指标

根据实际情况，将新能源调峰约束运行评价指标分为日前评价指标和日内评价指标两类，电网的调峰约束应根据各指标进行综合判断，调峰约束日前和日内评价指标见表9-3和表9-4。

表9-3 调峰约束日前评价指标

序号	指　　标	序号	指　　标
1	高峰（低谷）时刻新能源预测电力	8	联络线支援时间及电力
2	高峰（低谷）时刻新能源接纳电力	9	火电开机容量
3	高峰（低谷）时刻负荷预测值	10	火电计划高峰（低谷）出力
4	高峰（低谷）时刻联络线电力	11	火电最大（小）可调出力
5	新能源预测电量	12	火电计划电量
6	新能源预测受限电量	13	水电计划电量
7	高峰时刻旋转备用		

表9-4 调峰约束日内评价指标

序号	指　　标	序号	指　　标
1	高峰（低谷）时刻新能源实际电力	8	高峰旋转备用
2	高峰（低谷）时刻新能源预测准确率	9	联络线支援时间及电力
3	新能源发电量	10	高峰（低谷）时刻火电实际电力
4	新能源受限电量	11	调峰受限时段火电最小出力
5	新能源限电比例	12	新能源日前计划执行偏差
6	高峰（低谷）时刻负荷	13	火电发电量（偏差）
7	高峰（低谷）时刻联络线电力	14	水电发电量（偏差）

9.4.4 断面约束运行分析

由于大部分新能源场站位于电力系统的末端，所在地区网架结构较为薄弱，导致电网输送能力不能满足新能源发电需求时，新能源出力因电网输送能力不足而受限。

1. 断面约束运行评价模型

断面约束运行评价主要用于评价新能源受限断面的利用情况。断面可输送最大能力为断面限额、断面内用电负荷和线路损耗的总加。输电断面可能仅输送风电、光伏等新能源，也可能输送火电、水电等多种类型的电力。为保证新能源的优先消纳，当发生断面受限时，断面下火电等其他类型机组应保持最小技术出力，同时为充分利用断面输送容量，断面利用率应保持在90%以上。

2. 运行评价指标

根据实际情况，断面约束运行评价指标分为日前评价指标和日内评价指标两类，电

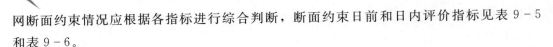

网断面约束情况应根据各指标进行综合判断，断面约束日前和日内评价指标见表 9-5
和表 9-6。

表 9-5　　　　　　　　　　　断面约束日前评价指标

序号	指　标	序号	指　标
1	新能源预测电力	8	断面内火电最大（小）可调出力
2	新能源接纳电力	9	断面内火电计划高峰（低谷）出力
3	断面内预测负荷值	10	断面内火电计划开机容量
4	新能源预测发电量	11	断面内水电计划开机容量
5	断面限值	12	断面内火电计划电量
6	断面计划限电电力	13	断面内水电计划电量
7	断面计划限电电量		

表 9-6　　　　　　　　　　　断面约束日内评价指标

序号	指　标	序号	指　标
1	新能源实际电力	6	断面受限电力
2	新能源预测准确率	7	断面受限电量
3	断面内新能源限电比例	8	断面内火电实际电力
4	断面内实际负荷	9	断面内火电发电量及偏差
5	断面实际限值	10	断面内水电发电量及偏差

9.5　本章小结

本章对新能源涉网性能评估方法、新能源发电能力评估方法和新能源消纳约束分析
方法进行了详细阐述。

对于满足新能源涉网性能要求的新能源场站，对新能源场站的理论发电能力、新能
源场站受阻电量和全网受阻电量进行了计算，详细分析了新能源发电运行受阻原因，为
优化新能源发电运行提供了理论依据。

针对新能源发电运行受阻原因，采用新能源发电消纳约束分析方法对影响新能源并
网消纳的两个主要影响因素（调峰约束和断面约束）进行建模分析，并利用相应指标对
其影响效果进行评价，为调度机构评估新能源消纳提供了具有实用价值的科学判据。

参 考 文 献

[1]　GB/T 19963—2011　风电场接入电力系统技术规定［S］. 北京：中国标准出版社，2012.
[2]　GB/T 19964—2012　光伏发电站接入电力系统技术规定［S］. 北京：中国标准出版社，2013.
[3]　Q/GDW 11630—2016　新能源优先调度评价系统功能规范［S］. 2016.

第10章 新能源与电力市场

自20世纪80年代末起，世界很多国家的电力工业都在尝试打破垄断、解除管制、引入竞争，建立起市场交易体系。与普通商品不同，电力有其自身的特殊性：①电力系统发电与负荷需要时刻保持平衡，难以经济地进行长时间大规模存储；②电力传输必须满足基尔霍夫等物理定律，不能人为指定；③电网作为电力传输的唯一通道，结构和规模决定了市场的容量。因此，电力市场的组织方式和外在特征有别于普通商品市场，是一系列不同时间尺度、不同功能定位市场的统称。

近年来，以风电、光伏为代表的新能源发电技术发展迅猛，发电成本不断降低，越来越多的新能源发电商能够参与到电力市场的竞争中。随着装机容量的不断增大，新能源发电所固有的波动性、随机性和难以预测性等特性给电力市场带来了新的挑战。因此，国内外电力市场需要在成功运行经验的基础上，结合新能源的发电特性有针对性地进行调整，以更好地推动新能源的消纳和发展。

本章首先介绍电力市场的相关概念和欧洲、美国典型电力市场的机制及特征。在此基础上详细分析了电力市场各重要环节的交易内容和组织原则，并分别讨论了新能源大规模接入对市场的影响。最后以广东年度电量市场、东北调峰辅助服务市场、京津唐电网冀北可再生能源市场化交易和新能源跨区域省间富余可再生能源电力现货交易为例，介绍了我国在电力市场以及新能源市场化消纳方面的探索和实践。

10.1 电力市场概述

从电力商品类型上讲，电力市场可分为电（能）量市场和辅助服务市场。电量市场为电能的供需双方提供交易的平台，而辅助服务市场用于交易各类辅助性电力服务。从时间维度上讲，电量市场分为期货市场、中长期市场和现货市场。期货市场主要从事中长期的电力交易，用于对冲风险，部分市场采用双边交易模式；而现货市场用于组织短期的电力交易，一般采用交易池（pool）模式。现货电量市场又分为日前市场（day - ahead market，DAM）、日内市场（intra - day market，or adjustment market，AM）和平衡市场（real - time market or balancing market，BM）；而辅助服务市场主要包括调频市场（regulation market，RGM）和备用市场（reserve market，RM）等。电力市场组织关系如图10 - 1所示。

电力市场主要成员一般包括发电企业、输电企业、配电企业、零售商、电力客户以及作为市场组织者和调度管理者的独立系统运营商。为避免市场的违规违法行为，市场

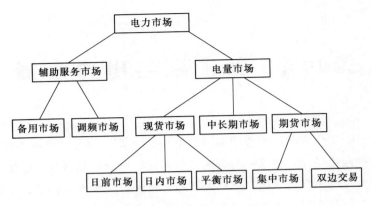

图 10-1　电力市场组织关系

中还需要有监管组织。电力市场各成员的身份定位和主要职能如下：

（1）独立系统运营商。其主要职责是保证电力系统安全，独立系统运营商兼有系统运营与市场运营职能。

（2）发电企业。发电企业生产和出售电能，也可以向系统运营商出售辅助服务，如调频、电压控制与有功备用等。

（3）输电企业。其拥有诸如线路、电缆、变压器和无功补偿设备等输电资产，需要按照独立系统运营商发出的调度指令运行输电设备。

（4）配电企业。其拥有并负责运营配电网络。

（5）零售商。其可以在批发市场上购买电能，然后转售给那些不愿或不被允许参加批发市场买卖的用户。零售商不需要拥有任何发电、输电与配电资产。

（6）小用户。其可以向零售商购买电能。小用户参与电力市场的形式非常简单，只能从零售商中购买电力。

（7）大用户。其与小用户不同，他们往往会直接通过市场购电，积极参与批发电力市场竞争。有一些大用户还能够对负荷进行控制。独立系统运营商可以将其当成一种能调用的系统运行资源，在需要时对其进行调控。

（8）监管组织。其是确保电力市场公正有效运营的政府机构，可以决定或批准电力市场规则。

10.2　国外典型电力市场介绍

1988 年，随着《电力市场私有化白皮书》的颁布，英国开始了全世界最早的电力市场改革。1996 年美国联邦能源管理委员会（the Federal Energy Regulatory Commission，FERC）颁布了 888 号法令，标志着美国区域电力市场开始建立。同一年，欧盟倡导了 96-92-EC 指令，旨在开放购电市场。目前全世界主要成熟的电力市场在欧洲和美洲。美国电力市场主要包括宾夕法尼亚—新泽西—马里兰（Pennsylvania-New

Jersey – Maryland，PJM）市场（北美最大的电力联营体）、纽约电力市场、新英格兰电力市场、德州电力市场、加州电力市场等。欧洲各国在统一的电力市场框架下成立了各个独立的电力市场，包括北欧电力市场（Nord Pool，NP）（包含丹麦、挪威、瑞典、芬兰四国）、伊比利亚电力市场（The Iberian Electricity Market，MIBEL）（包含葡萄牙和西班牙）、阿姆斯特丹电力市场（Amsterdam Power Exchange，APX）等。

10.2.1 北美电力市场

北美地区（美国和加拿大）电力市场发展迅速、各项制度较为健全。加拿大电网和美国电网联系紧密，两国有联网运行、交换电力的协议。加拿大 6 个省与美国 10 个州之间已建有输电线路，输送能力在 1890 万 kW 以上。该地区主要有 9 个电力市场，对应的运营商分别为美国的加州独立系统运营商（California Independent System Operator，CAISO）、德克萨斯州电力可靠性委员会（Electric Reliability Council of Texas，ERCOT）、新英格兰独立系统运营商（ISO New England，ISONE）、中部大陆独立系统运营商（Midcontinent ISO，MISO）、纽约独立系统运营商（New York Independent System Operator，NYISO）、PJM 互连网（PJM Interconnection，PJM）、西南电力库（Southwest Power Pool，SPP），以及加拿大的阿尔伯塔电力系统运营商（Alberta Electric System Operator，AESO）、安大略独立电力系统运营商［Independent Electricity System Operator（Ontario），IESO］。这 9 个电力市场为 2/3 美国电力用户和 1/2 以上的加拿大用户服务，北美地区电力市场统计见表 10 - 1（截至 2017 年 11 月）。本节将以美国和加拿大最具代表性的 5 个电力市场为例，简要介绍各电力市场的组成、发展和特色。

表 10 - 1　　　　　　　　　北美地区电力市场统计

国　家	成员	总部所在地	装机容量/MW	输电线长度/英里	服务人口/万人
美国	CAISO	Folsom，CA	71740	26000	3000
	ERCOT	Austin，TX	84000	40530	2300
	ISONE	Holyoke，MA	30500	9000	1470
	MISO	Carmel，IN	190539	65800	4800
	NYISO	Rensselaer，NY	37978	11056	1950
	PJM	Valley Forge，PA	176569	82546	6500
	SPP	Little Rock，AR	83465	60944	1800
加拿大	AESO	Calgary，AB	14568	16155	370
	IESO	Toronto，ON	35858	18641	1370
总计			725217	330672	23560

注：1 英里=1.609344km。

10.2.1.1 PJM 电力市场

PJM 电力市场覆盖美国 13 个州和哥伦比亚特区共 24 万 mi²（1mi²≈2.59km²），装机容量 1.766 亿 kW，服务人口超过 6500 万，最高负荷达 1.638 亿 kW，是美国目前最大最复杂的电力控制/运营区。如今 PJM 电力市场已成为美国运转最流畅、最具活力的电力市场。PJM 的独立系统运营商（independent system operator，ISO）兼具市场运营、电网调度和电网规划三方面职能。PJM 电力市场主要包含双边交易、日前和实时现货市场、辅助服务市场、容量市场和输电权市场等部分，除双边交易外，其余市场均由 PJM 的 ISO 负责组织。双边交易主要通过买卖双方在场外达成。通过各种形式达成的中长期交易合同需要通过日前市场进行交割和落实。以 PJM 典型的一天为例，电力现货市场的典型组织形式如下：

08：00—12：00，PJM 日前市场开启，所有参与者（包括 PJM 指定的容量资源）必须在中午 12：00 前提交次日的发电报价、负荷报价和双边交易等信息。

12：00—16：00，日前市场关闭，PJM 将根据报价信息、负荷预测、备用需求、双边交易、计划检修等信息开始进行日前出清。本次出清是第一次出清，其性质为金融性出清，通过安全经济调度的方法确定日前的节点边际电价和机组的出力计划。16：00，PJM 公布第一次出清的结果。

16：00—18：00，PJM 开放实时市场。在此市场中，被 PJM 指定为容量资源的机组可以更新报价。

18：00，PJM 执行第二次出清。自上一次市场关闭已经过了 6h，在此期间，负荷预测信息以及机组可用信息均可能发生变化。本次出清性质为物理性出清，PJM 考虑更新的信息以及容量资源机组的报价，以满足电力系统可靠性为核心，优化新开机组的开机和空载费用。需要注意的是，由于此时各类信息均发生了一定的改变，第二次出清可能会导致第一次出清中选中的机组被要求停机。在此之后，如果需要，PJM 会在最新负荷和机组可用信息的基础上重新安排机组。从 22：00 至次日运行时刻之前的 1h，PJM 会根据电网实时情况进行一定的调整，称为小时计划。

由于 PJM 日前使用的是节点边际电价出清机制，在此体系下，每个节点的边际电价由电能价格、网损价格和阻塞价格三部分组成。电能价格在所有节点都是一致的，网损价格取决于网损水平，占比很小。因此各节点之间的价格波动主要取决于阻塞价格。如果输电通道发生阻塞，发电机实际出力将不得不偏离经济调度下的设定值，会导致阻塞线路两侧的价格不相等，导致阻塞费用，进而给市场参与者带来电价的不确定性，影响其收益。因此，金融输电权（financial transmission right，FTR）作为一种金融工具应运而生，它能够使市场参与者在传输能量时获得稳定的价格。FTR 可以通过配给、拍卖和转让等方式由市场参与者获得，其中拍卖可以通过年度拍卖、月度拍卖和二级市场获得。月度 FTR 市场用于拍卖年度市场拍卖剩下的输电容量。月度市场开始于次月开始前的第 15 个工作日的 24：00，结束于次月开始前的第 10 个工作日的 24：00。

为配合宾夕法尼亚州电力零售市场的开放，PJM 于 1998 年设立了容量市场，从事容量信用的交易。最长的容量市场可以组织年度容量交易，买卖提前三年的长期容量资源，短期的也有月度和每日的容量市场。市场参与者在容量市场中中标的机组和负荷需要参与现货市场，根据实际运行中提供的可用容量获得对应的收益。除了通过容量市场获得外，市场参与者还可以通过拥有发电机组以及进行双边交易获得容量信用。该市场的设立一方面能够降低电力零售市场的准入门槛，吸引大批企业进入电力零售市场；另一方面能够引导电源的投资，确保中长期时间尺度下供需的平衡。

10. 2. 1. 2 德克萨斯州电力市场

美国德克萨斯州 ERCOT 电网是美国的三大同步电网之一，作为北美九大独立系统运营商之一，ERCOT 不仅运营电力批发和零售市场，还负责德克萨斯州电网的运行调度以及输电网规划。

2010 年之前，ERCOT 的现货市场包括日前辅助服务市场、可靠性机组组合市场和实时市场。在日前市场中，电网仅购买运行备用容量。在实时市场中管理者根据市场成员的自计划和双边交易情况进行电力的平衡。ERCOT 将德克萨斯州电网分为四个阻塞管理区，机组的计划和交易以及出清等按阻塞区进行；市场优化时将每个阻塞管理区看做一个大的节点，得到每个阻塞区的边际价格和各区输电断面的影子价格。由于阻塞管理区模型无法解决阻塞区内的阻塞情况，因此从 2003 年起，ERCOT 开始了节点市场设计。2010 年之后，ERCOT 启用全新的节点现货市场，包括了电量和辅助服务联合优化的日前市场、可靠性机组组合市场、实时市场。日前市场在上午 10：00 关闭，在下午 1：30 公布结果，日前市场不仅对电量和辅助服务进行联合优化，还对不同的交易时段进行耦合优化，尽量提高社会总效益。由于日前市场仅通过买卖双方的报价进行出清，因此还需要可靠性机组组合市场来保证电网供需平衡的可靠性，即在任意时刻电网均有足够的发电容量满足负荷需求。可靠性机组组合市场衔接了金融性日前市场和物理性实时市场，通过考虑网络约束的安全校核，保证系统发电安排是符合社会效益的最佳状态。实时市场每 5min 运行一次，使用安全约束下的经济调度（security constrained economic dispatch，SCED）安排调度范围内的所有机组出力计划，以最少的成本满足系统实时的负荷需求。同时，每 4s 运行一次负荷频率控制模块，调用系统调频备用容量，保证电网的实时平衡。

为帮助现货市场参与者规避由于阻塞造成的电价波动，ERCOT 市场还设计了金融输电权市场。通过事先配给、拍卖、交易、购买等方式，市场参与者能够获得不同时段内各类金融输电权，包括点对点责任权、点对点选择权以及关口输电权。前两者适用于两节点之间的送电，而后者则应用于放射状线路接入电网时线路或变压器的阻塞。

在新能源消纳方面，德克萨斯州凭借得天独厚的风能资源和州政府对新能源发展的大力支持，境内风电装机容量一直稳居美国第一，截至 2016 年年底，州境内风电装机容量总量已超过 2000 万 kW，占美国风电装机容量的 25%，其中有超过八成的风电容量并入 ERCTO 电网。ERCOT 电网采用大规模开发集中外送的风电发展模式，ER-COT 配套地进行了大规模的电网建设。同时针对新能源的运行特性，不断完善和优化市场机制和调度运行机制，再加上境内高比例天然气发电机组灵活的调节性能，系统的弃风限电量显著降低。据统计，ERCOT 从 2007 年起开始弃风，年均弃风率最高达到 17%（2009 年）；2012 年后随着可再生能源竞争区（competitive renewable energy zone，CREZ）配套输电通道的建成和投运，以及电力市场机制和运行管理的优化与提升，风电消纳情况开始得到明显改善，近年来弃风率一直维持在 2% 以下。

10.2.1.3　加州电力市场

加州是电力行业改革重要的先行者，早在 20 世纪 80 年代就已开始筹划改革电力行业，建立电力市场。1996 年 8 月，加州立法机构通过了关于电力行业改革的 1890 号法案，并依此成立了电力交易中心（power exchange，PX）和 ISO，前者负责电力交易，后者负责电网运行。然而，随着 1998 年、1999 年两轮电力资产的剥离，在 2000 年夏季，加州发生了规模空前的电力危机，州内停电频发，电力批发价格迅速飙升。但由于 1890 号法案规定了零售电价不得超过 1996 年价格的 90%，即锁死了电力零售价格，各电力公司及电力零售商入不敷出，濒临破产。2001 年 1 月 19 日，加州电力交易中心破产，但 CAISO 作为电网的管理者仍然继续运行着。

目前加州市场从时间上分为日前市场、小时前市场和实时市场。从功能上分为辅助服务市场、传输容量市场和实时平衡电量市场。在加州电力批发市场中，买卖双方主要通过双边合同进行交易，双边交易量占整个市场的 95%，剩余的 5% 由 CAISO 经营，用于分配输电容量，保证电网安全稳定运行。CAISO 又是一个节点市场，可将每台发电机看作一个节点。因此 CAISO 中电量的优化出清是基于局部边际电价（locational marginal pricing，LMP）模型，最终的电价由系统的电量价格、阻塞和网损三部分组成，每台发电机根据其对应的节点电价进行结算。

日前市场在运行日的前一天上午 10：00 关闭，并于下午 1：00 公布结果。在日前市场中，电量报价的上限是 1000 美元/（MW·h），电量报价下限是 −150 美元/（MW·h）。辅助服务的报价上限是 250 美元/（MW·h），而下限是 0 美元/（MW·h）。日前市场的联合优化基于各发电商的上报成本，以整体生产成本最小化为目标；再通过日内的可靠性机组组合优化保证提前安排的电量和辅助服务是可行的。日前市场结束之后，如果市场竞争者需要修改日前计划，则可以进行增量报价，并被提交至实时市场。在结算时，日前市场、实时市场和可靠性机组组合市场分别进行结算。实时市场的价格每 5min 发布一次，但是按 10min 的时间间隔结算，即将两个 5min 实时调度价格的加权平均。可靠性机组组合每 1h 结算。负荷按一个分区内所有节点电价的加权平均价格收费。

加州市场中有一类不同于其他市场的实体，称为计划协调公司（scheduling coordinator）。CAISO 只对这类计划协调公司发布调度指令，也只接受计划协调公司的计划与竞标。计划协调公司可以看作是市场参与者（发电商、零售商、大用户、大用户集成商等）参与市场的中介。因此，加州市场的主要参与者就是计划协调公司。日前上午 10：00 之前，计划协调公司在日前市场中竞标，ISO 检查各计划协调公司提供的计划电量和辅助服务量。电量报价的上限是 1000 美元/（MW·h），电量报价下限是 −150

美元/（MW·h）。辅助服务的报价上限是 250 美元/（MW·h），而下限是 0 美元/（MW·h）。10：00—11：00，ISO 进行日前出清，基于计划协调公司的上报成本，以整体生产成本最小化为目标，对电量和辅助服务进行联合优化。出清完成后检查是否存在区间阻塞，如果有阻塞，则在 12：00—13：00 之间开放第二次日前市场，用于区间阻塞管理，接收各计划协调公司提交的更新电量和辅助服务计划；若无阻塞则第二次日前市场关闭。最终于 13：00 公布最终的电量和辅助服务计划。在实时阶段 2h 15min 前，计划协调公司提交小时前电量、辅助服务计划及其报价；1～2h 前，ISO 出清小时前的电量和辅助服务安排，确定阻塞费用。实时运行 1h 前接受最后一次电量竞标，并于 15min 前下发最终的指令。

10.2.1.4 新英格兰电力市场

美国新英格兰地区是指东北部 6 个州（缅因州、福蒙特州、马塞诸塞州、罗德岛州、新罕布什尔州、康涅狄格州）。ISONE 负责该地区 1470 万人口的供电服务。ISONE 于 1999 年脱胎于新英格兰电力联合体（New England Power Pool，NEPOOL），和 PJM 一样是美国的顶级调度中心之一。

2002 年联邦能源管制委员会（federal energy regulatory commission，FERC）在一篇报告 "Working paper on standardized transmission service and wholesale electricity market design" 中提出了标准市场设计草案（standardized market design，SMD）。2003 年 3 月 1 日，ISONE 正式实行 SMD。ISONE 的 SMD 有四个基本特征。

1. 采用节点边际价格

ISONE 利用局部边际电价（locational marginal pricing，LMP），包括电量价格、边际网损和阻塞。电网中任一点的电价由满足该节点边际电量的最便宜的机组报价决定。

2. 金融输电权

由于节点边际价格随着阻塞的发生而变化，市场参与者需要购买金融输电权以抵消风险，分摊阻塞结余，对冲节点电价风险。

3. 多结算

ISONE 对日前和实时市场进行多重结算。在原先实时市场的基础上增加了日前市场。日前市场计划，按每小时日前市场的 LMP 结算。实际发电和日前计划的偏差按每小时的事后实时 LMP 付费或收费。多结算机制能够通过价格稳定性降低发电和购电双方的市场风险，还能对实时出力严格遵守日前计划提供激励机制。ISONE 也与利益相关者评价和讨论了对于电量、储备和调节实行短于 1h 的实时清算时段的可行性。

4. 主辅市场的联合优化

主辅市场联合优化导致的结果将使旋转备用的价格比非旋转备用的高。尽管备用的价格并非基于节点，但是联合优化仍然会在安排备用时考虑电网传输约束。

一个典型的 ISONE 有功市场如下：日前中午 12：00，发电商和用户在日前市场中进行竞标；12：00—16：00，ISONE 进行市场出清，并公布出清结果；16：00—18：00允许日前市场中没有中标的参与者再次投标，投标信息和其他出清机组的日前投标结果共同用于次日的实时市场。当日 00：00 正式进入实时市场。ISONE 结合最新的电网运行信息进行超短期预测，每 5min 实时调整一次，并实时结算当前时刻所有机组的实时事后电价。

除了电量市场，ISONE 中还有 AGC 市场，日前 12：00 之前或 16：00—18：00 之间发电商提供 AGC 容量和报价；18：00 之后 ISO 出清并宣布次日的 AGC 机组安排以及服务底价；在实际发电前 2h，ISO 最终确定提供 AGC 服务的机组以及价格。此外，备用服务市场、金融输电权市场等均是新英格兰电力市场的重要组成部分。

10.2.1.5　阿尔伯塔电力市场

在电力市场改革浪潮中，加拿大首先对发电商开放了市场，将竞争机制引入发电侧。加拿大各州的电力市场是否开放由州议会表决决定，一般与美国有电量交换的州选择开放电力市场，利用丰富而廉价的水力发电资源提供低成本电能，参与美国电力市场竞争。加拿大各省的电力系统运行管理由独立电力系统运营商负责，在阿尔伯特省，运营商为 Alberta Electric System Operator（AESO）；在安大略省，运营商为 The Independent Electricity System Operator（IESO），机构所承担的职责基本相同。

阿尔伯塔市场是单一节点市场，有着独立的电量交易市场和辅助服务市场。和美国大多数市场不同的是，在日前市场中仅有辅助服务交易，电量交易仅在实时市场中完成。在实时电量市场中，发电商报价的上限被规定为 999.99 美元/（MW·h），而下限为 0 美元/（MW·h）。最终的出清价格由经济调度模型确定。当市场中电力供不应求时，边际价格设定并保持在 999.99 美元/（MW·h），直到用电需求被全部满足并开始下降。实时市场中的电量交易以 1min 为最小时间间隔，每小时内的发电电量以该小时内 60 个边际价格（对应 60 个最小时间间隔）的平均值作为结算电价，用于每小时的市场结算。类似的，负荷消费的结算采用同样的方法。

尽管发电商在日前市场中签订了辅助服务的容量，但为了留存足够的运行储备以保障电网的安全稳定运行，AESO 有权在机组运行条件允许的情况下调度其管辖范围内的机组，令其提供超出日前合同容量的辅助服务。为确保临时超合同调度的能力，AESO 要求发电商提供机组所有发电能力。考虑到风电、光伏等新能源发电的特殊性，此条规则暂不适用于这些新能源。

10.2.2　欧洲电力市场

以北欧电力市场和英国电力市场为例，介绍欧洲典型电力市场。

10.2.2.1　北欧电力市场

北欧地区主要包括挪威、瑞典、芬兰、丹麦和冰岛五国，总面积 1258 万 km²。现行的北欧现货市场（Elspot）成立于1993年，特指日前现货市场，用于对次日每小时的电能进行竞价交易。市场参与者电能买卖的主体部分已通过长期合约签订，在现货市场上主要用于电能调整，以减少实际不平衡电量带来的损失。在Elspot中，日前10：30，输电系统运营商（transmission system operator，TSO）向Elspot发布次日各小时线路的输电极限；12：00前，各市场参与者向Elspot提交各自的发购电竞价曲线，这里的竞标包含小时合同、分段合同和灵活合同三种形式；12：00—13：30，Elspot首先对各类竞标进行出清，得到成交电量和相应的电价，称为系统电价；然后对照各区间的传输极限进行阻塞管理，如果没有阻塞出现，则各个价区的分区电价和系统电价相等；否则会出现价区间的电价变化。日前市场的结算电价以分区电价为准，系统电价作为金融市场的结算参考。13：30计算完成后，向各市场参与者发布出清情况，市场参与者可在14：00—14：30时段内对出清结果提出质疑。经Elspot最终确认后的出清电量和电价即为日前市场的最终结果。

在Elspot完成后，离实际出力最长可有36h的间隔，在此期间如果市场参与者的买/卖电意愿或能力发生变化，则需要参与平衡市场（Elbas）。Elbas由北欧电力芬兰公司（Nord Pool Finland，NPF）负责运营。Elbas市场规则规定，在日前市场结束之后到实际出力1h前，如果条件允许（未超过区间传输限额、前次提交的竞标尚未成交），市场参与者可以更改或注销其在平衡市场中的竞标内容。

需要指出的是，Elbas所指的平衡市场含义和北美电力市场中的日内市场或小时前市场类似，而非用于实时平衡的市场。在Nord Pool中，用于实时平衡的市场称为实时市场。当系统频率在50Hz±0.05Hz范围内，各个TSO使用辅助服务进行系统的平衡；只有当系统频率超过50Hz±0.05Hz时，实时市场才启动，参与者主要是能够快速调节出力或能耗的发电商和用户。实时市场的参与者需要在日前市场关闭后向所在平衡区的TSO提交增加/减少出力或增加/减少负荷的报价，并允许在实时市场开始前根据一定的规则进行相应的修改。当实时平衡完成后，需要对实时市场中的不平衡量进行结算，其结算规则分为单电价法和双电价法，具体规则在后文中进行详细介绍。

10.2.2.2 英国电力市场

英国是最早开始进行电力市场化改革的国家之一，其电力体制以1990年私有化为界分为两大部分。1990年之前，英国电力工业由各地区在各自的管辖区内进行纵向一体化的管理模式，以最低成本为目标进行统一调度。在1990年之后又主要经历了POOL、NETA、BETTA、2011年新改革等四个阶段。

1990—1998年，英格兰和威尔士以《联营和结算协议》为核心，率先建立了POOL电力市场（日前市场），几乎所有的电力交易都是通过POOL执行的，POOL模式存在单边市场、不确定、市场力影响等问题。在意识到上述问题之后，英国政府于1998年决定建立新的市场，称作"新电力交易协定"（new electricity trading arrangements，NETA）。在NETA框架下，电力交易主要通过交易商双边谈判达成，经过交易中心的交易量只占不到 10% 的全体交易电能。市场参与者（包括发电侧和负荷侧）在年前可以签订远期合同和期货合同，在近期可以签订短期现货交易以微调合同电量。NETA 重点结算发电和负荷的卖出/买入合同电量和实际电量偏差的结算，并在运行中通过平衡机制实时调整出力维持电网的供需平衡。关于平衡服务和不平衡结算，NETA 通过《平衡和结算规约》细化了运营规则。至此，英格兰和威尔士地区建立起了较为成熟完善的电力市场。随着苏格兰地区发电资源的逐渐冗余以及苏格兰与英格兰、苏格兰与北爱尔兰输电通道的建成，英国政府决定在苏格兰地区也推行 NETA 模式，将大不列颠地区（苏格兰、英格兰和威尔士）建成一个统一的透明市场，称为"英国贸易与传输机制"（British electricity trading transmission arrangements，BETTA），在大不列颠地区建立统一的电力贸易、平衡、结算、输电定价方案和电网使用合同，并成立一个独立于发电和供电的系统运营机构，其交易机制与 NETA 类似。

受到新能源发展、低碳挑战等因素影响，2011 年 7 月，英国能源部正式发布了《电力市场化改革白皮书（2011）》（electricity market reform，EMR），开始酝酿以促进低碳电力发展为核心的新一轮电力市场化改革。此轮改革将以保证电力安全、减少碳排放以及促进公平为目标，针对低碳电源引入固定电价和差价合同相结合的机制，对新建机组建立碳排放性能标准，建立容量市场促进电源投资。2013 年 10 月 10 日，英国能源气候变化部发布了《电力体制改革实施草案》，针对差价合同和容量市场两项政策提出实施草案，并于 2014 年正式实施。目前，英国电力市场中的成员包括了发电商、供电商、交易商以及经纪商。调度运行机构是英国国家电网公司（National Grid Electricity Transmission，NGET），负责大不列颠地区的电力平衡。电力交易是 N2EX，负责电力批发市场的组织和出清，已于 2009 年 4 月被北欧电力现货交易所（Nord Pool Spot）和纳斯达克 OMX 集团（Nasdaq OMX Commodities AS）联合收购；此外还有平衡结算和计量机构 ELEXON 以及市场监管机构 Ofgem。

10.3　电力电量市场

电力电量市场是电力市场的核心组成部分，承担着远至年度、月度，近至日前、日内、实时的电力电量交易。电力电量市场包括期货和远期市场、日前和日内市场以及平衡市场。不同时间跨度的市场需要互相协调，才能确保电力系统的安全可靠运行。下面将根据时序逻辑依次介绍电力电量市场的主要环节，并讨论新能源大规模接入对市场各环节的现实及潜在影响。

10.3.1　期货和远期市场

电力市场应给予市场参与者降低交易成本和管控交易风险的渠道，方可实现良好运行。电力远期合同、期货期权交易可以帮助市场参与者锁定电力价格，更好地制定短期和中期行为计划，并减少价格或其他因素所引起的市场波动给投资带来的风险。本节介绍电力远期合同市场和电力金融市场包含的期货、期权。

1. 电力远期合同市场

电力远期合同是指在将来确定的时间，以某一事先确定的价格、数量和方式购买或出售电力商品的合同，包括交易电量、交割日期、地点及价格等条款。远期合同的签订可以通过双边协商、竞价拍卖或指令性计划来进行。双边协商方式是由买卖双方通过双边协商谈判而直接达成年、月或周的远期合同。竞价拍卖方式要求市场参与者在规定时间提出未来一段时间内买卖的电量及其价格，由电力市场运行者按照总购电成本最小以及系统无阻塞原则，来确定远期合同的买卖双方及合同交易的电量及价格。指令性计划方式则由市场主管部门按计划实施，通常应用在有特殊要求的电力需求或紧急调度情况下。英国电力市场 NETA 交易模式下，95％的电力通过双边合同交易完成。

远期合同能够为电力用户提供稳定的电力供应，也为发电商带来长期稳定的供电需求，而且能够锁定电力价格以回避电价波动风险。远期合同的交易或重新签订迫使参与者追踪随交割时间邻近而变化的系统条件，规避风险；而用电灵活性差的用户仍可通过不改变其最初的合同而锁定合同价格。因此远期合同既能使参与者规避价格波动带来的不利影响，又能鼓励其对高电价做出积极反应。对于供电方来说，远期合同还能为其提供不同价格下的电力负荷预测。因此电力远期合同交易能帮助买卖双方发现信息，即买方所获得的信息就是远期合同价格，卖方所获得的信息就是所有用户所持有的合同总量。

电力远期合同可以是一种固定的协议，要求在合同交货时保证供电或接受供电，也可以是一种可选择协议，即允许中断供电或拒绝接受供电。固定协议虽然形式简单，易于理解或操作，但不利于全面考虑各个交易方所面临的各种不确定性，而这些因素会直接影响参与者的利益。可选择/中断合同具有较好的灵活性和多样性，结合期权交易思路，不但能使参与者回避不利情况下的利益损失风险，而且可以保留有利情况下的获利机会。

利用电力远期合同进行风险管理可以有效回避市场电价波动的风险，这是由于电力远期合同确定了未来电力现货交易的价格，不论现货实时电价怎样变化，电力远期合同双方的收益和支出将是确定的。但电力远期合同在风险管理时有明显的不足。由于签订电力远期合同的双方主要目的是为了有稳定的电力供应或者电力销售，它适用于拥有发电能力和电力消费能力的交易者。由于电力远期合同大多采用场外交易方式，因此其交易缺乏流畅性，交易方在回避了电价风险的同时，也丧失了部分获利的机会。对于电力远期合同的交易者至关重要的是确定一个合理的合同价格，使交易者获得满意的收益。在实际交易的博弈过程中，有时各方信息不对称易导致"逆向选择"，使交易价格偏离真实供求关系所决定的价格，反而导致更大的价格风险（价格失真）。

对于风电、光伏等可再生能源发电企业，如果所有电力输出都在现货市场出售，由于市场力（指市场主体影响市场中产品价格的能力）等因素影响，可再生能源发电企业相比于常规发电企业获利更少。通过签订远期合约的方式进行市场交易，则市场力的影响因素会减少，一定程度上可以促进可再生能源从电力市场中获利。

2. 电力期货

电力期货交易属于电力金融市场。电力期货交易是指交易者支付一定数量的保证金，在高度组织化的交易所进行的，在未来某一地点和时间点交割某一特定数量和质量电力商品标准合同的买卖。电力期货交易的对象是电力期货合同，是在电力远期合同交易基础上发展起来的高度标准化合同。健全的电力市场不仅需要电力现货交易市场，如日前市场和远期合同市场，而且需要电力金融市场，包括电力期货市场和电力期权市场。远期合同基本以电力交易为目的，大多为场外交易，流动性不强，其回避风险能力有限。电力期货由于其在期货交易所交易，保证了交易的流畅性，交易者能够根据市场信息灵活地买入或卖出，因此可以满足交易者控制风险并获取适当收益的目的。电力期货不仅可以弥补电力现货风险，更重要的是电力期货价格是一种重要市场信息，可以指导开发商进行投资决策。电力期货市场和电力现货市场的结合有助于发现真实电价。世界第 1 份电力期货于 1995 年出现在北欧电力交易所，并于 1996 年先后出现在纽约商业交易所、澳大利亚和新西兰电力市场。

套期保值是运用电力期货回避电价波动风险的主要手段。电力期货价格的波动与电力现货价格的波动是不同的，利用期货价格的波动所导致的收益来补偿现货价格过高或过低所带来的损失，这种保值手段称之为套期保值。如果已知未来某一特定时间将出售电力期货，则可以通过持有期货合同的空头来对冲它的风险，即空头套期保值。若资产价格下降，则在出售时将会发生损失，但将在期货空头上获利；如果期货价格上升，则在出售时将获利，但所持空头将有损失。与此类似，也有多头套期保值。电力期货的套期保值并不一定能改进整个财务绩效，其目的是通过套期保值减少投资风险和降低投资不确定性。

在电力交易所中进行的电力期货交易流程如图 10-2 所示，首先由用户根据生产和生活需要提交所需电量，发电商根据需求制定并提交发电计划，经过信息整合后达到动态平衡，此时用户和发电商分别下订单和提交电力期货合同在市场中进行竞价成交，在交易最终确认前允许期货合同转手，在交易截止日期前某一时刻规定终止转手，独立操作机构开始编排输电计划，在合同规定交货日期实现电能交付，进行必要的结算工作后

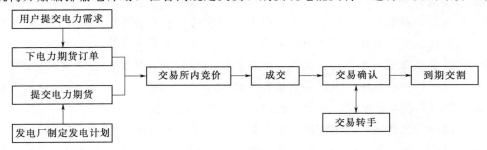

图 10-2　电力期货交易流程

交易完成。

由于电力不可大规模有效储存，导致电力期货价格和电力现货价格间联系减弱，削弱了电力期货的价格发现作用。这使得电力期货和现货间的基差（基差是某一特定商品于某一特定的时间和地点的现货价格与期货价格之差）大，且价格变化一致性差，现货价格波动性远高于期货价格，加之部分电力期货的物理交割方式导致物理交割期货的必然剩余期限问题，进一步增大期货基差。考虑用电力现货价格（现货的日均电价）进行电力期货的结算而不是电力现货交割，这样电力就能够以购电资金的形式存储起来，并且可以将持有成本模型应用于电力期货的定价，这样的期货可以叫做电力价格期货。用现金结算的电力期货由于不需要考虑电力的交割，可以在到期时才停止交易，消除了剩余期限，加强了电力期货电价和现货电价的联系，更有利于期货的套期保值。

以市场化手段促进风电消纳是世界各国普遍发展的趋势。常规交易方式下风电的随机性与波动性会造成很大的交易风险，因此风电参与的电力市场需考虑新的交易方式。世界范围内，纳斯达克以其德国再生能源电力指数为基础，在 2015 年年底正式上线推出风电期货合约，新推出的风电指数期货合约周期分为日、周、季度和年。

3. 电力期权

电力期权是一种选择权，赋予其持有者在某一确定时间以事先确定好的某一价格交易一定数量电力商品、电力商品合同或服务的权利。在电力期权合同的有效期内，买方可以行使或转卖这种权利。电力期权仅仅是买方花钱购得的可以享受的权利，而不需要承担行使该权利的义务。这也是电力期权与电力远期合同、电力期货交易的重要区别，即电力期权交易双方权利和义务不对等，电力期权的买方在支付一定权利金（买卖期权合约的价格）购得某项期权后，如果认为当期市场价格比原来协议中的执行价格更有利，便可以放弃对电力期权的执行。1996 年电力期权首先在纽约商品交易所交易，其标的物为电力期货而不是电力现货（即不可存储的电能）。

电力期权是有效的电力价格风险管理工具。根据交易方向不同可以将电力期权交易分为电力看涨期权和电力看跌期权。电力看涨期权持有人有权在约定日期以特定价格买入电力商品，这样如果市场价格上涨，便可以在涨价后依旧以较低的执行价格购买电力商品，避免价格上涨所带来的损失，也可以在实际价格下跌时放弃履行期权。电力看跌期权可以规避售电商电价下跌的风险，也保留在实际价格高于期权约定价格时，以市场价售电的机会。电力期权还可以用于阻塞管理，例如金融输电权的持有者可以规避网络阻塞时缴纳高额阻塞费用的风险，发电权和调峰权作为发电商出力调节管理的手段，将期权思路引入发电决策中，可以管控因不确定因素造成的出力变化风险，提高电力市场的稳定性。

可再生能源发电具有不确定性较高的特点，若用常规交易方式，会大大增加交易风险，而高昂的惩罚金或者实时市场容量价格波动还会导致交易成本大大提高且很难估计。电力期权作为有效的电力价格风险管理工具，国内外有研究将期权思想融入交易中，构建考虑期权思想的含风电参与的调峰权市场，使风电场和火电机组有更高的效益，并且可以减少电力系统的额外下旋转备用机组容量。

需要注意的是，为保证年度期货合同（期货市场）和月度交易计划（中长期市场）的平稳衔接，在月度交易计划中应考虑年度期货合同在月度市场上的分配，年度和月度合同应当根据全年的负荷曲线、机组检修安排情况进行协调，使得各月的年期货电量与该月的总负荷电量比值尽量相等，进而保证各月电价的平稳。

类似的，由于各交易主体的合同电量和合同电价已经在年和月的交易决策中确定，日合同电量的分配决策问题不在于如何进一步降低购电费用，而是追求期货电量在空间和时间上的均匀性和现货市场价格的平稳性。期货电量时间上的均匀分布有利于机组连续开机，避免机组的频繁启动；空间上的均匀分布将使得潮流分布均匀，保证足够的输电容量裕度留给现货市场。这既有利于电网的安全运行，又为现货市场准备了更大的竞价空间。现货市场价格的平稳性体现在：对负荷大的交易日，分配的电量也应该大，这样能够避免由于现货市场各日的竞价空间不平衡使得现货价格产生很大的波动。

10.3.2　日前和日内市场

日前和日内市场是现货市场重要的组成部分。在日前市场的出清过程中，不仅需要考虑本级市场的经济性和安全性，还需要为日内市场以及实时平衡市场留取足够的调控裕度，保证日前和日内市场之间平缓过渡、井然有序，进而提高整体的经济效益和社会效益。对于大多数现货市场，发电商、零售商以及大用户等参与者一般在交易池中上报数量和价格，市场运行方根据供求关系，考虑电网的各项约束，以总成本最小为目标进行出清。电量交易的主体在日内市场对日前市场的上报量进行调整，而在分钟前的平衡市场中确定最终的出力计划。现货市场组织形式如图 10-3 所示。

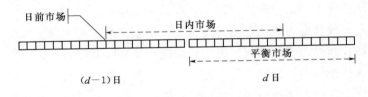

图 10-3　现货市场组织形式

日前市场一般有单边报价，统一出清模型；双边报价，统一出清模型；节点边际电价模型三种定价模型，这三种模型从简单到复杂，依次增加了用户侧报价和网络约束。

1. 单边报价，统一出清模型

单边市场出清模型如图 10-4 所示，在此模型中负荷需求基本刚性，不随价格变化而变化（如图中平行于 y 轴的需求曲线），所有发电厂以利润最大化为目标根据其边际成本投标报价。将电厂的报价由低到高排列（如图中阶梯上升的供给曲线），在满足市场需求的情况下，中标机组的最高价格即为所有发电厂生产的电力商品的市场价格。所有中标单位都按市场出清价格结算，这种价格制度被称为统一出清。

2. 双边报价，统一出清模型

双边市场出清模型如图 10 - 5 所示，在第一种模型的基础上，把竞争从发电环节延伸到售电环节。配电公司、电力零售商或大用户通过输电网竞争性地向发电企业批发购买电力商品，然后销售给终端用户。需求侧将参与投标竞价过程，电价的决定不仅仅是发电厂商（卖方）竞价上网单方面决定，配电或售电公司（买方）也同样起到重要作用（图 10 - 4 中垂直的需求曲线变为图 10 - 5 阶梯向下的曲线），此时的电价体现了供需双方的因素。

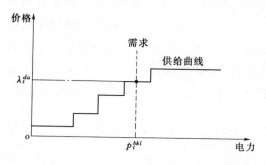

图 10 - 4　单边市场出清模型

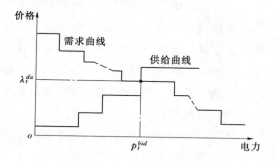

图 10 - 5　双边市场出清模型

3. 节点边际电价模型

如图 10 - 4、图 10 - 5 所示，在日前市场中如果出清结果不会导致线路阻塞，那么得到的出清价格即为最终的价格。否则当出现阻塞时，线路两端节点会出现不同的节点电价，两边的发电商和负荷则按照阻塞后的节点电价进行结算。节点边际电价（LMP）是指在考虑机组约束和网络传输约束的条件下，在系统某一节点增加一单位的负荷时系统增加的边际成本。在网络约束不起作用时，全网络各节点的 LMP 是相同的，此时的 LMP 等价于系统边际电价；在网络约束起作用时，各节点的 LMP 不尽相同，此时的 LMP 相当于节点电价，其反映了输电阻塞的影响。

日前市场的出清涉及考虑安全约束的机组组合，以及考虑安全约束的经济调度等多个环节。

常见的日前市场组织形式如下：在电力配送的前一天开启，大多选在上午10：00—12：00 时段。发电商在该市场中提交其发电电量和愿意接受的最低出售价格；对应的，用户（一般指大客户或用户代理商）在日前市场中提交需要的受电电量以及愿意接受的最高购买价格。在各方均提交完毕各自的报价后，市场组织者使用市场清算工具进行市场的出清，得到最终的成交价格和成交电量。

和常规火电机组相比，风电等新能源发电没有二氧化碳和污染物的排放，但是随机性、波动性较强，可控性较差。在风电发展初期，世界各国均提供了一定的鼓励推动措施。中国、日本等国使用标杆电价支付给风力发电企业，购电的成本通过政府补贴或者用户分摊的方式消化。在荷兰，风电的购买价格由政府提出，并由消费者认购。英美等国制定了风电配额，即发电厂商需要以不少于新增火电容量的一定比例建设新能源发电。该类配额可通过市场进行流通，由市场买卖双方自行确定成交价格。2008 年以后，随着风电、光伏等新能源规模的扩大，部分电力市场开始对新能源参与市场提出要求，主要集中在功率预测方面。加拿大 Alberta 电力系统要求风电场具有精确的预测能力，并推荐进行小时内的预测；NYISO 会对风功率预测误差超出基值的部分进行惩罚；MISO 设立"可调度间歇性资源"机制，对风功率预测设置允许的误差范围，对超出部分进行考核，并根据最新的风电及负荷预测进行日内校核，以保证系统的可靠性。

当前主要电力市场对新能源均采取优先消纳的政策，只有当线路阻塞无法通过调节其他常规机组缓解时才会进行弃风操作。伴随技术的不断发展，新能源单位容量装机成本迅速下降，新能源直接参与电力市场竞争具有了一定的可行性。欧洲部分电力市场如 NP，MIBEL 均尝试开设了日内市场（或称小时前市场），给风电厂商修改出力计划的机会。西班牙电力市场以及 MISO 市场既允许以一个固定的相对较低的价格收购风电，也允许风电场直接参与市场竞争。

由于风电等新能源发电的边际成本和常规火电、核电机组等相比几乎可以忽略不计，新能源发电厂商在日前市场可以采用"0 报价"的策略保证首先被出清，这样就造成出清电价的下降。考虑到风电出力经常出现的逆负荷特性，在负荷低谷时段若出现大量的风电出力，将会使得原本已经很低的电价进一步下降，甚至变为负电价。图 10 - 6 展示了风电出力对出清电价的影响。假定最初发电资源中没有风电等新能源（对应供给曲线 1），其与需求曲线相交于点 (q_0, λ_0)。将纵坐标轴右移 q_0 长度，则原先成交点在新坐标系下的坐标为 $(0, \lambda_0)$，其含义为如果风电上报容量为 0 时出清电价为 λ_0。随着风电出力的增加，供给曲线不断右移，其与需求曲线的交点也不断下滑。将供给曲线右移任意距离 q_1，那么新的供给曲线会和需求曲线产生新的交点，记其纵坐标为 λ_1，则点 (q_1, λ_1) 表示当风电厂商上报 q_1 容量，出清价格会变为 λ_1。以此类推，将供给曲线右移 q_2、q_3 等，会产生一系列的 (q_k, λ_k)。将这些新产生的点连接起来就得到了风电容量对出清电价的影响曲线。

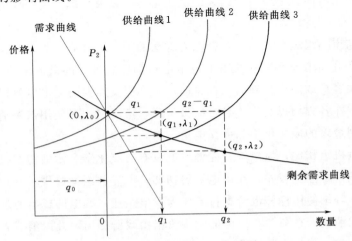

图 10 - 6　风电出力对出清电价的影响

由于风电、光伏等新能源发电资源具有随机性和难以预测性，新能源发电厂商未必能够执行其在日前市场中上报的出力计划。为了减轻平衡市场以及调频机组的压力，保证电网安全稳定运行，需要在日前市场和平衡市场之间增设日内市场，以提前安排相关火电机组调整出力。随着新能源装机容量的不断增大，日内市场的重要性也与日俱增。

10.3.3 平衡市场

如果市场参与者的实时发电量或需求量与日前或日内上报的值有偏差，那么还可以在提前 $5\sim10\text{min}$ 集中组织的平衡市场中购买对应的上调/下调容量。平衡市场是电力实际生产配送前进行供需平衡的最后一个市场。平衡市场的出清方式和日前市场的出清方式类似，其出清结果包括了发电和用电功率的调节量，以及对应的电价。

风电、光伏等新能源由于小时前以及分钟前的预测值比日前预测值更加精确，能够在分钟前消除大部分的预测误差，因此相比于传统的发电机组会更积极参加平衡市场。平衡市场根据平衡电价的设置方式又可以分为单电价平衡市场和双电价平衡市场两类，如图 10-7 所示。图中横坐标为日内实时出力与日前出清电力的偏差量，纵坐标为通过出力偏差得到的套利量。

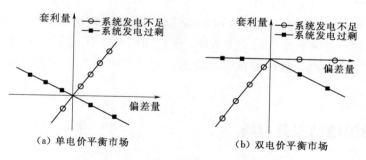

图 10-7 单电价与双电价平衡市场

分析电价平衡市场时，设 λ^{up} 为平衡市场中的上调平衡电价，λ^{dw} 为平衡市场中的下调平衡电价，λ^{da} 为日前电价，$\lambda^{\text{up}} \geqslant \lambda^{\text{da}} \geqslant \lambda^{\text{dw}}$。

（1）单电价平衡市场如图 10-7（a）所示，如果系统内的总发电功率小于总负荷，那么系统处于缺电状态，需要提高平衡电价至 λ^{up} 以吸引发电商增加发电功率并吸引用户减少负荷；相反，当总发电功率大于总负荷，系统供大于求，需要降低平衡电价至 λ^{dw} 以吸引发电商减少发电功率并吸引用户提高负荷。单电价平衡市场是指平衡市场参与者接受的电价，与自身的出力偏差状态无关。所有的出力偏差量，无论正负都以统一的价格进行结算。单电价平衡市场中，当系统发电不足时，平衡电价统一为 λ^{up}，发电商在平衡市场中收入或支出的费用为 $\lambda^{\text{up}}\Delta P$（$\Delta P$ 为功率偏差量），相对日前市场的套利值为 $(\lambda^{\text{up}}-\lambda^{\text{da}})\Delta P$；当系统发电过剩时，平衡电价为 λ^{dw}，套利值为 $(\lambda^{\text{dw}}-\lambda^{\text{da}})\Delta P$。由于 $\lambda^{\text{dw}} \leqslant \lambda^{\text{da}} \leqslant \lambda^{\text{up}}$，因此发电商在系统发电不足时提供出力正向偏差以及在系统发电过剩时提供出力负向偏差都可获得收益，存在日前-日内市场间的套利空间。

（2）双电价平衡市场如图 10-7（b）所示，系统在不平衡情况下为了吸引发电商和用户调整出力而确定上调平衡电价 λ^{up} 和下调平衡电价 λ^{dw} 的过程是和单电价平衡市场一致的。差别在于结算方法，如果参与者的出力偏差方向和系统的总偏差方向相同（即不利于恢复系统的平衡），则按照平衡电价 λ^{dw} 或 λ^{up} 结算，否则按照日前电价结算。例如，当系统发电功率不足时，平衡电价为 λ^{up}。如果某发电商相比日前计划提高出力，偏差状态与系统相反，有助于拉回系统的平衡状态，平衡电价则根据结算规则取日前电价，则此时的套利值为 0；而当发电商相比日前计划出力减少时，以平衡电价结算，其套利值小于 0。类似的，当系统发电过剩时，发电商若相比日前计划减少出力则套利值为 0，增加出力则套利值为负。因此，在双电价平衡市场中，发电商的出力偏差只有惩罚而没有收益。从上述对比可以看出，这两种平衡市场的本质区别在于参与者在单电价平衡市场中具有套利空间，而在双电价平衡市场没有套利空间。

随着并网新能源的规模不断扩大，由日前预测误差导致的实时出力偏差量将会随之增大。为保证供需的实时平衡，将来电力系统对平衡市场的需求将更为迫切，在日内市场、平衡市场中进行交易的规模也将随着增长。随着新能源占电力系统总发电资源比例的不断增高，对应的调节资源将相对更加稀缺。可以预见，未来以高比例新能源为特征的平衡市场电价波动将更为剧烈。

辅助服务市场将向日前市场和实时市场提供机组的调配范围、备用范围。实时和日前市场将根据这一范围所规定的约束条件，进行预调度计划的优化决策和实时计划的优化决策，换言之，在决策预调度和实时购电计划时，应优先保证辅助服务市场计划的实施。

10.4　新能源辅助服务市场

电力系统辅助服务是指为维护电力系统的安全稳定运行，保证电能质量，除正常电能生产、输送、使用外，由发电企业、电网经营企业和电力用户提供的服务以及辅助措施，包括一次调频、自动发电控制、调峰、无功调节、备用、黑启动服务等。在电力市场中，市场参与者有偿提供辅助服务，这与传统电力系统运营方式存在着本质的区别，是电力市场重要的特征之一。由于辅助服务本质上是一种商品，因此有必要考虑成本和运行效率问题，有必要通过市场机制进行竞标和出清。由于电力系统对辅助服务的需求受电源结构、电网拓扑、管理模式等因素的影响，世界各国对辅助服务的定义和分类不尽相同，但通常包括有功备用服务、调频服务和电压支撑服务等。本节结合典型电力市场对这三种辅助服务进行综述，并对大规模新能源接入对相应辅助服务市场的影响进行探讨。

10.4.1　有功备用服务

在电网的实时运行中，由于电力难以经济地大规模存储，也难以精确地预测负荷，因此需要留有一定的备用容量，用于应对机组跳闸、供电中断和负荷波动。备用服务按照启动时间与系统是否同步可大致分为旋转备用、非旋转备用和冷备用。在部分市场中还可进一步划分出 10min 备用，15min 备用和 30min 备用等。目前，不同地区的电力市场采用不同的方式获得备用服务，主要可归纳为合同和竞价两种方式。通过长期合同进行备用服务补偿的方式对市场中电价的影响较小，英国、北欧市场多采用此种方式。竞价方式下电价随市场因素变化明显，但容易出现价格背离等问题，美国 CAISO、ISONE、NYISO 多采用竞价方式。

以美国纽约电力市场（NYISO）为例，该市场内的运行备用主要分为 10min 旋转备用、10min 总备用和 30min 备用三类。10min 旋转备用由能在 10min 内调节出力的在线机组承担；10min 总备用即可由在线机组承担，也可由 10min 能够启动的燃气轮机提供。30min 备用由 30min 内能够调节出力的在线或离线机组承担。这三类备用均在日前市场中通过电量市场和备用市场的联合优化共同得出。支付备用服务的成本包括两部分：一部分是提供备用服务本身所需要的成本；另一部分是提供备用服务的机组由于未能参加电量市场而损失的机会成本。这两项成本在日前通过联合优化得到，10min 旋转备用的机会成本在实时市场中支付，10min 非旋转备用的机会成本在日前市场中支付。需要注意的是，由于电网中往往存在着受限断面，因此不仅要为全网准备足够的备用容量，还需要为受阻的各个地区分别准备各自的备用容量。因此备用服务的出清具有地理节点属性，在日前的联合出清中，某台机组备用服务的价格可以看作机组所在节点的影子价格。

大规模新能源并入电网对备用服务市场的影响分为两个方面：一方面，风电、光伏等新能源通过预测技术、能量管理技术具备一定的备用容量提供能力，例如，风电场通过压低现货市场的上报容量，留取部分上调容量用于提供备用容量服务；但另一方面，与常规火电、水电发电资源相比，风电、光伏等新能源的波动性大、预测准确性差，这无疑会加重系统功率失衡的风险。尽管系统总备用容量足够，但是常规机组的调节速度很难匹配新能源的变化速度，因此在 5min 内迅速调节补偿新能源出力波动的容量如果不够，仍然会造成实时电价飙升甚至供需不平衡的情况。考虑到风电功率的波动速度慢于电网中的常见事故但快于常规燃煤机组的出力变化（燃煤机组每分钟稳态调节量一般不超过额定容量的 2%，而风电场每分钟出力波动超过额定容量的 10% 较为常见），北美可靠性协会（North America Electric Reliability Council，NERC）提出，可以新增一类备用专门用于应对风功率的波动。目前加州电力市场考虑增加"灵活爬坡"这一项辅助服务，CAISO 将在每 15min 的实时机组组合过程中采购灵活爬坡服务，根据机组报价确定市场的最优出力方案。

10.4.2 调频服务

调频服务又称有功频率控制，是指在线或与系统同步的发电机组在能量管理系统（energy management system，EMS）中自动发电控制模块（automatic generation control，AGC）的控制下，迅速地增加或减少出力以保持系统的供需平衡。此处的调频特指二次调频。同步电网正常运行状态下全网频率保持一致，因此在任何节点购买 AGC 服务都没有差别，不用考虑节点约束，而仅需考虑机组的爬坡速率。在 PJM 市场中，调频服务通过市场竞价得到，主要分为日前调频市场和实时调度调频。

在日前市场中，机组上报调频容量、调频价格以及机组的调频状态。需要注意的是，由于调频指令的优先级高于能量调度指令，当机组同时参与能量调度和调频服务且两个指令发生冲突时，优先执行调频指令。为了保证机组有足够的调节能力执行调度机构发出的调频指令，同时参与能量调度和调频服务的机组需要将能量调度中的发电容量从最大出力和最小出力两个方向同时扣除其提供的调频容量，即新的最大出力为发电机的最大出力减去调频容量，新的最小出力等于发电机的最小出力加上调频容量。机组在日前上报的信息直到运营日调度时刻前 1h 仍可以修改。

在运营日当天，PJM 根据调频机组在日前市场的报价以及出清后的节点边际电价计算所有调频机组各自由于不能参与电量市场而导致的机会成本。将该机会成本加上调频机组最终确定的调频报价，得到调频机组的最优排序价格。将所有调频机组的最优排序价格由低到高排列，最后一个满足系统调频容量需求的机组最优排序价格即为调频服务的出清价格。

在实时运行中，PJM 要求实际可用的调频容量在预设值±15MW 之间。当可用调频容量超过此范围时，PJM 将结合实际情况进行调整。如果有机组无法达到日前申报的调频容量，则该部分调频容量将被经济地分配给其他机组；如果所有调频机组的容量都被调用后仍不能满足 PJM 的系统调频要求，将调用其他机组。如果当前调频容量超过预设值±15MW，则调频容量将被经济调整。

目前关于风电提供调频服务的研究逐渐受到了学界的重视。相关研究认为，通过桨距角调节等技术能够使风电参与到系统的调频中。然而，一个不可忽视的事实是，风电带来的调频压力要大于其提供的调频能力。这主要来自两方面：一方面，风电机组、光伏发电等通过电力电子设备接入电网，其电气惯性可以看做 0，随着新能源不断替代常规机组，电力系统的惯性不断降低，对于不平衡功率更加敏感，也就使得系统的调频要求更高；另一方面，新能源的波动性太大，需要系统中有快速调节电源与之匹配。

为解决电气惯性问题，加拿大魁北克水电公司和欧洲的部分电力市场要求新能源提高自身电气惯性。2017 年 12 月 27 日，我国建成了世界首座具备虚拟同步机功能的新能源电站，能够有效提高新能源发电资源的电气惯性。为应对新能源的快速变化，CAISO 修改调频市场规则，引入鼓励性的支付，用于吸引被调用多且能够快速响应指令的发电资源进入调频市场；PJM 也在调频市场规则中增加了"里程"概念，描述调频资源响应指令、参与调频积极程度。随着调频市场相关规则的调整，快速调节资源如燃气轮机、储能等正逐渐进入调频市场。

10.4.3　电压支撑服务

电网中的输电线路、变压器的励磁和绕组都需要无功功率。由于这些环节中原件的感抗远大于电阻，因此输电系统中一次有功损耗一般占传输功率的 4%，但无功需求接近 30%。和有功功率全网平衡的特性不同，电力系统中的无功功率由于长距离输送效率太低，需要就地平衡。电网中现有的无功电源包括发电机、调相机、同步电动机、并联/串联电容器组、静止无功补偿器、并联电抗器和输电线路的对地电容等。

合理的无功管理可以改善电压波形，减少由于电压波动引起的系统故障，提高系统稳定性。因此，可以认为，电压控制和无功管理一体两面，都是为了支撑电网进行能量传输的可靠性和便利性。

传统电力体制中，无功出力和电压管理是义务服务，由调度机构无偿调用。在电力市场环境下，需要考虑无功功率为电力系统做出的贡献以及为提供无功功率所承担的成本，并依此进行一定的补偿。由此形成良性循环，无功电源通过提供无功辅助服务获利，电网也因无功平衡运行得更加高效。FERC 在 888 号法案（Order 888）中将无功支撑和电压控制列为辅助服务重要的组成部分。NERC 将重点放在对无功和电压负责的控制区这一概念上。由每个控制区采取一切手段负责区内的无功供给，不得将无功负担转嫁于其他控制区。美国东北电力协调委员会（Northeast Power Coordinating Council，NPCC）提出了不同级别和成本的调压手段：低成本手段包括调整变压器分接头、切换电容器/电抗器、调整 SVC、使用在线机组无功容量；高成本手段包括启动别的机组、改变与其他控制区的电力传输、使用水电机组/抽蓄机组；此外还可以在保证电网安全的前提下断开控制区内的输电线。然而上述机构只提出了宏观构想，并未提出具体的解决方案。

由于无功调节的区域特征明显，目前鲜有机构将无功-电压服务引入竞争性的电力市场，大多地区是通过事后结算的方式对无功服务进行补偿。目前国外电力市场对无功和电压调整主要有四种非市场化的处理方式，具体如下：

（1）对无功服务没有补偿，将提供无功服务作为机组的并网要求。

（2）根据机组的盈利需要，对提供无功服务的机组按容量进行补偿。

（3）由系统运营商基于成本估计对各个地区的无功服务设置典型价格。

（4）阶段性地根据发电厂和输电系统的竞价确定局部无功服务价格

上述四种方法中，第一种最为常见，ISO 要求区域内所有发电机功率因数在 −0.95（吸收感性无功）至 0.95（发出感性无功）间连续可调，在此区间内的调整是义务与免费的。还有 ISO 如 MISO 为提供辅助服务的机组进行补偿，先根据电厂的月度盈利需求确定月度补偿价格，签订合同的机组需由 MISO 在约定范围进行无功服务。安大略电力市场 IESO 采用第三种方法，IESO 对因提供无功服务而造成电量损失的常规机组以及被要求提供电压支撑的水电机组进行补偿。第四种方法已经接近于市场化的解决办法。

由于系统运营商将运行电压范围、高电压穿越能力、低电压穿越能力等指标纳入了风电、光伏等新能源的并网标准，新能源的并网并不会显著增加系统的无功压力。相反的，随着柔性直流输电技术的发展和普及，新能源集中接入点甚至能够起到支撑电压的作用。

10.5　我国市场化新能源消纳实践

2015 年，随着《中共中央国务院关于进一步深化电力体制改革的若干意见》（中发〔2015〕9 号）的下发，我国电力市场化改革再次启动；2016 年 3 月 1 日，北京、广州电力交易中心揭牌成立；3 月 3 日，国家能源局下发《关于建立可再生能源开发利用目标引导制度的指导意见》推动建立可再生能源开发利用目标引导制度；3 月 7 日，国家发改委发布《关于做好 2016 年电力运行调节工作的通知》，要求坚持市场化方向，落实可再生能源的优先发电制度。在中央政策的指引下，我国各地开展了各具特色的电力市场探索和实践，本节依次选取有代表性的省级年度电量市场、区域内辅助服务市场，以及省级新能源电量市场、跨区域新能源现货市场共四个市场进行介绍，并对我国电力市场未来发展进行了展望。

10.5.1　广东电力市场年度合同电量集中交易

2017 年 1 月 19 日，国家能源局南方监管局、广东省经济和信息化委员会（简称"广东经信委"）、广东省发展和改革委员会（简称"广东发展改革委"）正式印发《广东电力市场交易基本规则（试行）》，重点围绕年度双边协商、月度集中竞价、月度合同转让三种交易进行了规范。在此基础上，国家能源局南方监管局、广东经信委、广东发展改革委于 2017 年 10 月 25 日印发了《广东电力市场年度合同电量集中交易实施细则（试行）》，用于指导完善广东电力市场体系、丰富市场化交易品种、降低交易成本，并建立年度双边协商交易为主、年度合同电量集中交易为补充的年度市场执行标准。

1. 交易基本要求

现阶段省级及以上调度的燃煤机组、燃气机组、核电机组、电力大用户以及符合条件的售电公司经政府准入并完成市场注册程序后，可参与年度合同电量集中交易，条件成熟后，逐步纳入省内水电和风电等机组。现阶段年度合同电量集中交易以年度为周期，在年度双边协商交易闭市后组织开展，于每年 12 月底前组织下一年度的年度合同电量交易。

年度合同电量交易采用双挂双摘的挂牌交易方式，在同一交易日内，发电企业、售电公司、电力大用户可以挂牌或摘牌；发电企业挂牌的，由售电公司、电力大用户摘牌；售电公司、电力大用户挂牌的，由发电企业摘牌；发电企业、售电公司、电力大用户之间不得互相摘牌。集中交易的标的为年度合同电量，根据全市场用户上一年度实际用电量反映出的用电特性确定一定的比例，根据该比例将交易电量统一分解至月度。

2. 交易组织和结算

原则上在不迟于交易开市前2个工作日由广东电力交易中心会同相关调度机构通过广东电力市场交易系统发布年度合同电量集中交易相关市场信息，包括而不限于：

（1）次年省内电力电量供需预测。

（2）次年参与市场用户年度总需求及分月需求预测。

（3）次年关键输电通道网络约束情况。

（4）次年西电东送协议电量需求预测。

（5）次年全省燃煤机组平均发电煤耗、各机组发电煤耗。

（6）次年发电企业、售电公司、电力大用户参与年度合同电量交易的电量上限。

（7）年度合同电量集中交易基本单位电量、分月比例。

（8）年度合同电量集中交易总规模上限。

在交易日内，发电企业、售电公司、电力大用户可以挂牌或摘牌，流程如下：

（1）发电企业挂牌申报拟出售电量，由售电公司、大用户摘牌购买；售电公司、大用户挂牌申报拟购买电量，由发电企业摘牌售出。

（2）挂牌申报内容包括挂牌电量、挂牌价格；摘牌申报内容包括摘牌电量，为基本电量的整数倍。

（3）发电企业、售电公司、电力大用户按交易单元进行挂牌、摘牌操作，交易过程采用匿名机制。

（4）同一交易日内，同一市场主体累计最多可挂三个牌，挂牌生效后当日不得取消；同一交易日内，同一市场主体摘牌次数不限。

（5）未成交挂牌电量于当日交易闭市后自动撤销，下个交易日可重新申请挂牌。

（6）同一交易单元的已成交电量、已挂牌未成交电量、拟摘牌电量、拟挂牌电量之和不得超过其交易电量上限。

上述挂牌信息在广东电力市场交易系统中实时发布，摘牌操作一经确认即为成交，最终摘牌电量即为成交电量，挂牌价格即为成交价格。当挂牌价格相同时，按挂牌事件先后顺序成交；摘牌按事件先后顺序成交，先摘先得。

每个交易日结束后，由广东电力交易中心统一发布当日未经安全校核的初步交易结果；双边协商交易结果与年度合同电量集中交易结果共同形成无约束年度合同电量，并交调度机构进行安全校核，安全校核后，由电力交易机构统一发布。年度交易合同在执行过程中如需调整，按照等比例原则调整双边协商合同与集中交易合同。年度交易合同是双方交易的年度电量重要结算依据，年度合同电量集中交易按照批发市场的电费结算支付方式执行。

10.5.2 东北调峰辅助服务市场

为贯彻落实《中共中央国务院进一步深化电力体制改革的若干意见》（中发〔2015〕9号）精神，发挥市场在资源配置中的决定性作用，保障东北地区电力系统安全、稳

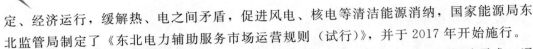

定、经济运行，缓解热、电之间矛盾，促进风电、核电等清洁能源消纳，国家能源局东北监管局制定了《东北电力辅助服务市场运营规则（试行）》，并于 2017 年开始施行。

调峰辅助服务是并网发电机组、可中断负荷或电储能装置，按照电网调峰需求，通过平滑稳定地调整机组出力、改变机组运行状态或调节负荷所提供的服务。调峰辅助服务分为基本义务调峰辅助服务和有偿调峰辅助服务。本节主要介绍有偿调峰辅助服务，包含实时深度调峰、可中断负荷调峰、电储能调峰、火电停机备用调峰、火电应急启停调峰、跨省调峰等交易品种。

东北调峰辅助服务市场成员包括市场运营机构和市场主体。其中市场运营机构为东北地区省级及以上电力调度、交易机构；市场主体包括了东北地区省级及以上电力调度机构调度指挥的并网发电厂（包括火电、风电、光伏、核电、抽水蓄能电厂等），以及经市场准入的电储能和可中断负荷电力用户。新建机组试运期结束后即纳入辅助服务管理范围，火电机组参与范围为单机容量 10 万 kW 及以上的燃煤、燃气、垃圾、生物质发电机组。市场的组织形式如下：

（1）每月 5 日前，有关发电企业、可中断负荷用户、电储能等将双边协商达成的可中断负荷、停机备用交易意向提交交易平台，由电力调度机构校核通过后执行。

（2）每日 10：00—11：00，有意愿提供实时深度调峰辅助服务的火电厂向交易平台申报次日报价及机组有功出力可调区间。

（3）每日 10：00—11：00，有意愿参与电力调峰辅助服务市场集中交易且满足要求的可中断负荷用户向交易平台申报交易期间意向价格、日用电曲线，包括用电时段及每 15min 用电功率曲线。根据交易平台发布的信息，风电、核电企业申报购买可中断负荷。

（4）每日 10：00—11：00，有意愿提供应急启停调峰辅助服务的火电厂向交易平台申报机组应急启停报价。各火电厂初始报价默认为各档上限，当日未申报的火电厂视为延续最近一次报价。

（5）交易平台每交易日 15 时前发布经安全校核后的可中断负荷集中交易结果。15：00—16：00，达成交易的双方企业通过网络签署交易合同，作为日后的结算依据。

10.5.2.1　实时深度调峰交易

实时深度调峰交易是指火电厂开机机组通过在日内调减出力，使火电机组平均负荷率小于或等于有偿调峰基准时提供辅助服务的交易。购买方是风电、核电以及出力未减到有偿调峰基准的火电机组。实时深度调峰交易采用"阶梯式"报价方式和价格机制，发电企业在不同时期分两档浮动报价，实时深度调峰交易在日内调用时，由电力调度机构按照电网运行实际需要根据日前竞价结果由低到高依次调用。

实时深度调峰交易按照各档有偿调峰电量及对应市场出清价格进行结算。其中，有偿调峰电量是指火电厂在各有偿调峰分档区间内平均负荷率低于有偿调峰基准形成的未发电量，档内市场出清价格是指单位统计周期内同一档内实际调用到的最后一台调峰机组的报价。火电厂获得补偿费用根据开机机组不同时段调峰深度所对应的两档阶梯电价进行统计，而相应费用由省内负荷率高于深度调峰基准的火电厂、风电场、核电厂共同分摊。同时，对火电厂、风电场和核电厂实时深度调峰支付费用均设置上限，当单位统计周期内火电厂、风电场和核电厂通过上述办法计算得出的应承担费用大于支付上限时，按上限进行支付。此时如果费用分摊存在缺额，则由其余未达到支付上限的发电企业按其修正后的发电量比例承担；若全部参与分摊的火电厂、风电场和核电厂支付费用均达到上限后，实时深度调峰费用仍存在缺额时，缺额部分由负荷率低于有偿调峰基准的火电厂在其获得的费用中消减。

10.5.2.2 可中断负荷调峰交易

可中断负荷在市场初期暂定义为具有电蓄热设施并主要在电网低谷时段用电，能够在负荷侧为电网提供调峰辅助服务的用电负荷项目。供热电厂（也可引进第三方）在电厂计量出口内投资建设储能调峰设施，可由供热电厂或第三方自愿选择作为可中断负荷参与市场化交易。

可中断负荷交易在本省范围内开展，交易周期为月度及以上，交易模式分为双边交易和集中交易。双边交易在可中断负荷用户与风电企业之间协商开展。双边交易双方需向交易平台提交包含交易时段、15min用电电力曲线、交易价格等内容的交易意向，由电力调度机构进行安全校核后确认。集中交易则在交易平台中开展，具体流程如下：

（1）可中断负荷用户在月前向交易平台申报交易时段、15min用电电力曲线、意向价格等内容，由交易平台对外发布交易时段、15min用电电力曲线。

（2）风电企业根据交易平台发布的可中断负荷交易信息，申报电力和价格。风电企业申报价格为购买可中断负荷服务的价格。

（3）风电企业按照价格由高到低排序，可中断负荷用户按照价格由低到高排序，按照风电企业与可中断负荷用户之间正价差由大至小的顺序匹配成交，直至价差为零或某一方全部成交为止。

当风电企业购得可中断负荷电力后，该容量即为风电企业对应时段新增发电空间。在低谷时段的调电过程中，电力调度机构将在风电企业正常发电计划电力曲线基础上叠加合同约定的电力曲线。

10.5.2.3 电储能调峰交易

电储能调峰交易是指蓄电设施通过在低谷或新能源限电时段吸收电力，在其他时段释放电力，提供调峰辅助服务的交易。电储能可在电源侧或负荷侧为电网提供调峰辅助服务。准入成员为充电功率在1万kW及以上、持续充电时间4h以上的电储能设施。

发电侧配置电储能设施若在火电厂计量出口内，则与机组联合参与调峰，按照深度调峰管理、费用计算和补偿。在风电场和光伏电站计量出口内建设的电储能设施，其充电能力优先由所在风电场和光伏电站使用，由电储能设施投资运营方与风电场、光伏电站协商确定补偿费用。

用户侧建设的电储能设施参与调峰辅助服务交易在本省范围内开展，交易周期为月度及以上，交易模式为双边交易。用户侧电储能设施可与风电企业协商开展双边交易。双边交易双方需向交易平台提交包含交易时段、15min 用电电力曲线、交易价格等内容的交易意向，由电力调度机构进行安全校核后确认。风电企业购买到的电储能设施的电力为风电企业对应时段新增发电空间。在低谷时段的调电过程中，电力调度机构将在风电企业正常发电计划电力曲线基础上叠加双边合同约定的电力曲线。

10.5.2.4　火电停机备用交易

火电停机备用交易是指火电机组通过停机备用将低谷时段电力空间出让给风电、核电，同时将非低谷时段电量出让给其他机组，以缓解电网调峰矛盾，促进清洁能源消纳的交易。发电企业可在任意工作日向交易平台提交停机备用意向。停机备用意向包括火电机组低谷交易意向、非低谷时段受让方和交易意向。调度机构根据安全校核结果、低谷时段双边交易结果以及补偿价格等因素，优化安排火电机组的停机。在低谷时段，火电机组与风电机组、核电机组进行双边交易。双边交易双方需向电力调度机构提交包含交易时段、交易电力、交易价格等内容的交易意向，由电力调度机构进行安全校核后确认。在交易达成并经过调度机构校核确认后，风电、核电企业购买到的停机备用电力为风电、核电企业低谷时段的新增发电空间。

10.5.2.5　火电应急启停调峰交易

火电应急启停调峰交易是指供热期火电机组根据调度指令，在核定的最小运行方式以下通过应急启停为电网提供的调峰辅助服务。发电企业按照机组额定容量对应的应急启停调峰辅助服务报价区间浮动报价，由电力调度机构按照电网安全运行实际需要，根据日前报价由低到高依次安排调用。火电机组应急启停调峰费用按照各火电厂、风电场、核电厂月度实时深度调峰有偿辅助服务补偿费用承担比例进行支付。

10.5.2.6　跨省调峰交易

跨省调峰交易是指为减少风电弃风，通过日内有偿调整省间联络线计划的方式，实现调峰能力缺乏省份向调峰能力富裕省份购买调峰辅助服务。在某省因调峰原因出现弃风时，省级电力调度机构应向区域电力调度机构申请购买调峰辅助服务，区域电力调度机构有义务根据其他省调峰能力剩余情况，组织跨省调峰交易。跨省调峰交易总量为联络线实际交换电量与联络线日前计划电量之间的差额。

购买跨省调峰辅助服务的省份只对售出省份提供的深度调峰有偿辅助服务支付费用。费用按照提供支援省当时实际发生的深度调峰出清价格进行结算。跨省调峰交易补偿和分摊费用按单位统计周期，由区域电网企业在联络线交换电量结算时一并结算，与相关省的省内补偿或分摊费用一并向发电企业结算。

10.5.3　京津唐电网冀北可再生能源市场化交易

为进一步促进京津唐电网可再生能源消纳，规范和推进冀北地区可再生能源市场化交易工作，确保最低保障性收购年利用小时数以外的电量能够以市场化的方式实现有效利用，依据《中共中央、国务院关于进一步深化电力体制改革的若干意见》（中发〔2015〕9号）及相关文件精神，华北能源监管局、河北省发改委于2017年10月联合印发了《京津唐电网冀北（张家口可再生能源示范区）可再生能源市场化交易规则（试行）》，标志着京津唐电网冀北可再生能源市场化交易的开端。该交易规则同时作为《京津唐电网电力中长期交易暂行规则》的组成部分，待试行成熟后，纳入《京津唐电网电力中长期交易暂行规则》执行。

可再生能源市场化交易主要是指准入的电力用户与并网可再生能源发电企业，对保障性收购年利用小时数以外的电量，通过挂牌、协商、竞价等市场化交易方式进行的中长期电量交易。可再生能源市场化交易应在保障性收购框架下实施，保障性收购年利用小时数以内的电量由电网企业按照优先发电合同，以冀北电网火电标杆上网电价全额结算，保障性收购年利用小时数以外的电量以市场化交易的方式有效利用，国家和省级补贴仍按相关规定执行。保障性收购年利用小时数每年经省发展改革委上报国家能源局确定。

1. 基本要求

参与可再生能源市场化交易的市场成员包括市场主体、市场运营机构和电网企业。市场主体包括京津唐电网张家口地区符合准入条件的电力用户、可再生能源发电企业和售电企业，市场运营机构包括电力交易机构和电力调度机构。为确保电采暖交易顺利实施，结合历年可再生能源发电企业实际发电小时数、电网结构变化和电力供需形势，预期无法完成保障小时数的可再生能源发电企业不参与交易。可再生能源发电企业参与名单由电力交易机构确定并在交易平台予以发布。

可再生能源市场化交易初期采用先挂牌、后单边竞价模式开展，电力用户可自主或由电网企业（仅可代理电采暖用户）、售电企业打包参与交易，逐步过渡至可再生能源发电企业与准入电力用户双边交易模式。

用户侧购电价格由交易价格、国家价格主管部门批复的输配电价、政府性基金及附加组成。如遇国家调整电价，则按照规定进行相应调整。可再生能源市场化交易输配电价暂按《关于印发北方地区清洁供暖价格政策意见的通知》（发改价格〔2017〕1684号）执行。发电企业交易结算电量按用户侧实际用电量计算。采暖用户每年11月至次年4月供暖期间组织交易，其他用户（电能替代、高新技术企业）均全年组织交易。

2. 交易模式

京津唐电网冀北可再生能源市场化交易采用如下组织形式：

（1）电力调度机构应向电力交易机构提供电网安全约束限制因素，如具体输配电线路或设备名称、限制容量、限制依据、约束时段等，由电力交易机构在每月 10 日前向市场主体公示。

（2）每月 15 日前开展挂牌交易。参与可再生能源市场化交易的用户和售电企业可在 15 日前通过交易平台提出挂牌交易申请，包括交易电量和交易价格。由可再生能源发电企业自主申报认购，按照时间先后顺序形成交易意向。

（3）每月 20 日前确定交易规模，开展电采暖市场化交易的地区，由电力交易机构统一汇总下月电采暖预期用电量。

（4）每月 20 日开展竞价交易。根据用户侧需求电量，可再生能源企业单边竞价，以边际价格出清并形成竞价交易电量。

交易中心采用报价低者优先中标原则，确定各可再生能源发电企业电采暖成交电量，并形成无约束交易意向。然后，竞价交易意向和挂牌交易意向经电力调度机构安全校核后，形成有约束交易结果。对于因电网安全约束而被限制的竞价交易，电力调度机构应详细说明约束的具体事项，提出调整意见，包括具体输配电线路或设备名称、限制容量、限制依据、约束时段等。最后，电力交易机构通过交易平台发布交易结果。按照成交周期，交易结果由市场运营机构纳入京津唐电网电力电量计划统一平衡。

3. 交易执行

电采暖交易基准电力暂按公式"基准交易电力＝交易结果总电量/低谷总小时数"进行计算，其中低谷总小时数按省级价格主管部门核定的小时数执行。

因电网运行安全要求，电力调度机构应根据电网运行情况及基准交易电力，确定参与电采暖市场化交易的实际交易总电力，并将实际交易总电力指标在参与电采暖市场化交易的风电场范围内按交易结果电量比例进行分配。在此基础上，电力调度机构可根据电网实际运行情况对相关风电场发电指标进行优化调整，优先保障交易结果的执行。

市场运营机构应依据月度保障性电量优先落实和市场化电量成交量最大化的原则开展阻塞管理。

10.5.4 跨区域省间富余可再生能源电力现货交易

为贯彻落实《中共中央国务院进一步深化电力体制改革的若干意见》（中发〔2015〕9 号）及配套文件精神，发挥市场配置资源的决定性作用，充分利用国家电网公司经营区域内跨区域省间通道输电能力，有效促进西南及三北地区可再生能源消纳，缓解弃水、弃风、弃光问题，规范开展国家电网公司经营区域内跨区域省间可再生能源电力现货交易（以下简称"跨区域现货交易"），国家电力调度控制中心和北京电力交易中心共同制定《跨区域省间富余可再生能源电力现货交易试点规则》。

跨区域现货交易是指国家电力调度控制中心会同北京电力交易中心在国家电网公司经营区域内通过跨区域输电通道，组织买方（含电网企业、电力用户、售电企业）与卖方（水电、风电、光伏等可再生能源发电企业），通过跨区域现货市场技术支持系统开展的电力现货交易。跨区域现货交易定位为送端电网弃水、弃风、弃光电能的日前和日内现货交易。当送端电网调节资源已经全部用尽，各类可再生能源外送交易全部落实的情况下，如果水电、风电、光伏仍有富余发电能力，预计产生的弃水、弃风、弃光电量可以参与跨区域现货交易。

1. 交易组织

日前现货交易按日组织，每个工作日组织次日 96 个时段（00：15—24：00，15min 为一个时段）的日前交易。节假日前，根据节日期间调度计划工作需要，可集中组织节日期间的多日交易。日内现货交易按五个交易段（00：15—08：00、08：15—12：00、12：15—16：00、16：15—20：00、20：15—24：00）组织。

可再生能源发电企业应根据弃水、弃风、弃光电能界定标准，根据其富余发电能力，直接在各省跨区域现货交易系统中报价。受端市场主体可直接向省调报价或直接在各省跨区域现货交易系统中报价。日前现货交易买方、卖方分别申报每一时段（15min）的"电力-电价"曲线，申报电价的最小单位是 10 元/MW 时，电力的最小单位是 1MW。卖方申报上网电价，买方申报落地电价。日内现货交易买方、卖方提前一天申报次日日内交易报价，只申报价格，电力在日内申报，申报电价的最小单位是 10 元/MW 时，电力的最小单位是 1MW。市场初期日内交易可以不报价，采取日前出清电价，日内每一时段（15min 为一个时段）的交易电价为对应时段的日前交易出清电价，若无对应日前交易出清电价，则采用距该时段最近的前侧时段日前交易出清电价。日内现货交易买方、卖方在日内仅申报交易意向电力。按照最优交易路径（输电费用最低）确定唯一的输电电价。买方按照交易路径承担输电电价和线损折价，输电电价和线损率按政府价格主管部门核定标准或备案标准执行。跨区域现货交易送端交易关口设在送端换流站换流变交流侧，受端交易关口设在受端换流站换流变交流侧。涉及省间交流联络线的现货交易关口与中长期交易关口设置保持一致。相关电网公司与发电企业的交易关口在双方产权分界点处。将买方申报的"电力-电价"曲线按照可能的最优交易路径、输电电价和通道线损率，分别折算到送端交易关口。

2. 交易出清

跨区域现货交易采用考虑通道安全约束的集中竞价出清机制，按时段出清：

（1）按照高低匹配的方式，将卖方报价按照从低到高排序，将按照可能的交易路径折算到送端的买方报价按照从高到低的顺序排序，报价最低的卖方和报价最高的买方优先成交，按照买卖双方报价价差递减的原则依次出清。存在价差相同的多个交易对时，买卖方的成交电力按照交易申报电力比例进行分配。

（2）达成的交易从买卖双方申报交易量中扣除，剩余的买方申报量再按可能的交易路径将"电力-电价"折算到送端，与卖方剩余申报量进行价差配对。

（3）若买卖双方之间的输电通道达到输电能力限值，视为相关买卖双方交易结束，与通道相对应的卖方、买方报价从报价序列中删除，但仍可以向其他区域市场主体买卖电。

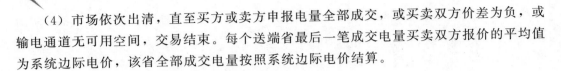
（4）市场依次出清，直至买方或卖方申报电量全部成交，或买卖双方价差为负，或输电通道无可用空间，交易结束。每个送端省最后一笔成交电量买卖双方报价的平均值为系统边际电价，该省全部成交电量按照系统边际电价结算。

3. 日前现货交易组织

日前现货交易组织流程如下：

工作日 09：30 前，国家电力调度控制中心根据跨区域通道年度、月度交易电力曲线，制定下发跨区域通道次日 96 点预计划。

工作日 10：00 前，各调控分中心根据跨区域日前预计划曲线、省间年度、月度交易电力曲线，以及直调电源发电电力曲线，制定下发省间联络线关口次日 96 点预计划。

工作日 10：00 前，可再生能源发电企业向送端省调申报次日 96 点发电能力。

工作日 10：30 前，送端省调根据次日系统负荷预测、可再生能源发电能力预测、省间联络线计划等信息，按照发电计划编制规则和可再生能源富余电量界定标准，兼顾电力平衡、保障供热和可再生能源消纳需求，合理安排火电机组开机方式，编制下发网内机组日前预计划，确定可再生能源发电企业次日参与跨省区日前电量交易的电力曲线。

工作日 11：00 前，相应调度机构发布以下信息：

（1）次日可能的交易路径。

（2）次日跨区域、跨省通道可用输电能力。

（3）次日各省的负荷预测值。

工作日 11：30 前，送端省调组织省内可再生能源发电企业完成日前现货交易报价。省调对电厂报价进行合理性校验和初步安全校核，确保发电企业申报的外送电量需求满足省内电网安全约束，整合成全省可再生能源外送总报价曲线，提交至国家电力调度控制中心。

工作日 11：30 前，受端省调申报"电力-电价"购电曲线，并对申报购电电量进行合理性校验和初步安全校核，保证电网能够安全可靠受入。

工作日 12：00 前，相关调控分中心对申报购售电电量进行区域内主网初步安全校核，保证电网能够承载申报的电能交易。

工作日 14：00 前，国家电力调度控制中心组织跨区域现货交易集中出清，形成考虑通道安全约束和交易品种的联合出清结果，将出清结果纳入跨区域通道日前计划，下发相应调度机构。

工作日 15：00 前，国调下发跨区域通道日前计划，各调控分中心编制省间联络线计划，经安全校核后下发各省调。

工作日 16：00 前，送端省调接受上级调度机构日前计划和跨省区日前现货交易出清结果，编制电厂次日发电计划并下发执行。受端省调根据上级调度机构下发的联络线关口计划，将跨省区日前现货交易成交电力曲线纳入省内平衡，编制省内机组发电计划，经安全校核后下发执行。

工作日 16：30 前，各级调度中心根据规定要求，公布交易出清结果。

4. 日内现货交易组织

随着时间的推进，相应调度机构应发布并及时更新跨区域通道可用输电能力、区域内跨省等重要通道可用输电能力、受端省可再生能源接纳能力、安全校核的结果及其原因，并组织日内现货交易，具体流程如下：

以 T 前 60min（交易时段起始时刻为 T，下同）为界，在这之前，送端省调根据省内可再生能源发电企业的申报结果，与相关调控分中心协商后向国调申报交易时段内的交易意愿电力曲线，包括电力、时段、送出跨区域通道等，进行合理性校验和初步安全校核，保证电网能够安全可靠送出。受端省调申报相应跨区域通道交易时段内的交易意愿电力曲线，包括电力、时段等，进行合理性校验和初步安全校核，保证电网能够安全可靠受入。

以 T 前 30min 为界，在这之前，国家电力调度控制中心组织日内交易集中出清，形成考虑通道安全约束和交易品种的联合出清结果，交易结果纳入跨区域通道计划下发。

以 T 前 15min 为界，在这之前，各调控分中心根据跨区域通道交易结果，经安全校核后形成省间联络线关口计划下发。

T 时刻之前，送端省调根据跨省区日内调整交易结果，修改发电计划并下发；受端省调根据省间联络线关口计划，相应调整省内机组发电计划并下发。

当前，我国在面向集中式新能源场站、常规电厂、售电公司以及大客户的市场设计方面开展了各类丰富有效的探索和研究，为建立相应的电力市场体系打下了坚实的基础。随着近年来我国分布式新能源的迅猛发展，如何构建适应分布式新能源的交易平台成为新的研究热点。2017 年 10 月 31 日，国家发改委、能源局发布了《关于开展分布式发电市场化交易试点的通知》，旨在解除市场化程度低、公共服务滞后、管理体系不健全等因素对其发展的制约。"根据地方政府意愿和前期工作进展，结合各地电力供需形势、网源结构和市场化程度等条件，选择南方（以广东起步）、蒙西、浙江、山西、山东、福建、四川、甘肃等 8 个地区作为第一批试点，加快组织推动电力现货市场建设工作。"未来我国将试点建立一批省级分布式新能源交易平台，进而建立起更加完备的市场化消纳新能源体系。

10.6 本章小结

电力市场通过对各类电力服务货币化，利用市场这只"看不见的手"引导社会投资和各电力主体的生产行为，提高电力资源的运行效率。

通过本章的讨论可知，全世界并不存在标准的统一的完美市场，真正成功的电力市场需因地制宜，综合考虑所在地的政治环境、电力资源以及市场成员等因素，并紧密结合电力行业的发展趋势，实现市场规则的完善与优化。以欧美电力市场为例，市场类别和交易规则随所在国家的不同而各有特色，甚至在同一国家不同地区间也相去甚远。随着风电、光伏等新能源的迅猛发展，其所具有的随机性、波动性和难以预测性等特点给传统电力市场的组织和运行带来了新的挑战。通过开设新的市场环节、增加市场规则等措施能够推动新能源消纳、鼓励灵活资源参与电力生产运行。

相比之下，我国的电力市场建设起步较晚，目前尚未构建起完整成熟的市场体系。因此，需要在借鉴吸收国外电力市场机制的基础上结合我国的实际情况（尤其是新能源消纳现状），通过示范实践，推进具有中国特色的电力市场体系建设。

参 考 文 献

[1] 菲雷顿 P.，萧山西. 全球电力市场演进：新模式、新挑战、新路径 [M]. 北京：机械工业出版社，2017.

[2] 国家电力监管委员会. 美国电力市场/中国电力市场建设丛书 [M]. 北京：中国电力出版社，2005.

[3] Morales J M，Conejo A J，Madsen H，et al. Integrating renewables in electricity markets：operational problems [M]. Springer Science & Business Media，2013.

[4] 国家电力监管委员会. 欧洲、澳洲电力市场/中国电力市场建设丛书 [M]. 北京：中国电力出版社，2005.

[5] 丁华杰. 电力市场环境下风电储能系统联合优化运行研究 [D]. 北京：清华大学，2016.

[6] 王宣元，马莉，曲昊源. 美国得克萨斯州风电消纳的市场运行机制及启示 [J]. 中国电力，2017，50（7）：10-18.

[7] 张显，王锡凡. 电力金融市场综述 [J]. 电力系统自动化，2005，29（20）：1-9.

[8] 施泉生，李江. 电力市场化与金融市场 [M]. 上海：上海财经大学出版社，2009.